国家自然科学基金项目（52074261，52074267）

煤矿切顶机理及液爆压裂技术研究

杨敬轩　匡铁军　翁明月　王风　鲁强　著

中国矿业大学出版社
· 徐州 ·

内容提要

本书介绍了煤矿切顶卸压机理、覆岩切顶技术参数确定、煤矿液爆压裂技术原理、煤矿液体炸药研发及测试、深孔液爆压裂技术实践等内容。针对煤矿不同切顶技术应用场景，归类分析了矿井切顶原理，并围绕煤矿深孔爆破，研发了煤矿液爆压裂新技术与新工艺及配套装备，开展了相应的工程应用研究。

本书可作为高等院校采矿工程、岩土工程、爆破工程、防灾减灾工程、露天开采专业研究生的教学参考书，也可供采矿工程、爆破工程、岩土工程、水利水电工程、隧道及道路工程等领域的高校教师、研究人员以及工程技术人员参考。

图书在版编目(CIP)数据

煤矿切顶机理及液爆压裂技术研究 / 杨敬轩等著. 徐州：中国矿业大学出版社，2024. 10. — ISBN 978-7-5646-6477-0

Ⅰ. TD322;TD235.33

中国国家版本馆 CIP 数据核字第 2024NM9126 号

书　　名　煤矿切顶机理及液爆压裂技术研究
著　　者　杨敬轩　匡铁军　翁明月　王　风　鲁　强
责任编辑　王美柱
出版发行　中国矿业大学出版社有限责任公司
（江苏省徐州市解放南路　邮编 221008）
营销热线　(0516)83885370　83884103
出版服务　(0516)83995789　83884920
网　　址　http://www.cumtp.com　**E-mail**:cumtpvip@cumtp.com
印　　刷　苏州市古得堡数码印刷有限公司
开　　本　787 mm×1092 mm　1/16　**印张** 11.75　**字数** 300 千字
版次印次　2024 年 10 月第 1 版　2024 年 10 月第 1 次印刷
定　　价　50.00 元
（图书出现印装质量问题，本社负责调换）

前　言

高应力煤岩预裂卸压、致密油气储层增透提产，需求高效的岩体工程体积压裂技术，液体炸药爆破（液爆压裂）技术是实现岩石体积压裂的有效途径。液体炸药基于优越的流动性和小临界直径起爆特点，实现了炸药的机械化泵注装药和单孔重复爆破目标，在爆破工艺和增裂增透方面取得了突破。覆岩切顶作业在煤矿生产中适用的卸压工况场景较多，切顶原理存在差异。为此，笔者结合科研工作成果，联系实际工程问题，在煤矿采场矿压作用机理分析基础上，研发煤岩深孔预裂新技术，探索覆岩切顶新工艺。理论与实践相结合，为读者提供科研示范，让读者了解煤矿采场矿山压力与岩层控制研究思路和方法，培养读者解决实际问题的能力。

全书共分 6 章：第 1 章为绪论；第 2 章主要论述煤矿切顶卸压机理，通过建立覆岩结构力学模型，将工作面停采及沿空巷道条件下的切顶原理予以统一揭示；第 3 章主要讲述覆岩切顶参数的合理确定问题，在切顶机理分析基础上，找出影响采场矿压的主要因素，确定合理的切顶目标层位及相应的切顶孔间距；第 4 章主要探索新型液爆压裂技术原理，通过对比常规爆破原理及多孔爆破预裂效果，阐明新型液爆压裂技术特色及优点，并围绕该技术特色论述了单孔重复爆破适用条件及预裂效果；第 5 章主要从试验分析角度，研发了新型改性煤矿液体炸药，针对炸药添加剂种类及配比进行了试验分析，确定了煤矿液体炸药基本组分，测试得到了新型煤矿液体炸药的理化性能；第 6 章主要围绕新型煤矿液体炸药开展现场工程实践研究，共分为 3 个应用测试工况条件，探索炸药的起爆感度、爆炸威力、定向致裂等性能。

在本书出版之际，谨向为本书撰写提供支持与帮助的刘长友、于斌等老师表示衷心的感谢；感谢杜贝举、李文龙和韩晓飞在数值计算、试验测试以及理论分析方面做出的具体贡献；感谢王旭锋教授及其团队在工程实践中的支持；感谢安徽雷鸣科化有限责任公司为新技术研发提供的试验平台及合作条件；对以同煤集团、淮北矿业集团、淮南矿业集团为代表的煤矿企业单位领导和一线技术人员一并致谢；对国家自然科学基金委员会经费支持和所参考文献作者表示诚挚谢意。

由于作者水平所限，书中难免存在不妥之处，敬请读者批评指正！

著　者

2024 年 8 月

目 录

1 绪 论

在坚硬顶板条件下，采空区覆岩滞后断裂，易形成悬板结构；采场围岩作为悬板的支点，应力集中程度较高，矿压异常显现问题突出。在工作面开采过程中，若顶板垮落不及时，覆岩悬露一定尺寸后，顶板会突然断裂运移，易引发采场剧烈矿压显现，甚至形成“飓风”，威胁矿井安全生产；在工作面沿空留巷条件下，若临空巷道顶板切落不充分，且采空区矸石充实率较低，未能充分发挥主动承载性能，附加悬板弯矩作用易导致沿空巷道大变形，从而增加安全留巷难度；在工作面停采情况下，采空区顶板充分稳定，冒落矸石逐渐压实，顶板断裂演化高度继续增加，受采空区边界效应影响，覆岩结构发生变化，导致停采工作面近区大巷或采区（带区）准备巷道保护难度增大。

在煤矿开采过程中，采空区顶板自然垮落，不同顶板断裂尺寸及垮落形态对应不同的覆岩结构，采场矿压作用强度也不相同。一般情况下，通过工作面液压支架合理选型，能够实现采场矿压的有效控制。然而，在坚硬顶板工作面开采条件下，采空区覆岩易形成悬板，较大的覆岩悬板突发性断裂运移易引发较强的采场矿压显现。为保障工作面安全回采，一方面要强化先进可靠支护装备的使用，另一方面要明确采场覆岩结构演化特征，正确揭示采场矿压作用机理，准确定位覆岩控制目标层位，实施高效的顶板控制技术。在工作面正常开采情况下，直接顶随采随冒，紧邻支架尾梁充填采空区空间，高位关键层顶板结构相对稳定，采空区冒落矸石碎胀系数相对较大，工作面开采扰动高度有限；在停采工作面，覆岩经历长期稳定平衡，采空区矸石逐渐压实，顶板断裂高度增加，而高位岩层破断块体间相互夹持，顶板断裂尺寸增大，从而导致停采工作面覆岩结构特征与工作面正常开采条件下的不同。

从采场矿压控制角度来看，覆岩悬板长度越大，对应的悬板附加弯矩作用越强，“杠杆”效应越明显。工作面实体煤岩作为悬板支点，承载较高的附加应力，这是被保护巷道围岩承载高应力并产生大变形的主要原因；相反，及时切断覆岩悬板，消除其“杠杆”效应，有利于改善采场围岩应力环境，但也引出了覆岩切顶位置选择问题。同时，超前工作面一定距离进行切顶作业，并在工作面和切顶线之间留设间隔煤柱，可有效承载工作面采动应力及覆岩悬板弯矩，阻隔来自工作面方向的高应力传递路径，从而改善被保护巷道围岩应力环境。

切顶技术是解决当前硬岩悬板问题的可行且有效的方法，但不同切顶技术条件下的破岩及卸压机制尚未达成统一共识。切顶是技术手段，卸压是最终目标，切顶作业既可以取得高应力解除效果，同时又能发挥应力阻隔作用，阻断高应力传播路径。然而，如何合理选择切顶线位置及确定切顶线上钻孔间距，仍需深入研究。同时，切顶线位置还间接影响切顶时机的选择。煤矿采掘活动是一个动态过程，采场围岩应力也随之演化，在此条件下是否采取切顶措施，以及切顶技术能否实现最终卸压目标，仍需进一步探索。已知较小的孔间距有利于切顶孔之间的相互贯通，实现顶板的平面切落，但较小的孔间距势必会增加钻孔工程量，提高打钻成本。为此，可通过硬岩辅助增裂技术间接提高切顶孔致裂范围，从而增大致裂孔等效半径，增加切顶孔间距，减少钻孔工程量。工程实践表明，较小的孔间距有利于顶板平面致裂，但也有较大孔间距条件下取得良好平面致裂效果的案例。由此可见，在覆岩切顶条件下，如何选择孔间距以兼顾顶板的平面切落效果和显著降低钻孔工程量、节约打钻成本，仍需从理论层面进一步分析。

深孔爆破是目前较为成熟的顶板致裂技术，能够有效致裂孔壁围岩、弱化顶板强度、提高覆岩切顶效率。同时，高应力煤岩预裂卸压、致密油气储层增透提产也需求高效的深孔爆破技术手段。这里提出的液体炸药深孔爆破技术是实现岩石体积压裂的有效途径。液体炸药具有优越的流动性和小临界直径起爆特性，为岩体单孔重复爆破提供了条件。一般情况下，孔内炸药爆炸瞬间能量密度大、载荷强度高，但强动载作用持续时间短，后期破岩动力不足，裂缝扩展长度有限，爆破裂缝网络空间较小，而液体炸药爆破有助于实现真正的岩石体积压裂，弥补深孔初次爆破缝网空间不足的缺陷。此外，液体炸药具有流动性，可以采用泵送方式直接灌注，受钻孔变形破坏影响小，解决了岩体大角度深孔装药难题，具有明显的技术优势。

在一般爆破条件下，缝网空间被空气占据，空气介质压缩性强，炸药爆轰能量在缝内快速衰减，即使能进行单孔内的二次爆破，岩体裂缝也未必能充分扩展；液体炸药具有流动性，结合单孔重复爆破技术，可持续向裂缝内供给炸药爆轰能量，缝内破岩载荷强度大、重复作用、持续时间长，有利于岩体裂缝网络的充分扩展，有效解决了深孔爆破应力夹持难题。液体炸药起爆临界直径小，能够“钻入”裂缝内正常引爆，爆炸强动载直接作用于裂缝壁面。在裂缝尖端集中应力导向作用下，裂缝二次动态起裂、传播难度低，缝内过剩的高爆能容易激发裂缝的不稳定扩展，诱发复杂的裂缝动态起始扩展、快速传播以及缝间交互行为。

覆岩切顶作业是解决采场矿压异常显现问题、实现煤岩高效卸压效果的有效途径之一。液爆压裂技术采用煤矿液体炸药，具有优越的流动性和较小的临界起爆直径，能够有效解决大角度超深孔装药难题，显著扩展爆破空间缝网，真正实现岩石体积压裂。研究主要涉及两方面问题：其一，覆岩切顶原理及切顶参数的合理确定，煤矿切顶技术应用场景广泛，但其卸压原理仍需归纳总结，以科学指导覆岩切顶参数设计；其二，液爆压裂技术原理与实践以及煤矿液体炸药的研发，作为一种新型煤矿深孔爆破技术，液爆压裂技术基于液体炸药的流动性和小临界直径起爆特性，其原理不同于传统爆破条件，液体炸药的理化性能和安全起爆特性也需通过现场实践进一步验证。

针对工作面停采或沿空巷道矿压显现与控制问题，现有研究基于不同研究条件和背景提出了多种理论与技术方案，在一定程度上指导了工程实践。然而，由于煤矿特殊的地质赋存及开采技术条件，在护巷煤柱留设方面，现有研究多侧重动载作用以及沿空巷道围岩变形机理与控制技术分析。开采实践中，工作面收作后留设的煤柱宽度通常可达到 200 m 左右，煤柱尺寸虽大，但超前工作面的巷道仍未能得到有效保护；工作面停采后，巷道围岩变形大，断面收缩严重，影响了大巷的正常使用。在巷道变形机理方面，围绕巷道围岩变形，常采用弹塑性理论进行应力分析，有些成果基于巷道围岩的外力特征及作用机理进行解释，还有理论尝试从沿空巷道覆岩结构方面进行探索。然而，针对临空超大尺寸煤柱，考虑覆岩结构特征，其覆岩结构形态及矿压传递机制仍需深入研究。

液体炸药是一种在常温下具有流动性的爆炸性物质，尤其是混合液体炸药，具有原料来源广、制作工艺简单、爆炸性能良好、抗水性强、安全性能高、起爆临界直径小等优点，广泛应用于军事爆破和工业爆破等领域。通过泵送、喷射、渗透和浇注等方式，液体炸药可用于油气层内爆炸压裂、连续爆破、表土爆破、深水爆破及地表爆破压裂等场景。为克服单质液体炸药稳定性差、腐蚀性强、能量密度低等缺点，研究人员对叠氮类、胺类及硝基醇类液体炸药进行了大量研究，从而弥补了单质液体炸药能量密度低的缺点，但炸药的安全性问题仍需进一步解决。影响液体炸药爆炸性能及安全性的主要因素包括组分类型及其混装配比。液体炸药成分主要有氧化剂、可燃剂和添加剂。其中添加剂的选择应结合特定使用条件，常见的添加剂主要有提高起爆感度的敏化剂、降低炸药输运存储中发生爆炸可能性的脱敏剂、降低炸药凝固点的冰点调节剂及提高胶凝过程中稠度的凝胶剂等。

在煤矿深孔爆破条件下，大角度超深孔装药困难，人工推送装药管柱难度及工作量大；大孔径大装药量孔内爆破对封孔材料、封孔工艺也提出了特殊要求。采取液爆压裂技术手段，通常先封孔后泵注装药，封孔凝固时间长、封孔质量有保障，煤矿液体炸药采用泵送方式直接泵至孔内，利于实现煤矿井下的机械化装药，极大提高了煤矿深孔爆破效率。液体炸药起爆临界直径小、密度均匀连续，具有较好的起爆感度和传爆性能，采用导爆索引爆，起爆威力大，便于炸药连续传爆，可有效避免孔内炸药拒爆，确保起爆的安全和可靠性。此外，液爆压裂能够实现单孔重复爆破作业，即在孔内炸药初次起爆后，可进行二次或多次泵注装药重复起爆，从而弥补深孔一次起爆裂缝扩展不足的缺陷。在初次爆生裂纹基础上，重复爆破产生的裂纹与前次爆生裂纹交联贯通，形成空间缝网结构，增透增裂效果显著。

2 煤矿切顶卸压机理分析

根据覆岩切顶线位置选择的不同，切顶可分为留煤柱和不留煤柱两种情形。本章通过探索不同切顶条件下的覆岩结构特征，建立覆岩结构力学模型，揭示采场覆岩切顶卸压机理。

2.1 采场覆岩结构及应力分析

2.1.1 覆岩结构分析

为便于论述，本节以顾桥煤矿 1311(1)工作面收作期间的覆岩结构及矿压作用机理分析为例。工作面煤层平均厚度为 2.8 m，工作面开采过程中，紧邻工作面采场位置的采空区冒落矸石碎胀系数一般为 1.2～1.3，采空区垮落带高度为 9～14 m。根据工作面停采近区的钻孔柱状图，可以看出煤层上方约 17.8 m 处厚度为 6.37 m 的细砂岩层为本工作面的顶板关键层，并将其视为低位关键层。紧邻采场位置的采空区冒落矸石碎胀系数大，工作面采动对顶板关键层具有时滞影响，顶板关键层呈现滞后断裂现象，如图 2-1 所示。

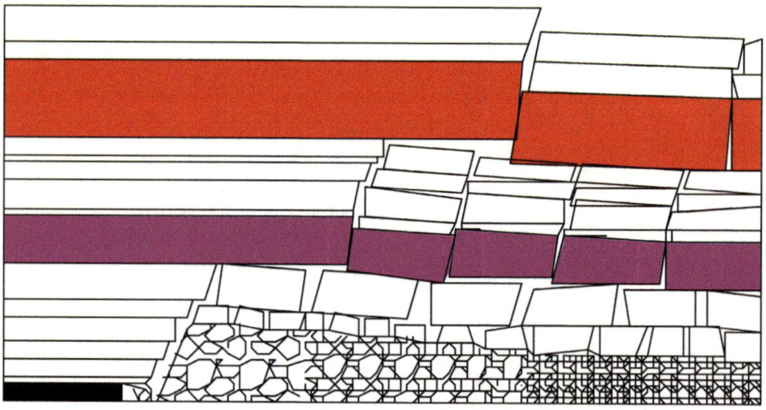

图 2-1 工作面开采中的覆岩结构

工作面继续推进一定距离，采空区冒落矸石逐渐被压实，表现出残余碎胀特点。矸石压实过程为采空区覆岩活动提供了位移空间，顶板产生下沉运动，覆岩断裂高度继续增加。在采空区矸石残余碎胀系数经验取值为 1.05～1.10 的条件下，采空区覆岩断裂高度为 28～56 m，超过了工作面顶板关键层层位高度，甚至波及距煤层约为 35 m、厚度为 11 m 的巨厚细砂岩层。该层位顶板断裂受上下邻近层夹持作用影响，破断块体间相互挤压咬合，形成砌体梁结构，构成本工作面的高位关键层。

与工作面开采过程中的覆岩结构不同，当工作面停采后，采动影响消失，采空区覆岩经历充分活动后趋于稳定，冒落矸石具有足够时间被充分压实。紧邻工作面采场位置的采空区冒落矸石表现出残余碎胀特点，覆岩断裂高度增大，直接波及上覆 11 m 厚的巨厚细砂岩层，如图 2-2 所示。

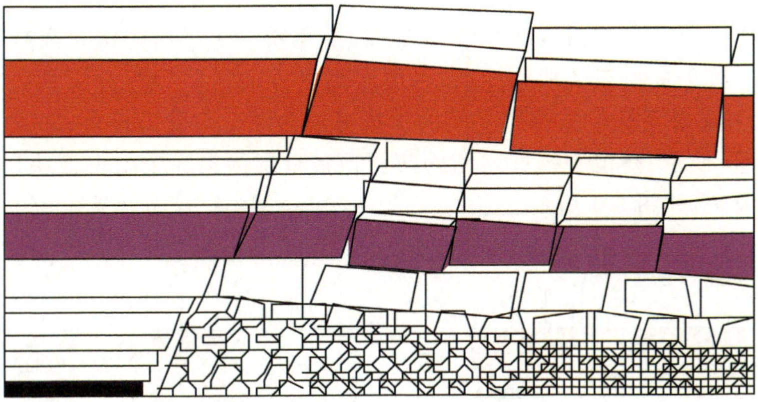

图 2-2 工作面停采后的覆岩结构

图 2-2 所示的工作面停采后的覆岩结构受力具有以下特点：① 该覆岩结构不再受工作面采动影响，经历充分的运移调整后，顶板活动逐渐趋于稳定；② 覆岩结构中存在两层厚硬砂质岩层，顶板破断块体间存在挤压咬合作用，单层顶板块体间呈现“砌体梁”结构特征，但长期稳定后，块体间的挤压作用减弱；③ 两层巨厚砂岩顶板之间及上覆薄弱岩层，伴随巨厚顶板运移主要产生随动特点，破断块体与平衡拱脚边界间的相互关系属于弱接触力作用。据此，工作面停采后的煤层覆岩隔离体受力如图 2-3 所示。

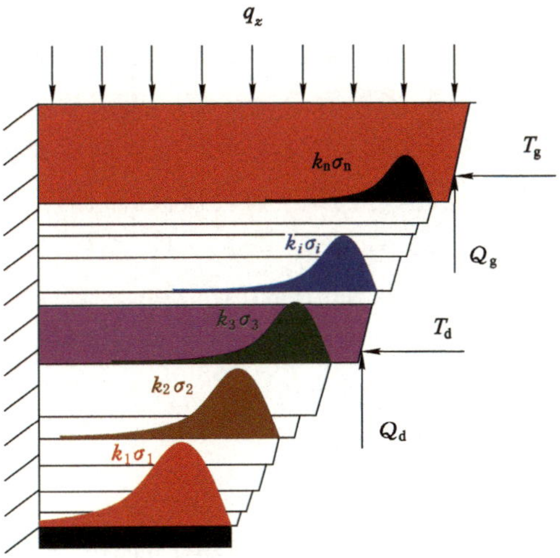

$k_i\sigma_i$—采空区平衡拱脚分层顶板的支承压力峰值；q_z—覆岩载荷；

T_g，T_d—两层厚砂岩顶板断裂边界的水平挤压力；Q_g，Q_d—两层厚砂岩顶板断裂边界的支撑力。

图 2-3 工作面覆岩隔离体受力特征

其中，$k_i\sigma_i$ 具有分层分布特点，研究单个分层的支承压力分布规律，可分析其对下位岩层的受力影响。两层厚硬砂岩在断裂边界上的受力可由“砌体梁”结构理论计算得到。

2.1.2 覆岩应力传递

（1）覆岩板块受力分析

在分析工作面覆岩高应力传载力学机制前，根据图 2-3 所示的覆岩隔离体受力特征进行分板块处理。按顶板断裂及承载特点，沿覆岩高度方向可将顶板分层划分成 4 个受力板块：① 自下而上，煤层至低位关键层之间的顶板分层为第 1 个受力板块；② 低位关键层为第 2 个受力板块；③ 低位、高位关键层之间的薄弱顶板分层为第 3 个受力板块；④ 高位关键层为第 4 个受力板块，如图 2-4 所示。

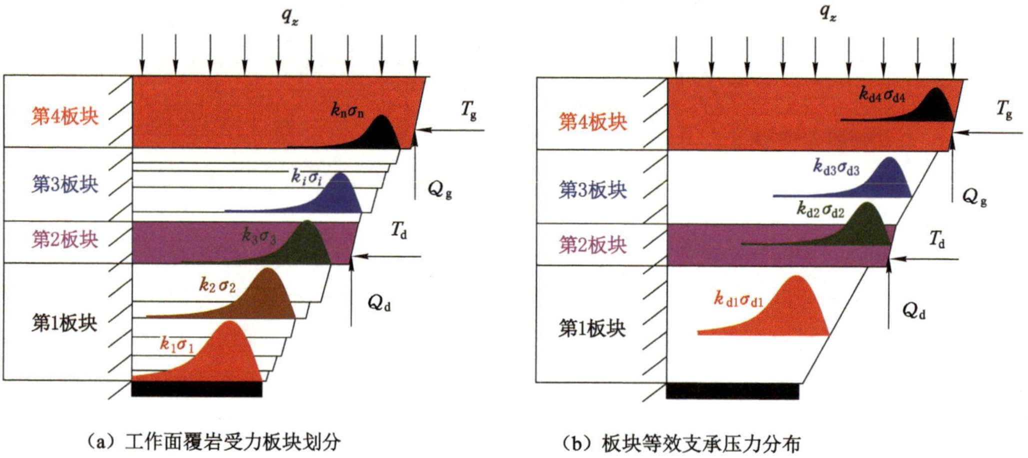

图 2-4　工作面覆岩受力板块划分

工作面覆岩受力板块划分便于处理采空区平衡拱脚分层顶板支承压力。覆岩板块内的顶板群组结构相似、受力条件基本相同，采用等效方法统一描述板块整体受力特征，避免了对分层顶板的逐层探索分析(实际也难以实现)。独立覆岩板块的原岩应力采用平均值，按板块内顶板群组的平均埋深进行计算。据此，得到第 i 板块顶板群组的支承压力峰值计算公式：

$$\sigma_{Fi} = k_{di}\sigma_{di} = k_{di}\gamma_i H_i \tag{2-1}$$

式中　σ_{Fi}——第 i 板块顶板群组的支承压力峰值；

k_{di}——第 i 板块顶板群组支承压力的等效应力集中系数；

σ_{di}——第 i 板块顶板群组的等效原岩应力；

γ_i——第 i 板块顶板群组的平均重度；

H_i——第 i 板块顶板群组的平均埋深。

根据式(2-1)可方便计算不同覆岩板块的应力水平，但确定支承压力分布特征及应力集中系数仍存在一定困难。为此，需综合考虑覆岩悬板的空间几何尺寸特征，以便对采空区拱脚分层顶板支承压力分布形式进行数学处理，如图 2-5 所示。

自工作面煤壁垂直向上作一条垂线，将工作面覆岩“倒梯形”结构进一步划分为左右两部分，垂线右部分覆岩顶板普遍处于悬板形态，对工作面实体煤产生附加作用力。为避免对覆岩悬板上支承压力分布形式的探索，根据图 2-5 所示的几何关系，得到对应切顶高度

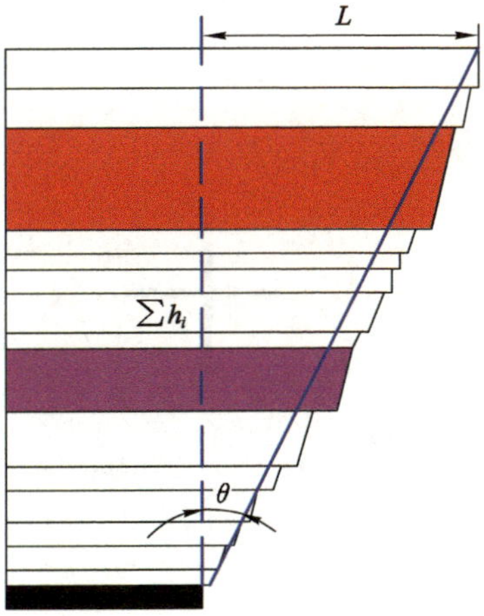

图 2-5 顶板悬露长度的确定

$\sum h_i$ 的最大悬板长度 L：

$$L = \tan\theta \cdot \sum h_i \tag{2-2}$$

式中 L—— 对应切顶高度 $\sum h_i$ 的最大悬板长度；

$\sum h_i$—— 切顶高度；

θ—— 顶板断裂角的余角，一般为 15°～20°。

根据前述分析，顾桥煤矿 1311(1)工作面覆岩断裂高度约为 40 m，该覆岩层位中存在一层厚度为 11 m 的细砂岩层，距工作面约 35 m。工作面顶板断裂角按 70°～75°计算，对应的顶板断裂角的余角正切值为 0.27～0.36。根据式(2-2)得到的覆岩最大悬板长度为 10.8～14.4 m。

在坚硬顶板条件下，工作面超前支承压力峰值影响区可达 10～20 m。因此，可将工作面覆岩悬板外露长度上的支承压力处理为均布载荷，载荷平均取值为 $\lambda_{di}k_{di}\sigma_{di}$，其中 λ_{di} 为载荷平均取值系数，视支承压力峰值影响区大小而定。根据三角形面积公式，确定载荷平均取值系数下限为 0.5，其上限根据煤层易发生塑性破坏特点，一般不会超过 0.8。

根据图 2-4，工作面覆岩被划分为 4 个板块，简化了对多分层顶板载荷分析。结合图 2-5 所示的覆岩左右两部分划分方式及对覆岩右部分悬板支承压力的均布载荷处理方法，建立工作面覆岩悬板受力模型，如图 2-6 所示。沿工作面煤壁垂线两侧的覆岩受力特征如下：左侧以覆岩均布载荷及自重为主；右侧的覆岩悬板块体，对其邻近的左侧覆岩结构边界主要产生等效弯矩和剪切作用。

根据图 2-6 的力学分解，研究重点是理论计算图 2-6 中左侧块体结构力学模型。为便于分析和论述，分别在覆岩板块分层上建立坐标系(图 2-7)，将块体所受外力按各自坐标系进行标识记录。

根据图 2-7 所示的覆岩受力分析模型，需分别求解不同板块上的作用分力，然后将所得结果统一到同一个坐标系中进行叠加。为方便论述，统一坐标系标定在图 2-8 所示的右上角位置。

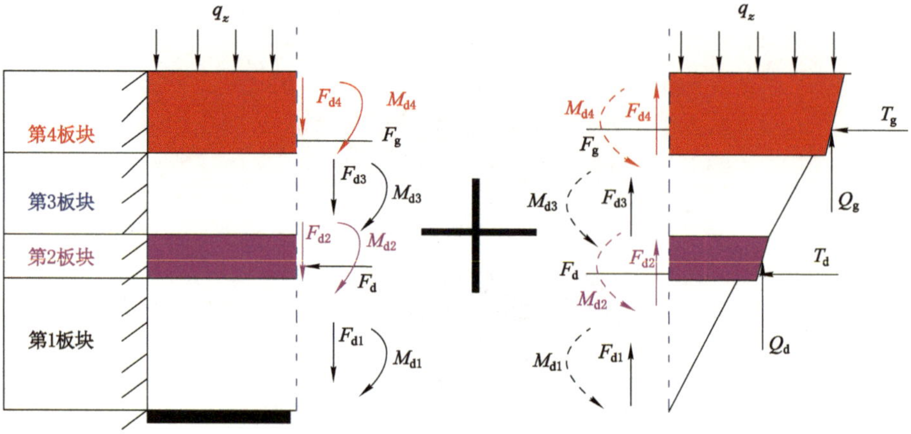

图 2-6　覆岩结构等效力学模型

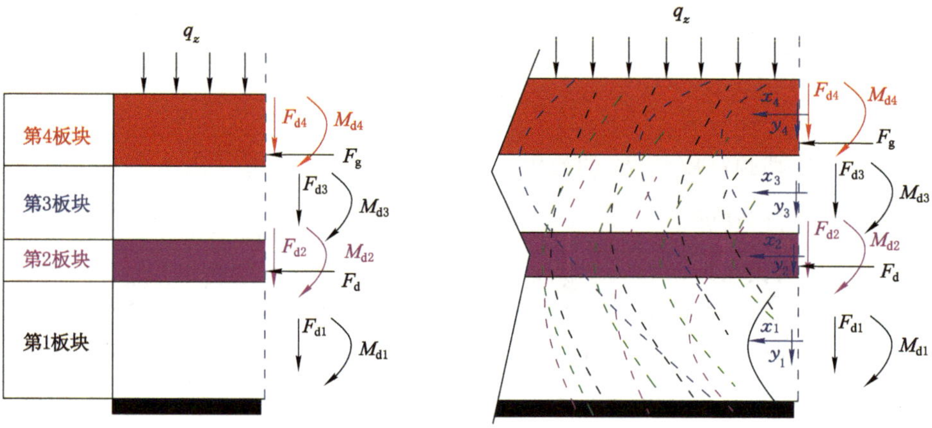

(a) 板块分层边界受力　　(b) 外力诱发应力分布

图 2-7　等效力作用下的坐标系标识

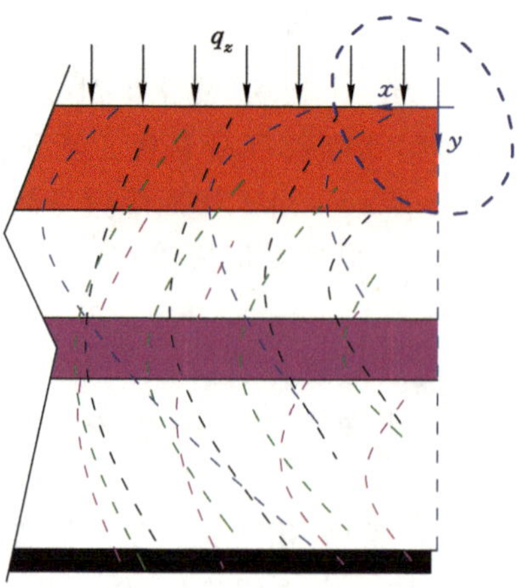

图 2-8　统一坐标系的标定

需要说明的是，结构承载的均布载荷 q_z 主要来自覆岩结构上方（结构之上）的给定载荷，不含覆岩结构分层的自重（结构分层自重作为分层均布载荷直接参与覆岩板块应力分布的计算）。

取矩中心上的覆岩等效受力主要由覆岩给定载荷、板块自重、均化后的支承压力及煤体支撑反力组成。其中，对于覆岩板块自重及弯矩的计算，可将板块边界作数学连续处理，以便采用积分求解的方式计算覆岩自重及对应的弯矩载荷。

根据图 2-9 所示的统一坐标系，得到覆岩板块右侧边界数学连续处理条件下的边界函数表达式：

$$y = \frac{h_z}{l_4}(x + l_4) \quad 或 \quad x = l_4\left(\frac{y}{h_z} - 1\right) \tag{2-3}$$

式中　h_z——覆岩板块整体厚度，$h_z = \sum h_{di}$；

x、y——统一坐标系的坐标值。

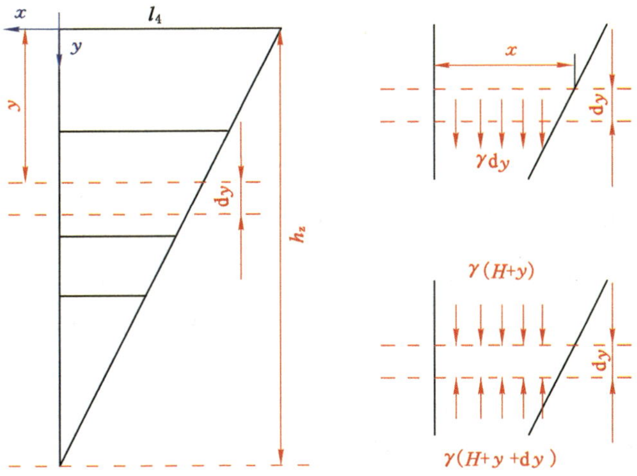

图 2-9　覆岩块体受力的数学连续处理

工作面覆岩以砂质岩性赋存为主，岩石密度变化较小。相对整个采空区结构空间尺寸，拱脚位置支承压力分布形式及应力集中系数基本一致。据此，积分得到覆岩自重及均化处理的支承压力表达式：

$$F_z = \frac{\gamma l_4 h_z}{2}, F_c = \lambda k \gamma l_4\left(H + \frac{h_z}{2}\right) \tag{2-4}$$

同理，得到覆岩自重和均化处理的支承压力综合作用下的力矩：

$$M_z = \frac{\gamma h_z l_4^2}{6}, M_c = \frac{1}{2}\lambda k \gamma l_4^2\left(H + \frac{h_z}{3}\right) \tag{2-5}$$

综上，联立式(2-4)和式(2-5)，通过理论分析得到的覆岩自重和均化处理的支承压力综合作用下的合力与合力矩表达式为：

$$F_j = \gamma l_4\left(\frac{1+\lambda k}{2}h_z + \lambda k H\right), M_j = \frac{\gamma l_4^2}{2}\left(\frac{\lambda k + 1}{3}h_z + \lambda k H\right) \tag{2-6}$$

对于水平挤压力以及竖直支撑力，可按图 2-10 所示的“砌体梁”结构分别计算。由于顶板周期性断裂步距基本一致，设 $l_1=l_2=l$，且当工作面采空区覆岩趋于稳定后，$P_1=P_2=P$。

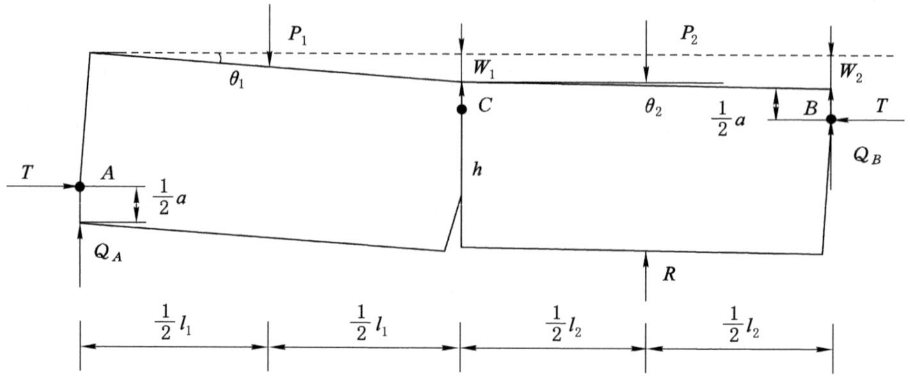

P_1、P_2—块体承受的载荷；θ_1、θ_2—块体的转角；W_1、W_2—块体的下沉量；Q_A、Q_B—块体端面摩擦力；R—块体上的支撑反力；a—接触面高度；l_1、l_2—块体长度；h—块体高度。

图 2-10 “砌体梁”结构力学模型

据此，根据“砌体梁”理论，得到块体端面水平挤压力及竖直支撑力（摩擦力）。

$$T=\frac{l(P_1+P_2-R)}{2(h+W_2-2W_1-a)} \tag{2-7}$$

$$Q_B=\frac{1}{2}\left[\frac{(W_2-W_1)(P_1+P_2-R)}{h+W_2-2W_1-a}+P_2-R\right] \tag{2-8}$$

综上，得到了覆岩板块在统一坐标系条件下的受力特征表达式。为重点探索工作面开采扰动高度对实体煤岩受力的影响，减少对采空区边缘块体受力的分析，进一步舍去覆岩边界受力影响。

同时，将高位关键层给定载荷作为覆岩自重处理，以增大高位关键层等效厚度。据此，得到覆岩自重和均化处理支承压力综合作用下的合力与合力矩表达式：

$$F=\frac{1}{2}\gamma l_1 h_z(n-\lambda k)+\lambda k\gamma l_1(n-1)\left(\frac{h_z}{2}+H\right) \tag{2-9}$$

$$M=\frac{\lambda k\gamma l_1^2(n^2-1)(h_z+3H)+\gamma l_1^2 h_z(n^2-2\lambda k)}{6} \tag{2-10}$$

式中　n——高低位顶板断裂尺寸（悬长）之比，即 $n=l_4/l_1$。

由式(2-9)和式(2-10)可知，工作面煤壁垂线边界上的等效受力（力和弯矩）与覆岩断裂高度(h_z)、高低位顶板悬长(n、l_1)、岩性参数(γ)、覆岩埋深(H)以及支承压力(λ、k)有紧密关系。本节将重点分析工作面覆岩断裂高度(h_z)以及高低位顶板悬长(n、l_1)对实体煤岩受力的影响。

当高低位顶板断裂尺寸比值为 1 时，式(2-9)和式(2-10)可进一步化简为：

$$F=\frac{1}{2}\gamma l_1 h_z(1-\lambda k) \tag{2-11}$$

$$M=\frac{\gamma l_1^2 h_z(1-2\lambda k)}{6} \tag{2-12}$$

由式(2-11)和式(2-12)可以看出，当高低位顶板悬长比值 $n=1$ 时（对应平面切顶效果），覆岩等效集中力和等效弯矩量值有所降低，从工作面覆岩应力控制的角度，有利于实体煤应力的降低，这也是工作面停采后采取切顶措施阻隔覆岩悬板附加高应力，进而实现煤岩体卸压、护巷的主要原因。

(2) 板块应力分布求解

得到工作面垂线边界上的等效作用力后，可采用半无限体理论分析方法，对等效载荷作用下的垂线左侧无限体进行力学求解(假设砂质岩性顶板条件相似)。为方便分析，首先介绍任意载荷作用下的楔形体应力分布计算，计算模型如图 2-11 所示。

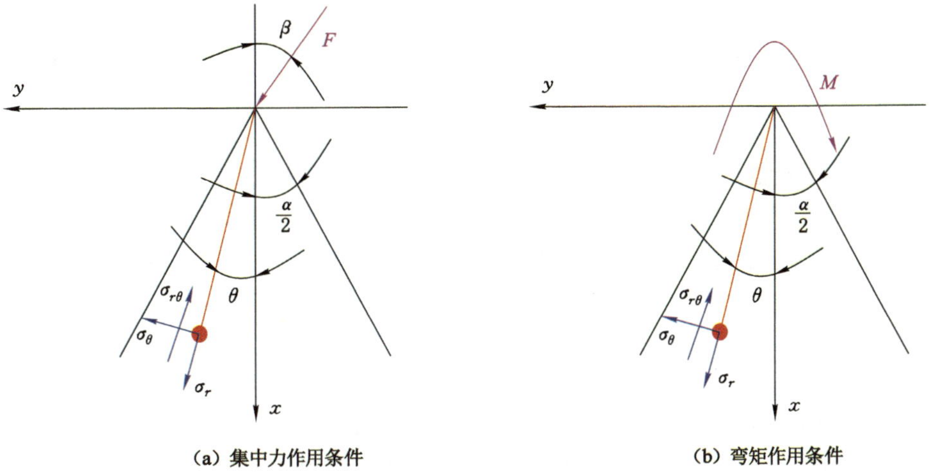

图 2-11 煤岩等效受力及楔形体应力计算模型

根据弹性理论对于楔形体受力的分析结论，得到直角坐标系条件下的应力分布表达式：

$$\begin{cases}\sigma_{xx} = \sigma_r(\cos\theta)^2 - 2\sigma_{r\theta}\sin\theta\cos\theta + \sigma_\theta(\sin\theta)^2 \\ \sigma_{xy} = \sigma_{yx} = (\sigma_r - \sigma_\theta)\cos\theta\sin\theta - \sigma_{r\theta}(\sin\theta)^2 + \sigma_{r\theta}(\cos\theta)^2 \\ \sigma_{yy} = \sigma_r(\sin\theta)^2 + 2\sigma_{r\theta}\sin\theta\cos\theta + \sigma_\theta(\cos\theta)^2\end{cases} \tag{2-13}$$

式中 σ_{xx}——水平应力分量；

σ_{xy}、σ_{yx}——剪切应力分量；

σ_{yy}——垂直应力分量。

根据图 2-11 所示的两套坐标系下的坐标分量关系，消去极坐标分量，可得到直角坐标系下等效集中力和等效弯矩作用下的煤岩应力分布表达式：

$$\begin{cases}\sigma_{xx1} = -\dfrac{2F}{\pi}\dfrac{x^2 y}{(x^2+y^2)^2} \\ \sigma_{xy1} = -\dfrac{2F}{\pi}\dfrac{xy^2}{(x^2+y^2)^2} \\ \sigma_{yy1} = -\dfrac{2F}{\pi}\dfrac{y^3}{(x^2+y^2)^2}\end{cases},\quad \begin{cases}\sigma_{xx2} = \dfrac{8M}{\pi(x^2+y^2)^3}x^3 y \\ \sigma_{xy2} = \dfrac{2M}{\pi(x^2+y^2)^3}(3y^2-x^2)x^2 \\ \sigma_{yy2} = \dfrac{4M}{\pi(x^2+y^2)^3}(y^2-x^2)xy\end{cases} \tag{2-14}$$

式中 σ_{xx1}、σ_{xy1}、σ_{yy1}——等效集中力作用下的煤岩水平、剪切和垂直应力分量；

σ_{xx2}、σ_{xy2}、σ_{yy2}——等效弯矩作用下的煤岩水平、剪切和垂直应力分量。

由此得到煤岩等效受力条件下(统一坐标系条件)的应力分布表达式：

$$\begin{cases}\sigma_{xx1}=\dfrac{2F}{\pi}\dfrac{x^2y}{(x^2+y^2)^2}\\ \sigma_{xy1}=\dfrac{2F}{\pi}\dfrac{xy^2}{(x^2+y^2)^2}\\ \sigma_{yy1}=\dfrac{2F}{\pi}\dfrac{y^3}{(x^2+y^2)^2}\end{cases},\begin{cases}\sigma_{xx2}=-\dfrac{8M}{\pi(x^2+y^2)^3}x^3y\\ \sigma_{xy2}=-\dfrac{2M}{\pi(x^2+y^2)^3}(3y^2-x^2)x^2\\ \sigma_{yy2}=-\dfrac{4M}{\pi(x^2+y^2)^3}(y^2-x^2)xy\end{cases} \tag{2-15}$$

根据式(2-15)可得到覆岩等效集中力和等效弯矩联合作用下的煤岩体应力分布表达式：

$$\begin{cases}\sigma_{xx}=\sigma_{xx1}+\sigma_{xx2}\\ \sigma_{xy}=\sigma_{xy1}+\sigma_{xy2}\\ \sigma_{yy}=\sigma_{yy1}+\sigma_{yy2}\end{cases} \tag{2-16}$$

综上，基于覆岩组合顶板结构的等效受力及半无限体理论分析方法，计算得到覆岩悬板等效集中力和等效弯矩综合作用下的煤岩应力分布表达式。通过煤岩应力分布特征研究，可进一步确定覆岩悬板作用扰动范围，指导工作面停采位置及切顶卸压空间的合理选择，为工作面超前卸压参数确定提供理论依据。

2.1.3 覆岩应力分布

根据前述理论系统分析，得到了覆岩应力分布表达式(2-16)。为确定煤层覆岩应力分布规律，还需探索影响覆岩等效受力的主要因素。结合覆岩顶板结构的一般研究结论，本节重点分析工作面开采扰动高度(覆岩断裂高度)(h_z)以及高低位顶板破断特征(高低位顶板悬长)(n、l_1)对覆岩等效受力的影响。

(1) 覆岩等效受力特征分析

根据工作面煤岩地质赋存条件，砂质岩层平均密度为 2 500 kg/m^3；低位岩层断裂尺寸取一个周期来压步距 12 m；覆岩断裂高度约为 47 m；根据高低位顶板断裂尺寸计算分析，断裂尺寸比值范围为 2～7；应力集中系数为 1.4～5.0；支承压力载荷取值系数视覆岩层位、采空区矸石压实程度影响，取 0～0.8；工作面停采线近区煤层平均埋深为 −750 m。

基于上述数据，可得到在不同覆岩悬板长度条件下，工作面煤层开采扰动高度对覆岩等效集中力和等效弯矩载荷的影响，如图 2-12 所示。

由图 2-12 所示的覆岩等效载荷与工作面开采扰动高度之间的关系可知：① 工作面覆岩断裂高度不是覆岩承载高强度等效集中力和等效弯矩载荷的主要影响因素；② 相较开采扰动因素，覆岩悬板长度是覆岩等效高强度承载的主要因素，悬板长度相同条件下的覆岩等效集中力及等效弯矩基本不变；③ 在工作面开采扰动高度及覆岩悬板长度相同条件下，覆岩等效弯矩载荷绝对值高于等效集中力；④ 当高低位顶板断裂尺寸比值为 3，即在高位岩层悬板长度为 36 m 时，对应的覆岩等效集中力约为 1 100 MN，等效弯矩约为 26 GN·m。

根据图 2-12 可以看出，工作面开采扰动高度是覆岩等效载荷的次要影响因素，而高低位顶板断裂尺寸(覆岩悬长)比值对覆岩等效载荷具有重要影响，由此可得到覆岩等效载荷与高低位顶板断裂尺寸比值间的关系，如图 2-13 所示。

由图 2-13 可以看出，覆岩等效集中力及等效弯矩载荷受高低位顶板断裂尺寸(覆岩悬长)比值的影响较为显著。覆岩等效集中力与覆岩悬长比值之间呈直线递增关系，覆岩悬长

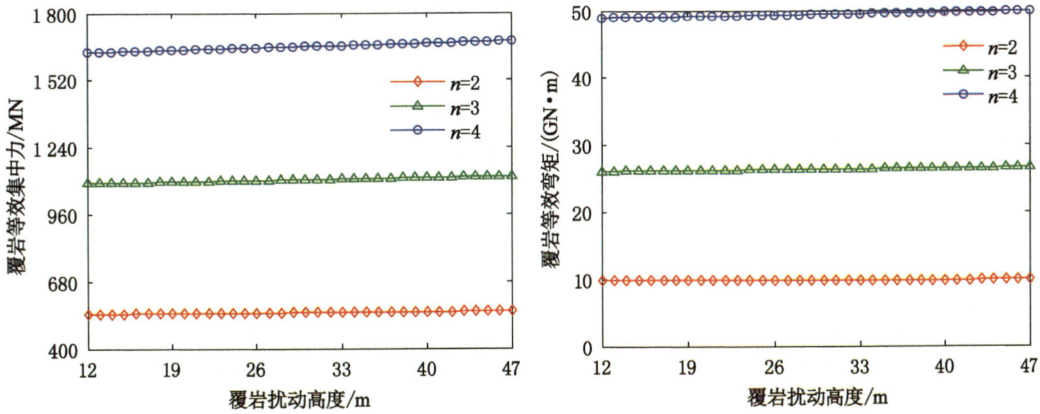

(a) 等效集中力　　(b) 等效弯矩

图 2-12　覆岩等效载荷与开采扰动高度之间的关系

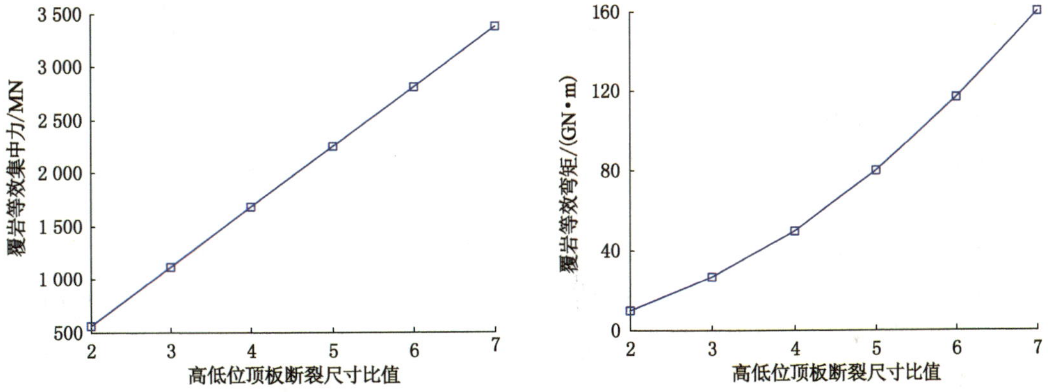

(a) 等效集中力　　(b) 等效弯矩

图 2-13　覆岩等效载荷与顶板断裂尺寸比值之间的关系

比值越大，覆岩等效集中力越高；覆岩等效弯矩与覆岩悬长比值之间呈曲线增长关系，覆岩悬长比值越大，覆岩等效弯矩载荷增长越明显。

图 2-13 展示了覆岩等效载荷与高低位顶板断裂尺寸比值的相对关系，但未明确具体顶板断裂尺寸下的覆岩等效载荷。鉴于高位顶板的应力夹持影响，高位顶板断裂尺寸相对较大，本节以高低位顶板断裂尺寸比值取 3 为例，探索低位顶板断裂尺寸对覆岩等效载荷的影响，如图 2-14 所示。

图 2-14 展示了低位顶板断裂尺寸为 8～20 m 时对应的覆岩等效承载规律。当高低位顶板断裂尺寸比值为 3 时，对应的高位顶板断裂尺寸为 24～60 m，由此得到的覆岩等效集中力为 1 100～2 800 MN，等效弯矩为 21～136 GN·m。其中，顶板断裂尺寸对覆岩等效弯矩载荷的影响最为显著，伴随低位顶板断裂尺寸的增加，覆岩等效弯矩载荷呈非线性递增。

(2) 覆岩高应力分布规律

前述分析揭示了覆岩等效承载规律，结果表明高低位顶板断裂尺寸（覆岩悬长）比值是

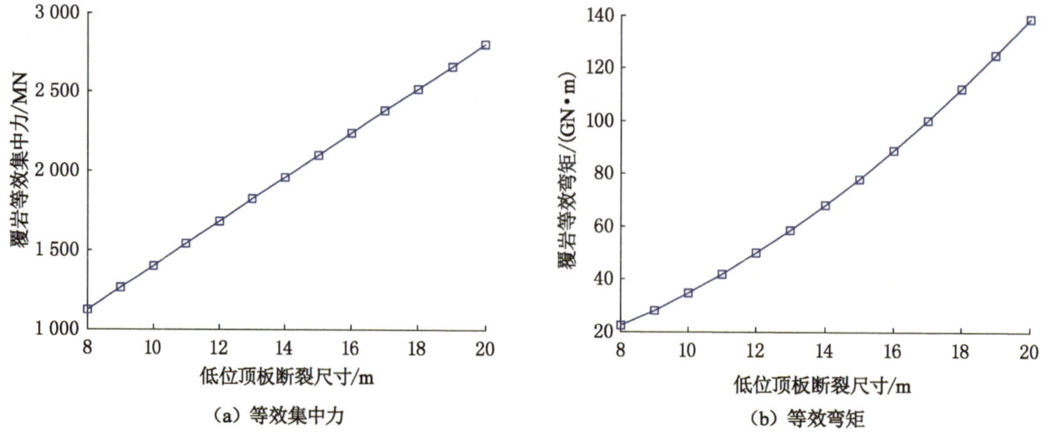

图 2-14　覆岩等效载荷与低位顶板断裂尺寸之间的关系

覆岩等效载荷的主要影响因素。从覆岩控制的角度，需及时缩短高低位顶板断裂尺寸，以降低覆岩悬板的影响程度。然而，工作面顶板悬长的具体控制程度，还需结合覆岩应力分布特征进一步研究。为此，本节将进一步分析具体覆岩载荷作用下的煤岩应力分布规律，理论指导覆岩预裂设计。

① 等效集中力作用效果

现有矿压理论研究表明，工作面煤层开采后覆岩裂缝带发育高度保守取值为 7～10 倍的煤层厚度，在此范围内若存在关键层顶板，则裂缝带发育高度更大。根据前述结论可知，煤层开采扰动高度不是覆岩等效承载的主要因素，结合下文裂缝带的实测高度，本算例中的覆岩断裂高度取值为 46 m。按工作面周期来压步距为 12 m 计算，得到在高位顶板断裂尺寸为 36 m 条件下工作面覆岩水平应力分布特征，如图 2-15 所示。

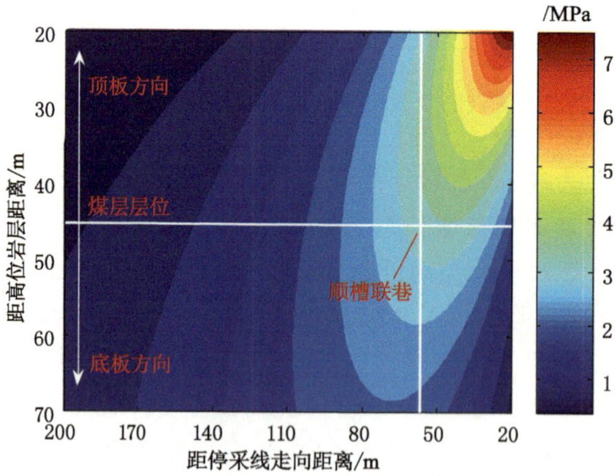

图 2-15　等效集中力作用下的煤岩水平应力分布

图 2-15 展示了覆岩等效集中力作用下的煤岩水平应力分布规律。覆岩等效集中力主要来源于高位厚硬岩层及其上覆软弱岩层重力。等效集中力作用下的水平应力集中程度较高，传递影响范围较远。已知顺槽联巷位置超前工作面预计停采线约为 50 m，根据图 2-15，

对应联巷位置的煤岩水平应力约为 3 MPa。从巷道受力的角度来看，巷道围岩水平应力水平较高。按照水平应力分布等值线梯度特点，距离工作面煤壁越远，煤岩水平应力衰减越慢，当超前工作面煤壁约为 200 m 时，煤岩水平应力值降至 0.7 MPa 左右。

同理，根据前述理论分析，计算得到超前工作面煤壁位置的煤岩剪切应力分布规律，如图 2-16 所示。

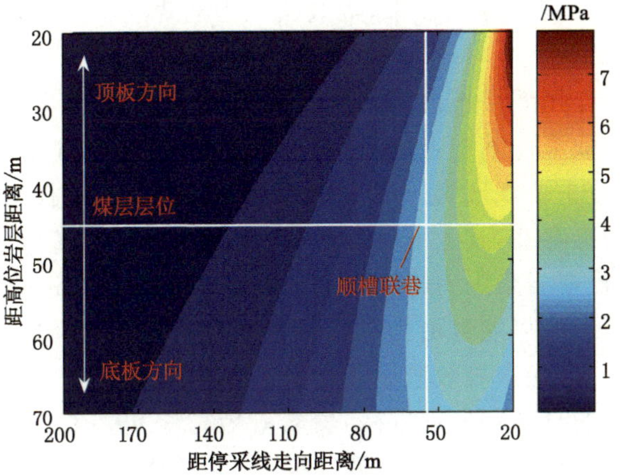

图 2-16　等效集中力作用下的煤岩剪切应力分布

工作面煤岩剪切应力与水平应力分布规律相似，剪切应力朝向煤层方向几乎不衰减，传递影响范围较远。在超前工作面煤壁的顺槽联巷位置，剪切应力水平约为 2.3 MPa，距离顺槽联巷 24 m 的煤层底板应力较高，应力值约为 2.7 MPa。沿工作面推进方向，煤岩体剪切应力衰减较快，当超前工作面煤壁 20 m 左右时，剪切应力等值线分布最密集，煤层近区的最高剪切应力约为 4.2 MPa；当超前工作面煤壁 110 m 左右时，煤岩体剪切应力已降至 0.4 MPa 左右。由此可见，覆岩集中力作用下的煤岩剪切应力垂直方向（朝向煤层方向）影响深度大，水平方向（沿工作面推进方向）影响距离有限。

按照相同的计算分析方法，得到工作面覆岩集中力作用下的煤岩垂直应力分布，如图 2-17 所示。

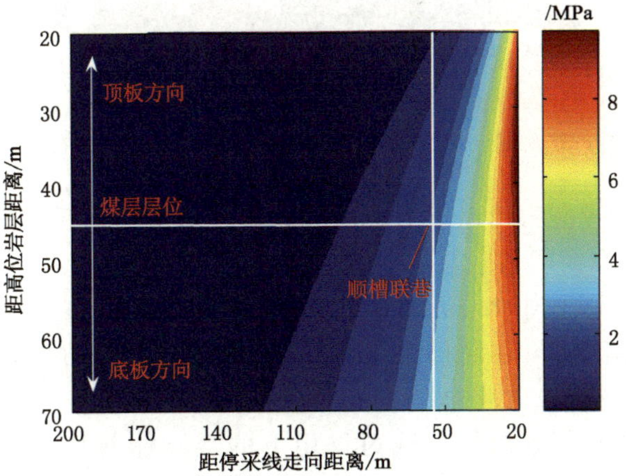

图 2-17　等效集中力作用下的煤岩垂直应力分布

图 2-17 所示的煤岩垂直应力等值线分布与水平应力及剪切应力分布明显不同，主要表现为斜三角分布特征。朝向煤层底板方向，煤岩垂直应力几乎不衰减，影响深度大，在工作面顺槽联巷位置的垂直应力约为 2.6 MPa，且顺延至煤层底板，衰减缓慢。沿工作面推进方向，煤岩体垂直应力衰减较快，应力等值线密集分布，当超前工作面煤壁 100 m 左右时，煤岩体垂直应力已衰减至 0.5 MPa 左右。工作面预计停采线位置距离系统大巷位置约为 200 m，根据覆岩集中力的单一作用效果，等效集中力对煤岩体垂直应力贡献相对较小。

② 等效弯矩作用效果

与覆岩等效集中力作用效果不同，单一顶板岩层在覆岩等效弯矩作用下，横向截面上同时存在拉应力和压应力效应。其中，顶板横向截面中性层以上的岩石应力分布主要表现为拉应力，中性层以下部分主要表现为压应力。即使存在多分层顶板组合现象，等效弯矩作用下的组合顶板中性层仍然存在，其上下截面同样存在着应力拉、压效应。

前述分析表明，相较覆岩集中力作用效果，覆岩等效弯矩载荷量相对较大，对覆岩等效载荷作用下的应力分布影响可能也更为显著。为此，从覆岩承受等效弯矩作用的角度入手，分析煤岩体应力分布规律，探索等效弯矩载荷影响范围，明确煤岩体受力主要影响因素。

根据覆岩等效载荷的分离和处理方法，覆岩等效弯矩单一载荷直接作用于工作面煤壁垂线左侧的高位岩层右上角。由图 2-18 可以看出，覆岩等效弯矩作用下的煤岩体水平应力主要表现为拉应力，且在超前工作面 50 m 的顺槽联巷位置，煤岩体拉应力高达 5.7 MPa。由于岩石材料抗压不抗拉，在此拉应力条件下，巷道围岩极易产生拉破坏。

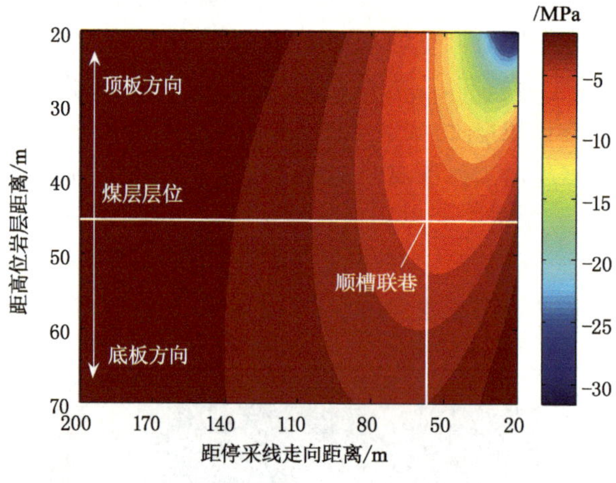

图 2-18　等效弯矩作用下的煤岩水平应力分布

同时，图 2-18 显示拉应力传递影响范围相对较广。朝向煤层及底板方向，煤岩体拉应力衰减较快，但距离工作面顺槽联巷 24 m 左右的煤层底板拉应力仍保持在 2.4 MPa 的高强度水平。相较覆岩等效集中力作用效果，等效弯矩作用下的煤岩体水平应力沿工作面推进方向的衰减速度逐渐变慢，在超前工作面煤壁 140 m 左右的位置，煤岩体拉应力约为 1.3 MPa，是巷道围岩产生拉破坏的主要影响因素。

同理，可得到覆岩等效弯矩单一载荷作用下的煤岩体剪切应力分布规律，如图 2-19 所示。

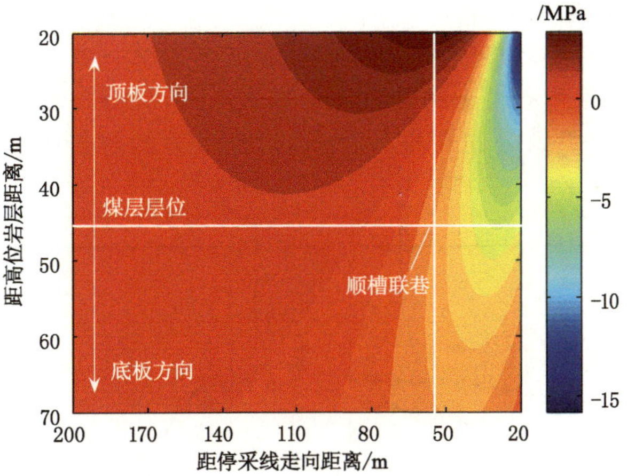

图 2-19　等效弯矩作用下的煤岩剪切应力分布

与覆岩等效弯矩单一载荷作用下的煤岩体水平应力分布不同，相同载荷条件下的煤岩体剪切应力具有明显的分界特点，超前工作面 50 m 左右存在煤岩体剪切受力转向点，应力变化幅度较大。工作面顺槽联巷刚好处在该位置附近，巷道围岩剪切受力情况复杂。超前工作面 170 m 左右，工作面覆岩剪切应力仍保持较高水平，应力约为 0.8 MPa；而对应位置的煤层底板剪切应力则处于低应力分布范围，对于巷道底板的系统大巷影响较弱。

按照相同的理论计算和分析方法，可得到工作面煤岩体垂直应力分布特征，如图 2-20 所示。

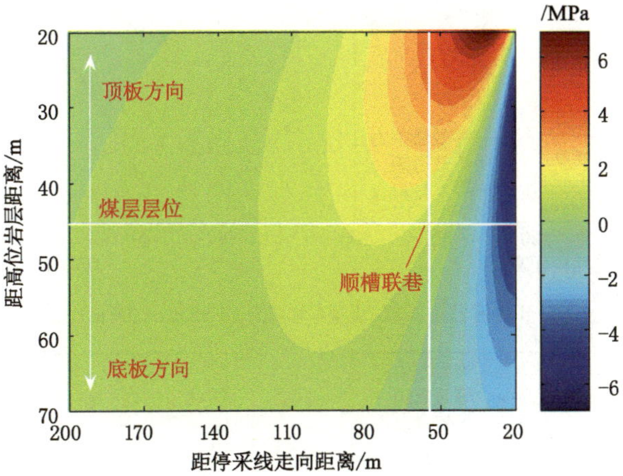

图 2-20　等效弯矩作用下的煤岩垂直应力分布

与煤岩体剪切应力分布类似，覆岩等效弯矩作用下的煤岩体垂直应力分布也存在拉压应力转向分界线。由图 2-20 可以看出，超前工作面 20 m 范围内，在煤层顶底板近区，等效弯矩作用下的垂直应力主要表现为拉应力效应，超过此区域，煤岩体垂直应力逐渐表现为压应力效应，且在该应力区间内，垂直应力等值线密集分布，应力梯度相对较高，垂直应力变化大。超前工作面 110 m 左右，煤层顶底板垂直应力约为 0.7 MPa，与顺槽联巷位置的垂直应力水平处于同一等值线上。距离工作面煤壁超过 110 m 后，煤岩体垂直应力衰减速度减慢，煤层顶底板垂直应力趋于均匀分布。

③ 等效载荷的合力作用效果

前述分析揭示了覆岩等效集中力、等效弯矩分别作为单一载荷作用条件下的煤岩体应力分布规律。两种等效载荷条件下的应力水平基本一致，但分布规律略有不同。为进一步明确两种载荷作用下的应力分布特征，沿工作面推进方向解析煤层应力分量，如图 2-21 所示。

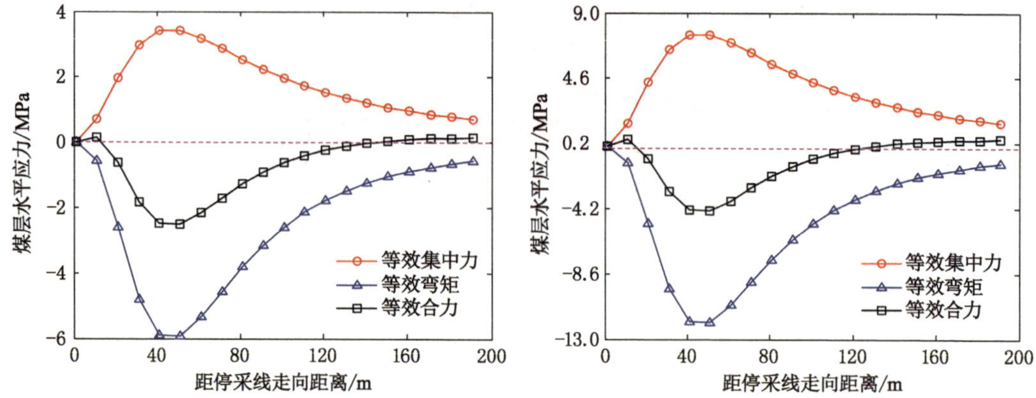

(a) 不同覆岩悬长下的煤层水平应力（左36 m、右60 m）

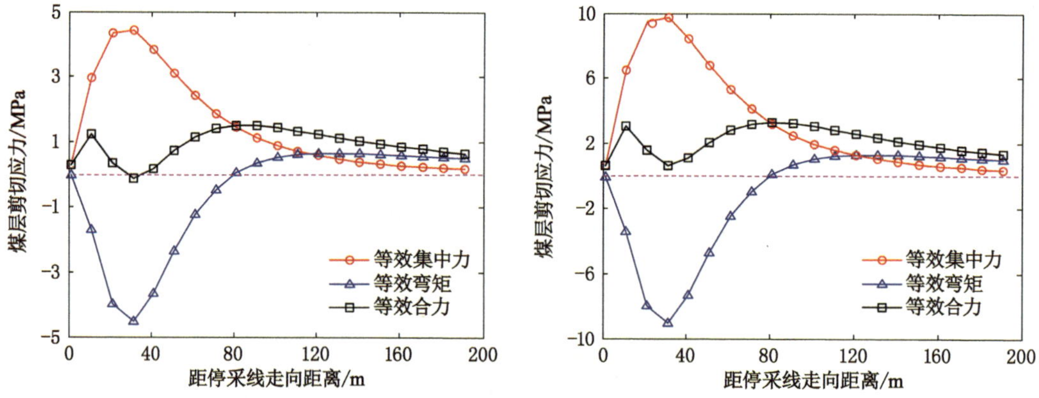

(b) 不同覆岩悬长下的煤层剪切应力（左36 m、右60 m）

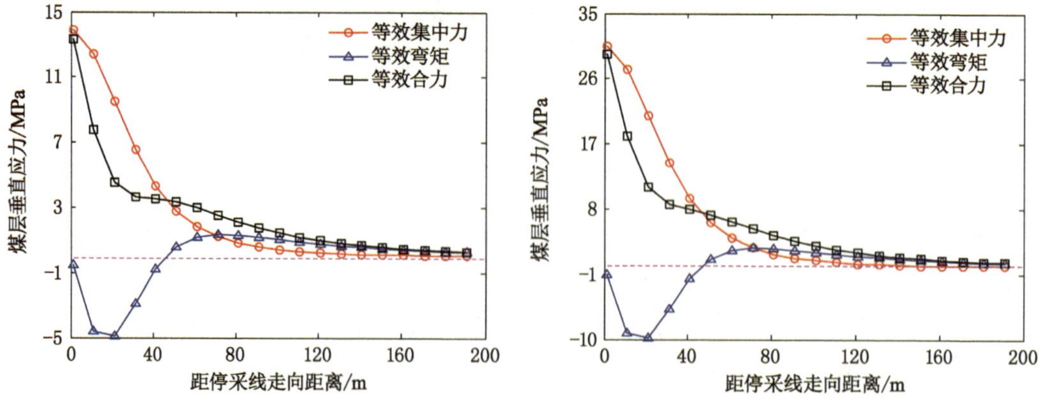

(c) 不同覆岩悬长下的煤层垂直应力（左36 m、右60 m）

图 2-21　不同载荷作用强度下的煤层走向应力分布

图 2-21 展示了不同覆岩载荷强度条件下(顶板悬长分别为 36 m 和 60 m),两种等效载荷及其合力分别作用下的煤层应力分量分布特征。图 2-21 中红线表示覆岩等效集中力作用下的应力分量,蓝线表示覆岩等效弯矩作用下的应力分量,黑线则表示两种等效载荷合力作用下的应力分量。

由图 2-21 可以看出:a. 不同覆岩载荷强度条件下的煤层应力分量沿煤层走向的分布规律基本一致,但应力分量水平明显不同。覆岩载荷强度越高,对应的应力分量数值越大。b. 两种覆岩载荷条件下的应力数量级保持一致,这不同于覆岩等效弯矩量值的数量级明显高于覆岩等效集中力的特点。c. 根据煤层水平应力和剪切应力分布特征,等效弯矩产生的应力分量明显偏大,覆岩弯矩影响较大;而在垂直应力分布中,覆岩等效集中力的贡献最大。因此,在不考虑煤岩体破坏准则的情况下,煤层应力分量分布各具特点,具体哪个因素是影响煤岩受力破坏的主要原因,仍需进一步研究确定。

根据前述分析,覆岩等效集中力和等效弯矩分别作用下的煤岩应力分量水平基本一致。以覆岩悬长 60 m 为例,得到两种覆岩等效载荷(F=2 200 MN,M=80 GN·m)合力作用下的煤岩体水平应力分布规律,如图 2-22 所示。

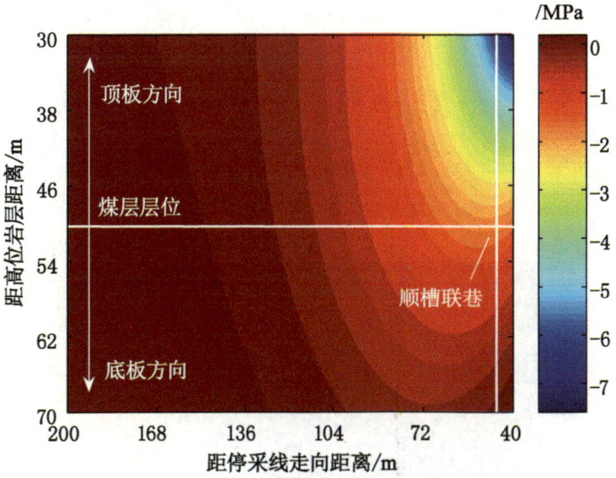

图 2-22 等效载荷合力作用下的煤岩水平应力分布

图 2-22 展示了覆岩等效载荷合力作用下的煤岩水平应力存在明显的零等值线,超前工作面 136 m 以内,煤岩水平应力分量主要表现为拉应力,超过此区域则以压应力为主。覆岩等效载荷合力对煤层底板的影响程度大于煤层走向,超前工作面约 168 m 位置的煤岩水平应力仅为 0.1 MPa 左右。

工作面顺槽联巷超前工作面停采线 50 m。由图 2-22 所示,顺槽联巷所在区域的煤岩水平应力主要表现为拉应力,且应力水平相对较高,为 4.7～5.0 MPa。考虑岩石材料抗压、不抗拉,高强度的拉应力条件将不利于巷道围岩的稳定。因此,应加强巷道围岩表面的支护管理,提供充足的预紧力,消除巷道拉伸破坏效应,维持巷道围岩表面稳定。

同理,得到两种覆岩等效载荷合力作用下的煤岩剪切应力分布特征,如图 2-23 所示。相较两种等效载荷合力作用下的煤岩水平应力分布,煤岩剪切应力水平相对较高,影响范围较广。超前工作面 200 m 位置,煤岩体剪切应力水平仍保持在 1.2 MPa 左右。对于岩石类不抗剪材料,较高的剪切应力水平也是巷道围岩破坏的主要影响因素。

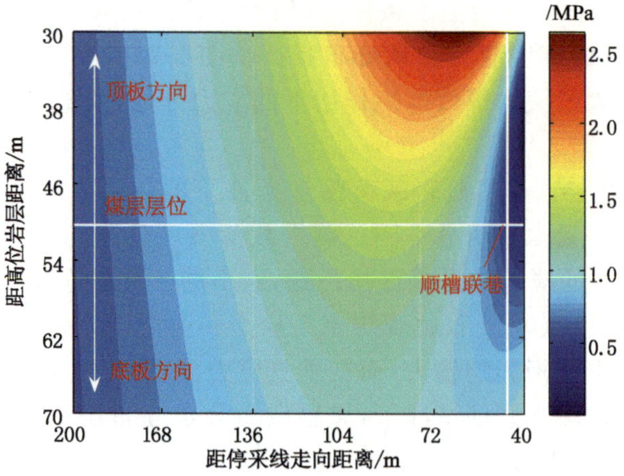

图 2-23　等效载荷合力作用下的煤岩剪切应力分布

顺槽联巷超前工作面停采线 50 m,对应位置的煤岩剪切应力水平为 1.7～2.0 MPa,岩石类材料不抗剪,根据材料的第二强度准则(剪切破坏准则),在高剪切应力作用下的巷道围岩存在剪切破坏风险。从巷道围岩控制的角度来看,应主动提高巷道围岩的黏聚力和内摩擦角,可采取的主动支护对策一般有注浆加固、提高锚杆(索)的支护预紧力等技术工艺。

与覆岩等效载荷的单独作用效果不同,两种等效载荷合力作用下的煤岩垂直应力影响范围较广,如图 2-24 所示。

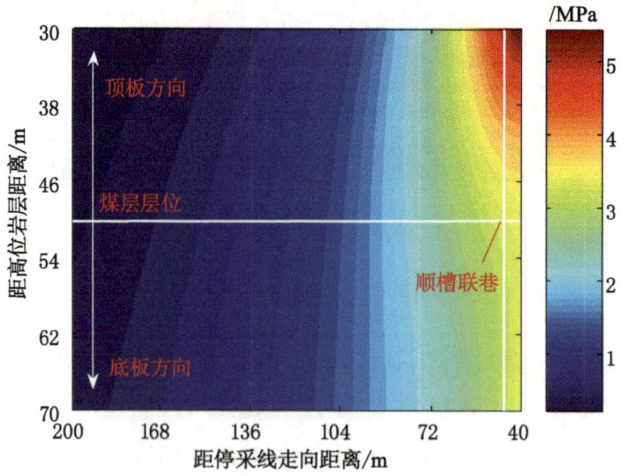

图 2-24　等效载荷合力作用下的煤岩垂直应力分布

由图 2-24 可以看出,朝向煤层及其底板方向,煤岩垂直应力几乎不衰减,在煤层底板中的传递距离较远。超前工作面 200 m 左右,煤层近区煤岩的垂直应力水平约为 0.6 MPa;距离煤层越远,底板中的垂直应力水平越高。

工作面顺槽联巷位置处的垂直应力水平高达 6.0 MPa,对巷道顶板的稳定极为不利。从巷道支护的角度来看,一方面应加强巷道顶板的支护,另一方面还要稳固巷道两帮,通过提高巷帮的稳定性,进一步强化顶板支护效果。

综上所述,覆岩等效载荷合力作用下,超前工作面停采线 200 m 以内,煤岩水平应力主要表现为拉应力。根据岩石类材料的拉破坏准则，巷道围岩帮部拉破坏效应显著。煤岩剪切应力水平较高，影响范围较广，根据材料的第二强度准则，巷道围岩承受剪切破坏的风险也较高。煤岩垂直应力沿垂直煤层的方向传递较远，应力水平较高，直接作用于巷道顶板及两帮，严重威胁巷道围岩的稳定。

前述分析主要基于煤岩体的应力分量分布规律，从不同角度揭示了覆岩等效载荷对煤岩体应力分布的影响，并结合各种岩石材料的破坏准则对巷道围岩的潜在破坏因素进行了初步分析。根据前述研究结论可知，不同应力分量对巷道围岩的破坏影响程度不同，采取的应力破坏准则也存在较大差异。

因此，本节将结合材料的第四强度准则（塑性力学中经常采用的材料破坏准则），进一步分析覆岩等效载荷合力作用下的煤岩体受力，可得到相同覆岩等效载荷（覆岩悬长为 60 m）合力作用下的煤岩体及煤层上的等效应力分布，如图 2-25 所示。

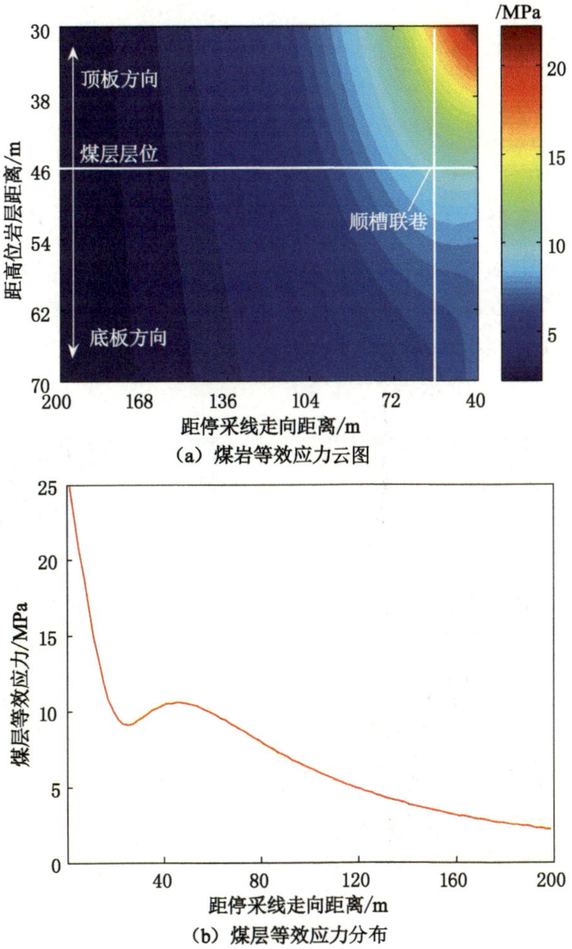

图 2-25　等效载荷合力作用下的煤岩等效应力分布

图 2-25 展示了覆岩等效载荷合力作用下的煤岩等效应力云图及煤层走向上的等效应力分布特征。由图 2-25(a)所示的等效应力云图可以看出，由覆岩等效载荷合力作用诱发的煤岩体等效应力分布范围广、应力水平高，对工作面顺槽联巷及远区（距工作面停采线 200 m）的

系统大巷存在一定影响：a. 超前工作面停采线 50 m 左右的煤层顺槽联巷位置，等效应力高达 10 MPa；b. 等效应力沿煤层走向衰减，但衰减速度较慢，当超前工作面停采线 200 m 左右时，煤层顶底板等效应力仍保持在 2 MPa 左右；c. 距离工作面煤壁越远，煤岩等效应力几乎不衰减，影响深度大，煤层底板大巷存在潜在风险。

根据图 2-25(b)所示的煤层走向上的等效应力分布特征，采取等效应力描述覆岩等效载荷的综合作用较为恰当，能够较好地再现煤层超前支承压力双峰曲线分布特点。图 2-25 所示的煤岩等效应力完全由覆岩等效载荷诱发，不包含煤岩天然地应力影响。此时，在工作面煤壁近区的煤岩受力已达 25 MPa，直接影响采场围岩的稳定；距离工作面煤壁 50 m 左右，煤层等效应力约为 10 MPa，对工作面顺槽联巷的稳定存在较大威胁；距工作面煤壁距离越远，煤层中的等效应力逐渐衰减，在距离工作面煤壁 200 m 处，煤层中的等效应力仍为2 MPa 左右，对系统大巷的维护存在着潜在影响。

2.2 临空煤柱切顶护巷机理

2.2.1 切顶无煤柱情形

前述分析指出，覆岩高低位顶板断裂尺寸(覆岩悬长)比值是工作面煤岩受力的主要影响因素。因此，为降低工作面煤岩体受力强度，应主动减小工作面顶板悬长的附加影响。为此，着重分析覆岩高低位顶板断裂尺寸比值为 1 条件下(覆岩无悬板附加作用)的煤岩体承载特征。为得到有实际物理意义的覆岩等效载荷，分析工作面支承压力取值系数与应力集中系数之间的关系，如图 2-26 所示。

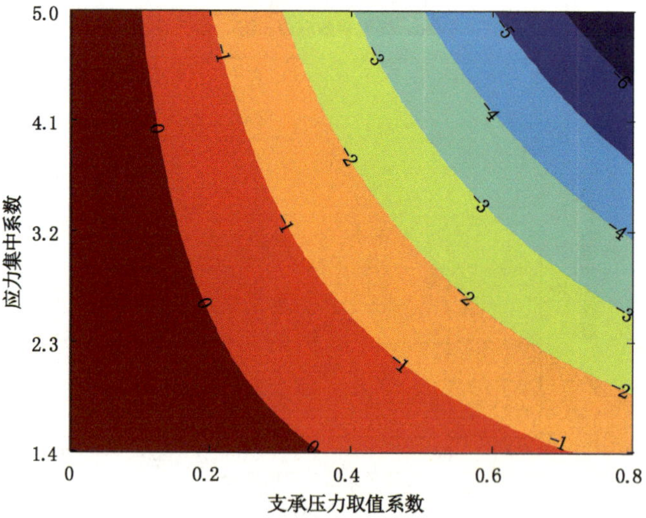

图 2-26　支承压力取值系数与应力集中系数之间关系

由图 2-26 可知，覆岩等效载荷具有实际物理意义的工作面支承压力取值系数范围为(0,0.4)、应力集中系数取值范围为(1.4,5)，即图中棕色区域标定的合理取值区间。对应条件下的覆岩等效集中力和等效弯矩的最大取值分别为：

$$F = \frac{1}{2}\gamma l_1 h_z, M = \frac{\gamma l_1^2 h_z}{6} \tag{2-17}$$

在工作面顶板断裂尺寸比值为1的条件下，覆岩无悬板，高低位顶板断裂尺寸一致。因此，本节具体结合低位顶板的断裂尺寸，探索其对覆岩等效集中力和等效弯矩载荷的影响。根据式(2-17)可得到覆岩等效载荷与顶板断裂尺寸之间的关系，如图2-27所示。

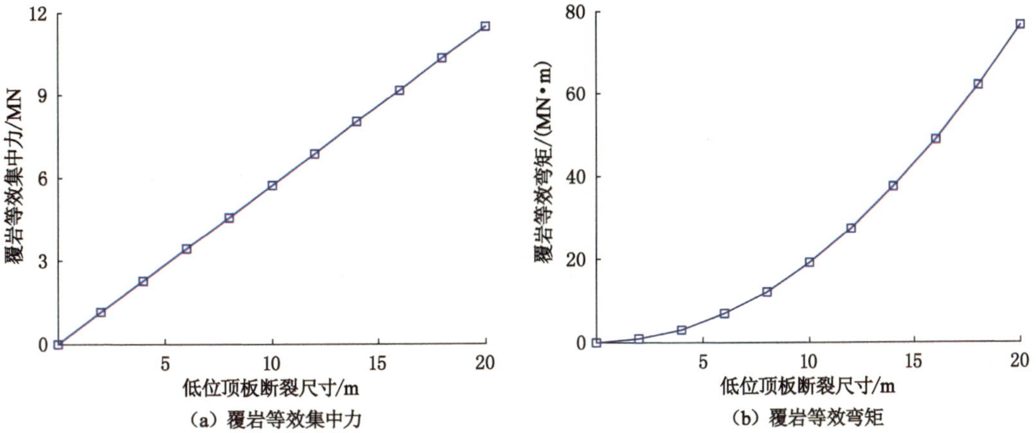

图2-27 覆岩等效载荷与顶板断裂尺寸之间的关系

在覆岩无悬板作用条件下(高低位顶板断裂尺寸比值为1)，覆岩等效集中力和覆岩等效弯矩载荷量值急剧降低，显著削弱了覆岩悬板附加效应。然而，覆岩等效载荷与低位顶板断裂尺寸之间的线性关系未发生改变：覆岩等效集中力与低位顶板断裂尺寸间呈直线递增关系；覆岩等效弯矩受低位顶板断裂尺寸影响，伴随低位顶板断裂尺寸的增加，等效弯矩量值呈现曲线递增规律。鉴于工作面周期来压步距为12～15 m，对应的覆岩等效集中力不超过9 MN、覆岩等效弯矩小于40 MN·m。由此可见，在此条件下单纯由覆岩活动诱发的覆岩等效载荷量值较小，对工作面煤岩体受力影响不大。

根据前述分析可知覆岩悬板长度是工作面煤岩受力的主要影响因素。为了进一步对比覆岩悬板存在与否以及顶板悬长对煤岩体受力的影响程度，本节将高低位顶板断裂尺寸比值分别取1、3、5，计算得到煤层等效应力分布，如图2-28(a)所示。

可以看出，当覆岩高低位顶板断裂尺寸比值为3和5时，煤层等效应力分布较显著，呈现典型的双峰曲线特征，能够较好地反映煤层支承压力分布特征。相较前述两种覆岩悬长条件，当顶板断裂尺寸比值为1时，图2-28(a)给出的煤层等效应力量值较小，沿工作面走向变化微弱。为进一步明确覆岩无悬板作用下的煤层等效应力分布特征，单纯计算覆岩无悬板作用下的煤层等效应力分布，如图2-28(b)所示。

与高低位顶板断裂尺寸比值大于1的情况不同，覆岩无悬板情况下(对应$n=1$)的煤层等效应力没有明显的双峰曲线分布特征，其量值较小(低于160 kPa)，且随着距煤层停采线走向距离的增加显著降低。由此可见，从工作面煤岩体卸压角度，应及时采取适当技术工艺切落工作面覆岩悬顶，降低高低位顶板断裂尺寸比值，这对于减小工作面煤岩高应力显现极为有利，也是工作面切顶护巷的理论基础。

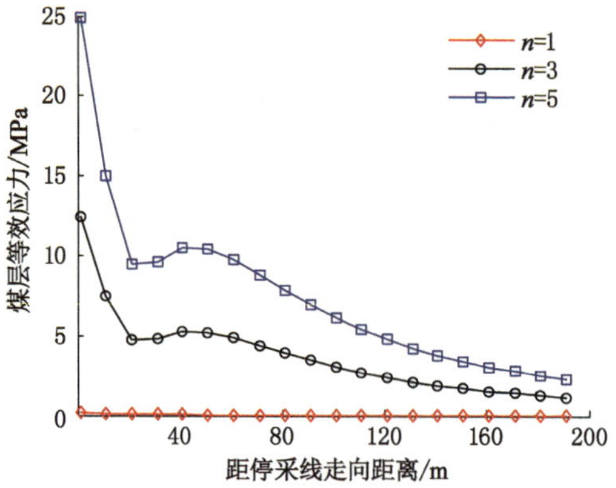

(a) 不同悬板长度条件下

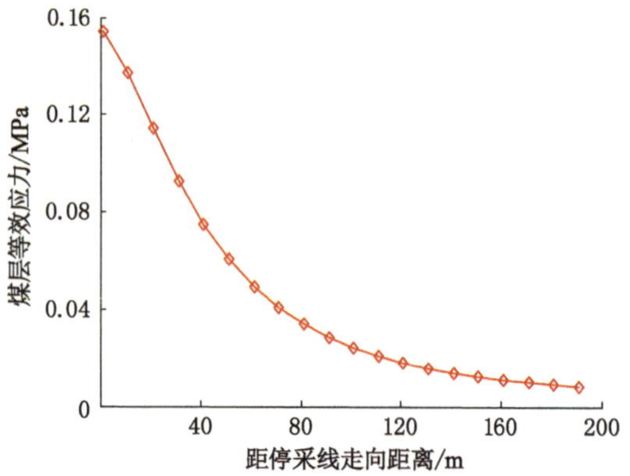

(b) 覆岩无悬板条件下

图 2-28 覆岩悬板长度对煤层等效应力的影响

2.2.2 切顶留煤柱情形

为了解除切顶无煤柱情形下停采工作面撤架过程中存在的顶板管控难题，应采取超前工作面切顶留煤柱方式，工作面停采线与切顶线之间留设一定尺寸的煤柱，即切顶保护煤柱(图 2-29)，阻隔工作面采动应力传递，改善停采工作面系统巷道围岩应力环境。

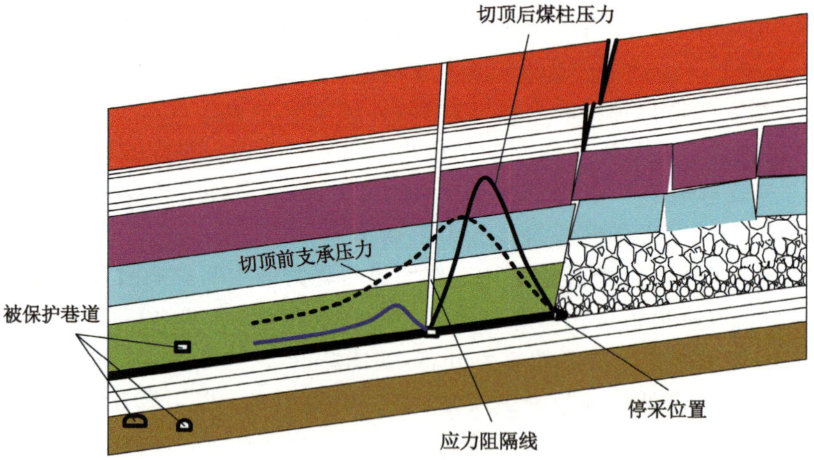

图 2-29 超前工作面切顶留煤柱情形

在超前工作面切顶留煤柱条件下，顶板断裂形成非连续结构，前述基于连续介质力学得到的理论成果不再适用。因此，采用覆岩层位结构模型(图 2-30)，揭示非连续顶板结构下的覆岩应力传载机制。

为便于描述覆岩结构系统中断裂线位置，将覆岩结构的“最左-居中-最右”断裂位置定义为“前-中-后”部断裂线。

(1) 横向断裂区覆岩结构位能

(a) 层位结构物理模型

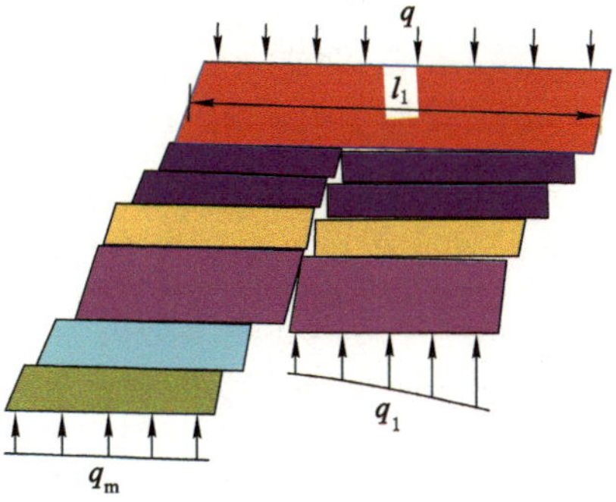

(b) 层位结构力学模型

图 2-30 切顶留煤柱情形下的覆岩层位结构模型

根据采场覆岩结构建模分析原理，考虑采空区冒落矸石呈现杂乱堆积的散体形态，单个矸石块体受力状态难以准确描述。为此，应将整个冒落矸石从覆岩结构系统中隔离出来，作为系统外力探讨采空区矸石支撑对覆岩结构的影响。

紧邻工作面支护体，顶板断裂运动受限，自支架顶梁尾部形成倒梯形组合悬臂梁结构。为避免探讨顶板破断块体间作用力矢量，本节采用能量标量描述覆岩结构演化过程中的能量守恒。忽略顶板系统中的动能作用，与采空区不规则垮落带同层位的顶板组合悬梁，其结构位能变化量为：

$$\xi_d = \sum_{i=1}^{k-1} G_{i3}\left(u_i + \frac{\Delta_i}{2}\right), G_{i3} = \gamma_i l_3 h_i, 1 \leqslant i \leqslant k-1 \tag{2-18}$$

式中 ξ_d——覆岩组合悬梁结构位能变化量；

G_{i3}——组合悬梁块体重力；

u_i——前部断裂线位置的块体端面位移；

Δ_i——中部断裂线位置的块体旋转下沉量；

γ_i——顶板块体重度；

l_3——组合悬梁块体特征尺寸；

h_i——组合悬梁块体厚度；

i——顶板块体的层位序号；

k——规则垮落带顶板层位起始标号。

覆岩结构系统中的“前-中-后”部断裂线位置将顶板破断块体划分为旋转下沉区和均匀下沉区。

① 旋转下沉区位能变化：位于“前-中”部断裂线位置区划范围内的顶板块体受煤层采动和采场支护影响，块体运移不充分，伴随工作面的采动，覆岩破断块体产生旋转下沉组合运动。根据顶板破断块体的组合运动特点，该区域顶板块体位能变化量为：

$$\xi_{z1} = \sum_{i=k}^{N-1} G_{i1}\left(u_i + \frac{\Delta_i}{2}\right), G_{i1} = \gamma_i l_3 h_i, k \leqslant i \leqslant N-1 \tag{2-19}$$

式中 ξ_{z1}——覆岩“前-中”部断裂区间内的顶板块体位能变化量；

G_{i1}——覆岩“前-中”部断裂区间内的顶板块体重力；

l_3——覆岩“前-中”部断裂区间内的顶板块体特征尺寸，其值等于组合悬梁块体特征尺寸；

Δ_i——覆岩“前-中”部断裂区间内中部断裂线位置的块体旋转下沉量；

h_i——覆岩“前-中”部断裂区间内的顶板块体厚度；

N——纵向断裂顶板层位起始标号。

② 均匀下沉区位能变化：该区域由“中-后”部断裂线位置区划，位于采空区充分扰动区间，顶板块体运动受煤层采动影响较小。该区间内的顶板运动以均匀下沉为主，据此计算该区域顶板块体位能变化量：

$$\xi_{z2} = \sum_{i=k}^{N-1} G_{i2}(\lambda_i u_i + \Delta_i),G_{i2} = \gamma_i l_2 h_i,\lambda_i \geqslant 1,k \leqslant i \leqslant N-1 \tag{2-20}$$

式中 ξ_{z2}——覆岩“中-后”部断裂区间内的顶板块体位能变化量；

G_{i2}——覆岩“中-后”部断裂区间内的顶板块体重力；

λ_i——块体端面间的位移滑移系数，对于完全铰接情况取值为 1，滑移铰接情况取值大于 1；

l_2——覆岩“中-后”部断裂区间内的顶板块体特征尺寸。

综上，得到覆岩规则垮落带顶板块体位能变化总量：

$$\xi_z = \xi_{z1} + \xi_{z2} \tag{2-21}$$

式中 ξ_z——覆岩规则垮落带顶板块体位能变化总量。

（2）纵向断裂区覆岩结构位能

覆岩纵向断裂区顶板断裂线沿工作面推进方向，顶板破断块体沿煤层开采方向尺寸大。该层位顶板的旋转下沉将联动其下位岩层产生组合运动，对采场矿压作用影响较为强烈。同理，按照顶板块体的旋转下沉组合运动分析，可得到覆岩纵向断裂顶板块体的位能变化量：

$$\xi_g = G_{N0}\left(u_N + \frac{\Delta_N}{2}\right),G_{N0} = \gamma_N l_1 h_N \tag{2-22}$$

式中 ξ_g——纵向断裂区顶板块体的位能变化量；

u_N——纵向断裂区顶板块体位移；

Δ_N——纵向断裂区顶板块体末端下沉量；

G_{N0}——纵向断裂区顶板块体的重力；

γ_N——纵向断裂区顶板块体的重度；

l_1——顶板块体的纵向断裂特征尺寸；

h_N——纵向断裂区顶板块体的厚度。

（3）覆岩结构系统外力做功

延拓得到的覆岩结构模型不考虑前后断裂线位置系统外力做功。此时，对应的系统外力做功情况包括采场围岩和支护体的支护阻力、采空区矸石支撑力、纵向断裂区覆岩载荷做功。

采场围岩及支护体特征尺寸小于覆岩延拓结构尺度。为便于计算分析，本节将采场围岩及支护体的支护阻力简化成均布载荷，可得到采场支护阻力做功计算表达式：

$$\xi_{w0} = -q_m l_3\left(u_k + \frac{\Delta_1}{2}\right) \tag{2-23}$$

式中 ξ_{w0}——采场围岩和支护体的支护阻力做功；

q_m——采场围岩和支护体的支护强度。

延拓后的覆岩系统结构横跨采空区尺寸较大，鉴于采空区空间范围内矸石压缩程度不同，以及冒落矸石上方规则垮落带顶板块体的运动状态有所区别，得到采空区矸石支撑力做功表达式：

$$\xi_{w1}=-\lambda_k u_k\int_0^{l_2}q_1(x)\mathrm{d}x-\frac{\Delta_k}{l_2}\int_0^{l_2}q_1(x)x\mathrm{d}x \tag{2-24}$$

式中　ξ_{w1}——采空区矸石支撑力做功；

$q_1(x)$——矸石承载函数。

覆岩纵向断裂区顶板块体尺寸大，破断块体间接触面较多。将顶板纵向断裂块体受力简化为均布载荷，结合块体运移特征，可得到顶板纵向断裂区覆岩载荷做功表达式：

$$\xi_{w2}=q_0 l_1\left(u_N+\frac{1}{2}\Delta_1\right) \tag{2-25}$$

式中　ξ_{w2}——纵向断裂区覆岩载荷做功；

q_0——纵向断裂区覆岩载荷。

综上，得到覆岩结构系统外力的整体做功：

$$\xi_w=\xi_{w0}+\xi_{w1}+\xi_{w2} \tag{2-26}$$

式中　ξ_w——覆岩结构系统外力整体做功。

(4) 覆岩给定采场应力求解

覆岩系统结构由破断顶板块体累积而成，系统结构运动需计及块体间的摩擦损耗。鉴于覆岩结构运动速度缓慢，系统动能变化忽略不计，由此得到的覆岩系统结构总势能为：

$$\xi_s=\xi_w+\lambda(\xi_d+\xi_z+\xi_g) \tag{2-27}$$

式中　ξ_s——覆岩系统结构总势能；

λ——覆岩系统结构的位能系数，$\lambda_r<\lambda<1$；

λ_r——位能系数的下限值。

煤层开采具有周期循环规律，煤层覆岩顶板断裂也呈现一定周期性，从而导致顶板破断块体尺寸具有一定相似性，本节取 $l_z=l_2=l_3$，其中 l_z 为顶板断裂的特征尺寸。

同时，伴随顶板层位的升高，高层位顶板运动应力夹持作用也逐渐加强，相邻顶板块体协调运动导致块体末端下沉量趋于一致。因此，取 $\Delta_i=\Delta_N=\Delta$。

为保证工作面采场围岩稳定，采场支护体在设计初期就选定为强支护，不允许覆岩出现整体滑移变形，此时取 $u_i=u_N=0$。

根据各子系统势能和系统外力做功关系，代入系统总势能表达式可得到：

$$\xi_s=\left[\lambda\left(\frac{1}{2}\gamma_N l_1 h_N+\frac{3}{2}\sum_{i=k}^{N-1}\gamma_i l_2 h_i+\frac{1}{2}\sum_{i=1}^{k-1}\gamma_i l_2 h_i\right)+\frac{1}{2}q_0 l_1-\frac{1}{l_2}\int_0^{l_2}q_1(x)x\mathrm{d}x-\frac{1}{2}q_m l_3\right]\Delta \tag{2-28}$$

覆岩结构运动始终处于动态平衡状态，对于系统运动的任意子平衡过程，覆岩系统结构稳定遵循最小势能原理 $\delta\xi_z=0$，据此得到式(2-28)中方括号内的表达式恒等于零。整理后得到采场围岩和支护体的支护强度：

$$q_m=\frac{l_1}{l_z}(\lambda\gamma_N h_N+q_0)+3\lambda\sum_{i=k}^{N-1}\gamma_i h_i+\lambda\sum_{i=1}^{k-1}\gamma_i h_i-\frac{2}{l_z^2}\int_0^{l_z}q_1(x)x\mathrm{d}x \tag{2-29}$$

在覆岩顶板岩性相近条件下，岩石重度相差不大，为便于分析这里取岩石平均重度为

γ。假定采空区矸石承载服从线性规律，根据式(2-29)得到层位结构条件下的覆岩给定载荷：

$$q_{\mathrm{m}} = \gamma\zeta(H_{\mathrm{d}} + 3H_{\mathrm{z}} + nH_{\mathrm{g}}) - 2\kappa L/3 \tag{2-30}$$

其中，

$$H_{\mathrm{d}} = \sum_{i=1}^{m} h_i, H_{\mathrm{z}} = \sum_{i=1}^{N} h_i, H_{\mathrm{g}} = h_{\mathrm{d}}$$

式中 q_{m}——覆岩给定载荷；

H_{d}——覆岩第 1 板块厚度；

H_{z}——覆岩第 2 和第 3 板块厚度之和；

H_{g}——覆岩第 4 板块厚度；

κ——矸石支撑系数；

ζ——覆岩块体能耗系数；

L——矸石有效支撑长度；

h_{d}——高位关键层(含上覆薄弱层)厚度；

m——第 1 板块的顶板分层数目；

N——第 2 和第 3 板块的顶板分层数目。

式(2-30)中 H_{d}、H_{z}、H_{g} 分别代表着不同覆岩板块的总厚度，系数的差异反映了覆岩板块矿压作用机制的不同，对应着不同采场矿压强度。

高低位顶板断裂尺寸比值 n，直观体现了高位顶板运动对采场矿压的影响，高位顶板块体越长，覆岩给定载荷越大。

从顶板控制的角度，超前工作面及时切顶，减小高位顶板悬长，有利于采场矿压控制。

前述分析指出采场覆岩结构具有一定相似性，并求出了远场覆岩给定载荷。下面继续分析给定载荷条件下的近场围岩及支护体受力。工作面采场围岩有直接顶、底板和煤层推进方向上的实体煤；工作面支护体主要是液压支架。为便于探讨，将实体煤受力进一步细分成弹塑性承载区，得到的采场结构如图 2-31(a)所示。

紧邻采空区的巷道围岩采场结构，如图 2-31(b)所示。采场围岩有待采工作面实体煤和巷道直接顶、底板，考虑邻近工作面的历史采动影响，同样可将待采工作面侧实体煤受力状态细化为弹塑性承载；巷道采场中的支护体除锚杆索具、钢架棚等小支护结构外，大的支护体还包括区段煤柱。

两种采场结构中除支护体类型有所区别外，采场围岩结构类型基本一致。为此，对上述两种采场结构进行力学抽象分析，以支护体阻力取代支护体类型，得到的采场结构力学模型如图 2-31(c)所示。对该结构力学模型进行分析求解，取覆岩给定载荷作用下的直接顶挠曲变形满足以下函数关系：

$$w(x) = A\left(1 - \cos\frac{\pi x}{2L}\right) \tag{2-31}$$

式中 $w(x)$——覆岩给定载荷作用下的直接顶挠曲变形；

A——直接顶挠曲变形参数；

L——工作面直接顶悬长。

根据顶板挠曲变形系数求解方法，可得到均布载荷作用下的直接顶挠曲变形参数：

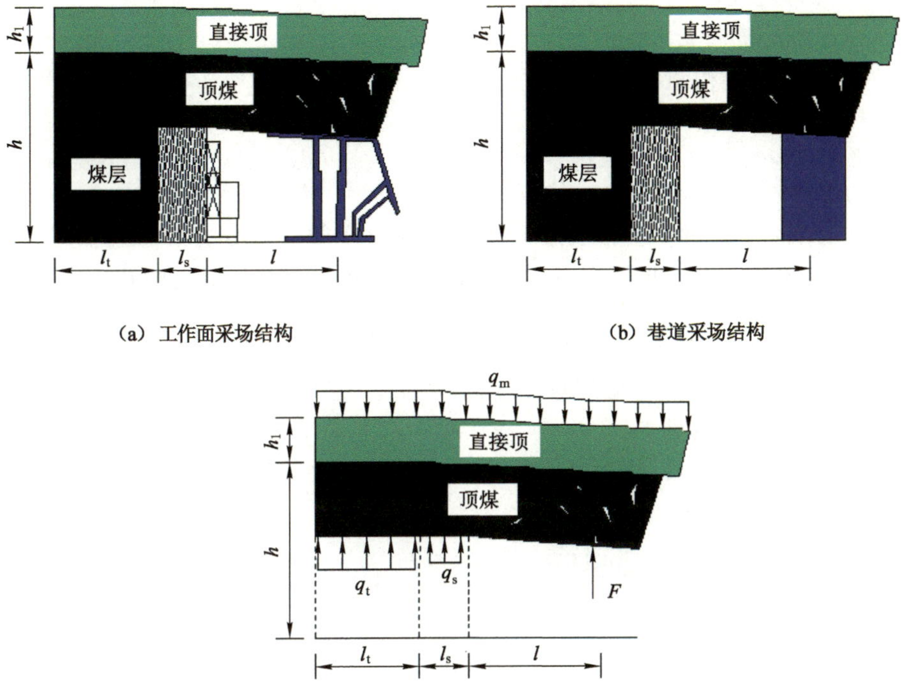

(a) 工作面采场结构　　(b) 巷道采场结构

(c) 采场结构力学模型

图 2-31　覆岩给定载荷作用下的采场受力

$$A = \frac{32q_m}{EI}\left(1-\frac{2}{\pi}\right)\left(\frac{L}{\pi}\right)^4 \tag{2-32}$$

式中　E——直接顶弹性模量；

I——直接顶截面惯性矩。

联立式(2-31)和式(2-32)，可得到覆岩均布载荷作用下的直接顶挠曲变形，从而可进一步确定近场围岩和支护体中的能量分布及做功情况。

① 直接顶的应变能

煤层顶板岩性硬脆，挠曲变形量小，因此可不计顶板的塑性变形。根据直接顶的挠曲位移及顶板应力关系，可得到顶板弹性挠曲变形过程中存储的应变能：

$$\xi_r = \frac{EIL}{4}\left(\frac{\pi}{2L}\right)^4 A^2 \tag{2-33}$$

式中　ξ_r——顶板弹性挠曲变形过程中存储的应变能。

② 工作面实体煤的应变能

煤体弹性区位于工作面实体煤深部，远离采场围岩壁面，此处煤体呈现三向受力状态，横向位移受到强烈约束。考虑煤层开采空间内的垂向尺寸有限，在覆岩给定挠曲变形情况下，计算出实体煤中存储的弹性应变能：

$$\xi_{mt} = E_t\int_0^y dy\int_0^{l_t}\varepsilon_y^2 dx \tag{2-34}$$

式中　ξ_{mt}——实体煤中存储的弹性应变能；

ε_y——煤体应变；

y——煤体的挠曲变形；

E_t——煤体弹性模量。

其中，

$$y = h - w(x), \varepsilon_y = 1 - \frac{y}{h} \tag{2-35}$$

同理，对工作面实体煤中塑性变形区内存储的应变能进行分析。通过采用等效应力和等效应变描述煤体的受力变形状态，可得到煤体塑性区中存储的应变能表达式：

$$\xi_{ms} = 2E_s \int_0^y \mathrm{d}y \int_{l_t}^{l_s} \varepsilon_y^2 \mathrm{d}x \tag{2-36}$$

式中 ξ_{ms}——煤体塑性区中存储的应变能；

E_s——煤体塑性模量。

工作面实体煤强度有限，在覆岩给定载荷作用下的实体煤变形呈现弹塑性分区。假定煤体弹塑性变形中具有线性本构关系：

$$\sigma = \begin{cases} E_t \varepsilon & (\varepsilon < \varepsilon_c) \\ \sigma_c - E_s(\varepsilon - \varepsilon_c) & (\varepsilon \geqslant \varepsilon_c) \end{cases} \tag{2-37}$$

式中 σ——实体煤应力；

ε——实体煤应变；

σ_c——实体煤强度；

ε_c——与煤体强度对应的极限应变。

综上，根据式(2-34)和式(2-36)，得到在远场覆岩给定载荷条件下的工作面实体煤中存储的应变能：

$$\xi_m = \xi_{mt} + \xi_{ms} \tag{2-38}$$

式中 ξ_m——煤体中存储的应变能总量。

③ 采场支护体阻力做功

在覆岩给定载荷作用下，采场围岩和支护体发生运动变形，一部分能量转化为应变能存储在采场煤岩中，另一部分则用于抵抗采场支护体阻力做功。根据图 2-31(c)所示的采场结构力学模型，得到采场结构外力做功表达式：

$$\xi_e = \int_0^L q_m w(x) \mathrm{d}x - Fw(l_z) \tag{2-39}$$

式中 ξ_e——采场结构外力做功；

F——采场支护体阻力；

$w(l_z)$——支护体阻力作用点位置的煤岩挠曲变形量；

l_z——支护体阻力作用点位置，$l_z = l_t + l_s + l$，其中，l_t、l_s 分别为实体煤的弹、塑性承载区宽度，l 为支护体的有效承载宽度。

④ 采场围岩及支护体受力

随着煤层开采，采场覆岩运动始终处于动态平衡状态，平衡状态下的任何一种运动过程均服从最小势能原理。综上分析，可得到远场覆岩给定载荷作用下的采场围岩和支护体总势能：

$$\xi = \xi_r + \xi_m + \xi_e \tag{2-40}$$

式中 ξ——采场围岩和支护体的总势能。

为了求解出采场支护体阻力具体表达式，取工作面实体煤弹塑性区宽度作为参变量。基于最小势能原理，可得到采场覆岩任意动态平衡状态下的围岩和支护体受力平衡条件：

$$\frac{\partial \xi}{\partial l_t}=0,\frac{\partial \xi}{\partial l_s}=0 \tag{2-41}$$

联立式(2-33)、式(2-38)、式(2-40)，代入式(2-41)，可得到采场围岩和支护体(以支架为例)协同承载稳定条件及支护体阻力表达式：

$$\frac{f(l_s)}{f(l_t)}=\frac{\eta}{2}-1,F_z=\frac{4E_s l_1 f(l_s)}{\pi A\sin[(\pi l_z)/(2l_1)]} \tag{2-42}$$

其中，

$$f(x)=h\varphi^2(x)[1-\varphi(x)],\varphi(x)=\frac{32q_m}{EIh}\left(\frac{l_1}{\pi}\right)^4\left(1-\frac{2}{\pi}\right)\left(1-\cos\frac{\pi x}{2l_1}\right),A=\frac{32q_m}{EI}\left(1-\frac{2}{\pi}\right)\left(\frac{l}{\pi}\right)^4$$

式中 $f(x)$、$\varphi(x)$——变量函数；

F_z——工作面支架支撑力；

h——煤层厚度；

η——煤体弹塑性模量比值；

E_s——煤体塑性模量；

l_z——支架支撑力作用点位置，$l_z=l_t+l_s+l$；

l_1——高位顶板断裂尺寸；

A——覆岩挠曲变形参数；

E——直接顶弹性模量；

I——直接顶截面惯性矩。

根据式(2-42)，得到切顶保护煤柱塑性区宽度与工作面支架支撑力之间的协调关系，如图 2-32 所示。同时，为分析低位顶板断裂尺寸对工作面支架支撑力的影响，假定煤体塑性区尺寸不变，取 $E_s=1.3$ GPa，$l_s=10$ m，$\zeta=0.2$，代入式(2-42)可得到工作面支架支撑力与低位顶板断裂尺寸之间的关系，如图 2-33 所示。

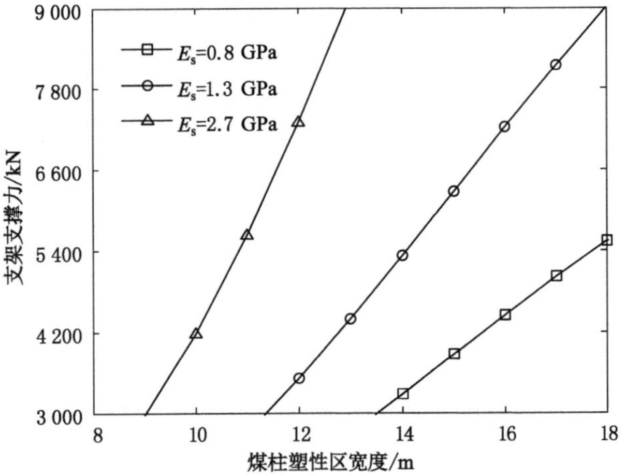

图 2-32 煤柱塑性区宽度与支架支撑力间的协调关系

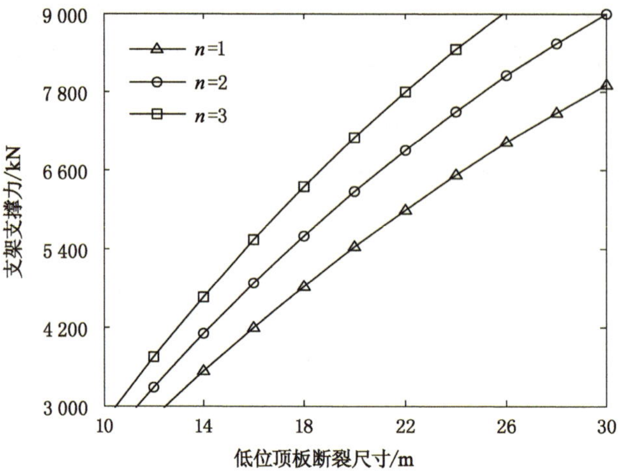

图 2-33　支架支撑力与低位顶板断裂尺寸间的关系

由图 2-32 和图 2-33 可以看出，煤体塑性模量越小，其承载能力越差，从而导致工作面支架支撑力较高，煤体塑性区尺寸也较大；随着低位顶板断裂尺寸的增加，工作面支架支撑力也呈线性增大；高位顶板运移对支架支撑力的影响可通过高低位顶板断裂尺寸比值体现；低位顶板断裂尺寸不变情况下，当高位顶板切顶不充分（$n>1$）时，工作面支架支撑力显著增大。据此，超前工作面应采取切顶措施，促使高低位顶板断裂尺寸比值趋近 1，这对于主动减小工作面支架支撑力具有显著效果。

2.3　超前掘设巷道卸压机理

顾桥煤矿采取顺槽联巷内的爆破切顶护巷工艺，目的在于降低巷道覆岩悬长，以隔绝停采工作面方向传递过来的煤岩高应力。同时，由于顺槽联巷空间尺寸较大，巷道空间本身具有一定的卸压功能，为明确顺槽联巷自身卸压效果，应进一步探索工作面超前预留巷道的卸压机理。

2.3.1　顺槽联巷卸压机理

（1）理论分析

采用等效应力描述工作面煤岩整体受力能较好地反映煤层支承压力分布特征。因此，本节仍采用等效应力计算分析方法，探索工作面超前预留巷道的卸压机理。在覆岩等效载荷作用下，垂直于工作面方向煤岩等效应力值变化较小，沿煤层走向呈逐渐降低趋势，但变化梯度相对平缓。为此，采用近似分析方法，将顺槽联巷矩形断面视作圆形（对于区域性卸压分析影响较小），并将巷道受力视为工作面顺槽联巷所在位置煤岩承载的反作用力，如图 2-34 所示。

根据图 2-34 所示的圆形巷道承载均压力学模型，可得到系统坐标系条件下的巷道围岩应力表达式：

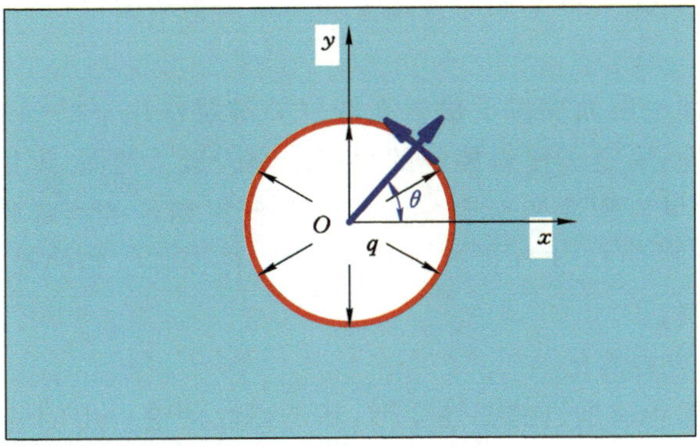

图 2-34 均压作用下的巷道围岩受力

$$\begin{cases} \sigma_{xx3} = -\dfrac{(x-X)^2-(y-Y)^2}{[(x-X)^2+(y-Y)^2]^2}qa^2 \\ \sigma_{xy3} = \sigma_{yx3} = -\dfrac{2(x-X)(y-Y)}{[(x-X)^2+(y-Y)^2]^2}qa^2 \\ \sigma_{yy3} = \dfrac{(x-X)^2-(y-Y)^2}{[(x-X)^2+(y-Y)^2]^2}qa^2 \end{cases} \tag{2-43}$$

式中 X、Y——局部坐标原点与系统坐标原点之间的平移量；

a——孔径；

σ_{xx3}、σ_{xy3}、σ_{yy3}——巷道围岩的水平、剪切和垂直应力分量。

由此得到系统坐标系条件下工作面顺槽联巷所在煤层走向受力，如图 2-35 所示。

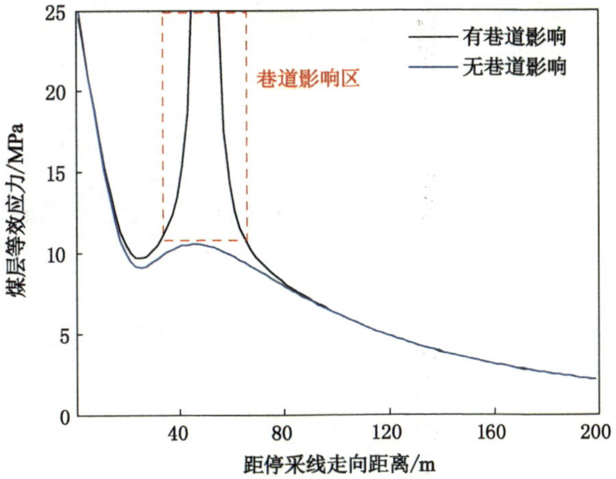

图 2-35 工作面顺槽联巷所在煤层走向受力

由图 2-35 可以看出，工作面顺槽联巷仅在巷道周边产生了较为明显的应力扰动。在不考虑巷道围岩塑性变形影响的情况下，工作面顺槽联巷影响区宽度约为 20～35 m，是巷道宽度的 4～7 倍。在顺槽联巷影响区之外，对比工作面顺槽联巷有、无条件，得到的煤层等效应力沿走向的分布规律完全一致。由此可见，工作面顺槽联巷的远区(超出巷道宽度 4～7 倍的区域)卸压效果并不明显。因此，有效的煤岩卸压措施只能锁定于工作面覆岩及时切顶卸压层面，同时阻隔来自工作面采场方向的覆岩悬板附加应力。

（2）数值计算

前述分析主要从理论层面探讨了覆岩高低位关键层作用下的煤岩受力特征，揭示了煤岩高应力显现矿压机理，确定了覆岩控制的关键影响因素。然而，理论分析主要基于弹性理论的研究成果，未考虑煤岩塑性变形破坏。为验证研究结论的可靠性，本节采用 FLAC 数值模拟方法，以同忻煤矿 8113 工作面开采对 5112 工作面临空巷的影响为例，分析煤柱尺寸对开采扰动应力的影响。

① 临空巷道围岩应力演化

理论分析中未考虑巷道围岩的塑性变形，基于弹性理论得出的巷道周边应力存在陡增区，难以真实反映巷道围岩的卸压效果。为此，本节采用数值计算的方法，分析了工作面开采对临空巷道围岩垂直应力演化影响，结果如图 2-36 所示。

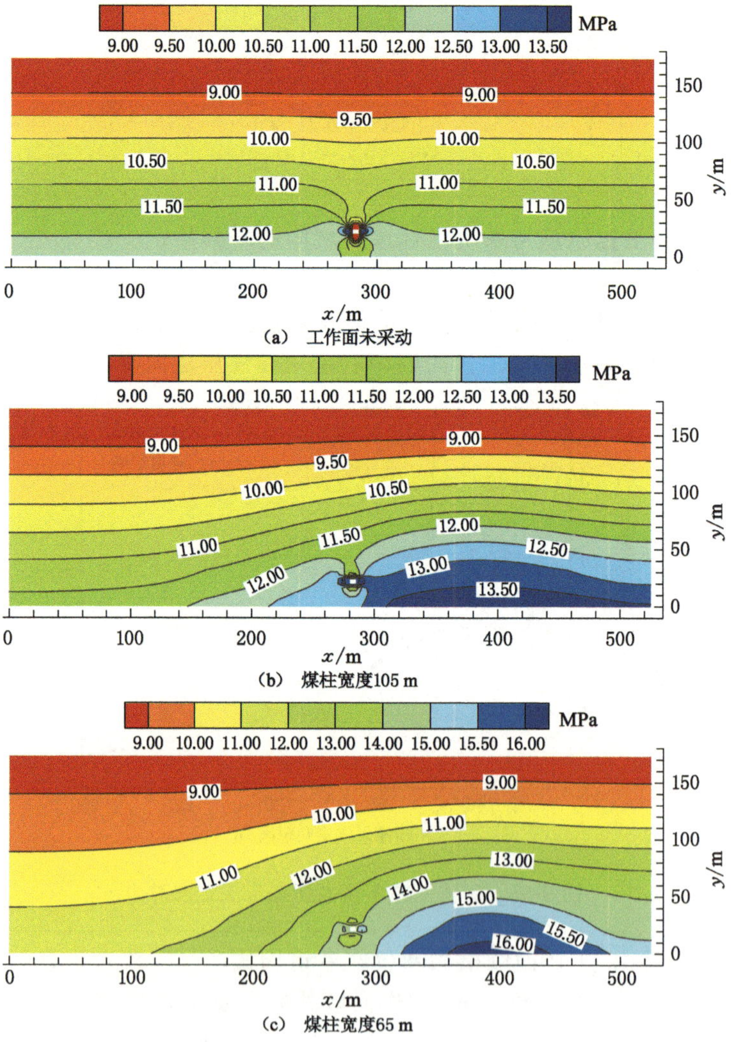

图 2-36　巷道围岩垂直应力受工作面采动影响情况

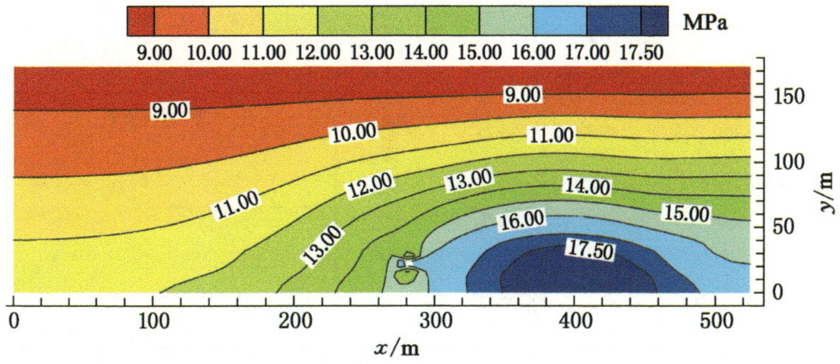

(d) 煤柱宽度45 m

图 2-36(续)

由图 2-36 可以看出，当工作面煤柱尺寸较大时，工作面开采活动对前方煤岩体垂直应力的影响较为有限。在工作面未采动及煤柱尺寸为 105 m 的条件下，巷道围岩应力分布形态主要受巷道自身的影响，煤柱垂直应力增加的幅度较小。

随着工作面的推进，工作面采动影响逐渐波及临空巷道，从而导致巷道围岩应力显著增加，应力值变为未扰动条件下的 1.2～1.5 倍。然而，覆岩影响高度范围始终保持在 50 m 以内，顶板层位越高，距离工作面越远，岩层垂直应力越小。

受工作面采动影响，采空侧煤壁与临空巷道之间煤体的垂直应力逐渐增加，且岩层赋存层位越低、距离开采煤层越近、与工作面距离越小，煤体垂直应力增幅越大。

② 顶板分层受临空巷道卸压影响

一般情况下，在高应力区煤岩体内开掘巷道能起到一定的卸压效果。工作面临空巷道的存在，理论上对来自 8113 工作面采动方向的高应力具有一定的卸压作用。然而，根据前述理论分析可知，覆岩悬长才是诱发工作面煤岩体高应力的主要因素。为此，本节采用数值分析方法，进一步探讨工作面临空巷道对覆岩高低层位顶板受力的影响。图 2-37 所示为有无临空巷道条件下，覆岩高低位岩层内垂直应力的分布特征。考虑采空侧煤壁与临空巷道之间煤柱两侧的塑性破坏特征，煤柱有效尺寸取值为 40 m。

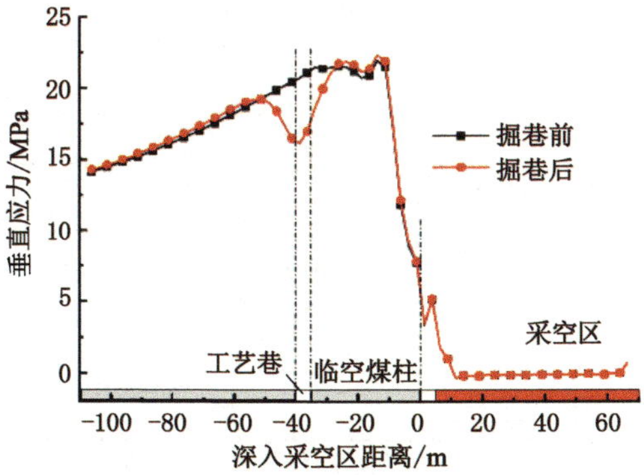

(a) 层位高度5 m

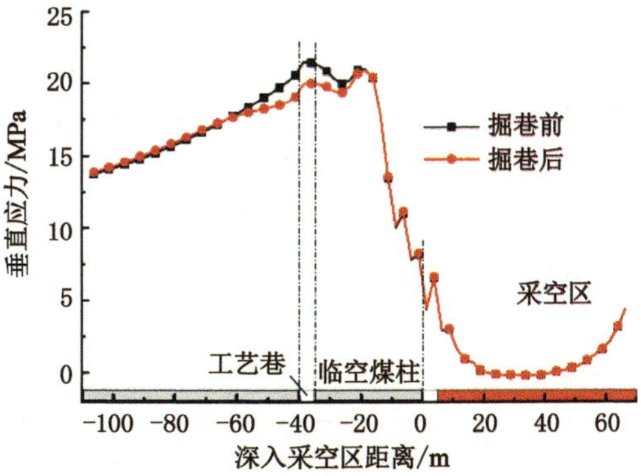

(b) 层位高度10 m

图 2-37 顶板分层受卸压巷道的影响

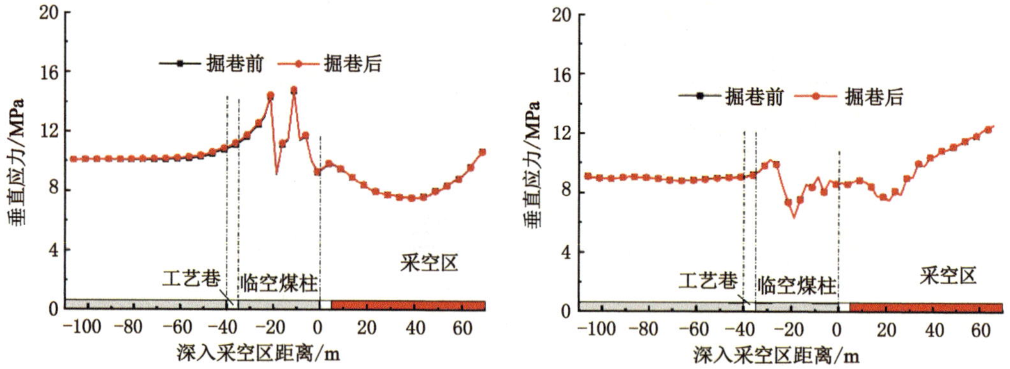

(c) 层位高度20 m　　(d) 层位高度40 m

图 2-37(续)

由图 2-37 可以看出，在既定煤柱尺寸留设条件下，由于工作面临空巷道的存在，巷道对应位置上覆顶板分层的受力呈现不同程度的卸压效果。在顶板层位较低时(临界层位高度约为 10 m)，工作面临空巷道导致其正上方的顶板垂直应力显著降低，且越靠近煤层，覆岩分层应力降幅越大；超过覆岩临界层位高度后，高位顶板内的垂直应力受下方临空巷道的卸压影响较弱，与无临空巷道的卸压条件相比，覆岩分层中的垂直应力分布形态基本保持不变。由此可见，临空巷道的影响高度约为 10 m。此外，由图 2-37 还可以看出，即便对于低位顶板内的垂直应力，沿煤层走向的影响范围也仅为 20～30 m(约为巷道宽度的 4～6 倍)，说明卸压巷道远区的煤岩受力基本不受影响，这与前述理论研究结果基本一致，进一步验证了临空巷道大范围卸压效果不明显的结论。

③ 煤柱尺寸对煤层受力的影响

工作面煤柱尺寸对临空巷道围岩应力的重新分布具有重要影响。通常情况下，留设大尺寸煤柱能够分担较多的覆岩载荷，有利于工作面临空巷道的安全留设，但经济性较差。为此，本节采用数值计算方法，研究了不同留设尺寸的煤柱对临空巷道围岩应力分布的影响，结果如图 2-38 所示。

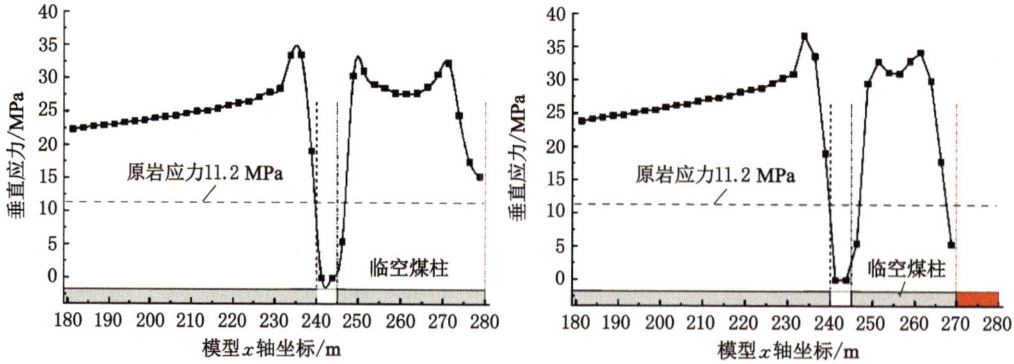

(a) 40 m煤柱　　(b) 25 m煤柱

图 2-38　煤柱尺寸对巷道围岩应力的影响

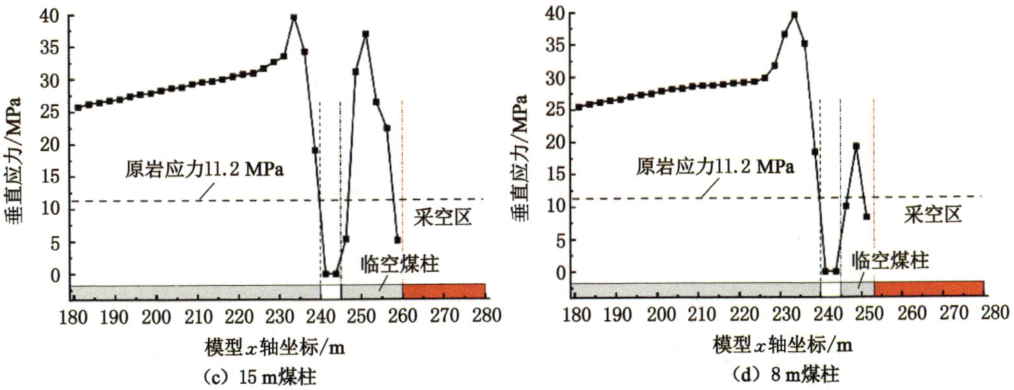

图 2-38(续)

由图 2-38 可以看出,煤柱留设尺寸变化对工作面煤层垂直应力分布影响较小,而对临空煤柱上的垂直应力分布影响则较为显著。当临空煤柱留设尺寸为 40 m 时,较大的留设尺寸会导致临空煤柱上的应力分布呈马鞍形,靠近临空煤柱两侧出现两个应力峰值,煤柱上的平均垂直应力约为 30 MPa;当临空煤柱留设尺寸减小到 25 m 左右时,煤柱上的应力集中程度进一步提高,煤柱平均应力在 33 MPa 左右;当临空煤柱尺寸缩小至某一临界值后,受煤柱塑性破坏影响,煤柱逐渐丧失承载能力,煤柱上的垂直应力普遍降低,如8 m 煤柱上的应力峰值仅为 20 MPa 左右。

根据上述分析,减小煤柱尺寸似乎能够主动降低巷道围岩的高应力强度,同时可以最大限度地回收煤炭资源。然而,从煤岩承载力源的组成来看,临空煤柱还承担着工作面采空区覆岩结构拱脚的作用,承受来自采空区覆岩的高应力;当煤柱尺寸过小导致其承载能力丧失时,这部分高应力会向邻近工作面实体煤中转移,从而延长工作面采动影响的传递距离。因此,从煤岩高应力控制的角度,一方面应确定合理的工作面煤柱留设尺寸,在最大限度回收煤炭资源的同时,确保留设煤柱具有较好的承载能力;另一方面还需有效阻断来自工作面采场方向的覆岩悬板作用以及采空区平衡拱脚高应力传载途径。

2.3.2 底板应力传递模型

顾桥煤矿 1311(1)工作面顺槽联巷距离最近的北二回风巷 140 m。考虑邻近 1312(1)已采工作面停采影响范围,矿方初定的 1311(1)工作面停采线距离顺槽联巷平均 50 m。前述分析表明,临空巷道本身对来自煤层开采方向的扰动应力卸压效果十分有限。因此,为满足顾桥煤矿 1311(1)工作面系统大巷保护需求,并取得较为显著的保护效果,还应从覆岩切顶及高应力阻隔两方面考虑。为此,提出在工作面顺槽联巷内采取覆岩切顶护巷技术措施,一方面可以及时切断巷道覆岩悬板,以降低悬板附加应力的影响;另一方面可以阻断来自工作面采动的高应力传递路径,如图 2-39 所示。

根据矿井系统大巷与工作面开采的关系,顾桥煤矿 1311(1)工作面部分被保护系统大巷(11-2 盘区底板轨道巷、11-2 盘区轨胶一联巷、11-2 盘区底板带式输送机巷)位于煤层底板中。前述切顶护巷技术主要针对覆岩顶板进行治理,对于高应力影响下的煤层底板是否

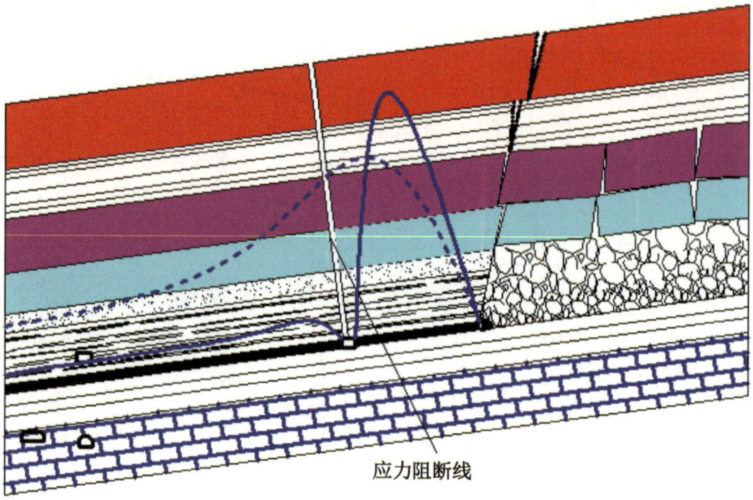

图 2-39　顺槽联巷内的切顶护巷技术

需要提前切底这一问题，还要从理论方面进一步论证。据此，建立了任意载荷条件下的煤层底板应力传递模型，如图 2-40 所示。其中，坐标系的 x 轴正向向下，y 轴正向向左。

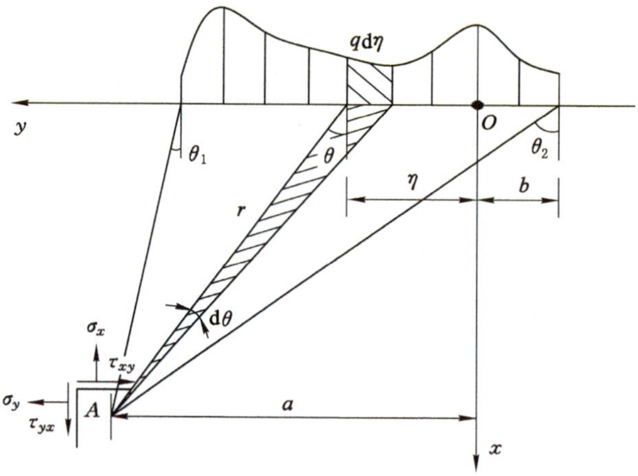

图 2-40　煤层底板应力传载模型

煤层开采后，采空区顶板岩层经过复杂的运动调整，最终形成平衡拱结构。工作面停采后，煤壁与顺槽联巷之间的临空煤柱作为工作面采空区平衡拱的拱脚，承载着较高的覆岩集中力，从而导致临空煤柱底板岩层中存在高应力。由于煤层底板变形受三维空间尺寸限制，表现出三向受力特征，且底板岩层在较高应力条件下通常仍具有弹性承载特性。为明确临空煤柱底板应力分布特征，基于图 2-40 所示的任意载荷作用条件下的底板应力传递模型，采用半无限体弹性理论，得到煤层底板应力分量的直角坐标表达式：

$$\begin{cases}\sigma_{xx}=-\dfrac{q}{\pi}\left[\arctan\dfrac{y+b}{x}-\arctan\dfrac{y-a}{x}+\dfrac{x(y+b)}{x^2+(y+b)^2}-\dfrac{x(y-a)}{x^2+(y-a)^2}\right]\\ \sigma_{xy}=-\dfrac{q}{2\pi}\left[\dfrac{x^2-(y-a)^2}{x^2+(y-a)^2}-\dfrac{x^2-(y+b)^2}{x^2+(y+b)^2}\right]\\ \sigma_{yy}=-\dfrac{q}{\pi}\left[\arctan\dfrac{y+b}{x}-\arctan\dfrac{y-a}{x}-\dfrac{x(y+b)}{x^2+(y+b)^2}+\dfrac{x(y-a)}{x^2+(y-a)^2}\right]\end{cases}\tag{2-44}$$

在前面理论分析中，计算得到覆岩等效载荷作用下的顺槽联巷近区煤岩等效应力值约为 10 MPa，结合工作面地应力的综合作用(停采位置煤层埋深 750 m，覆岩平均密度为 2 500 kg/m^3，对应的地应力值约为 18 MPa)，可得位于工作面临空煤柱上的应力合力约为 28 MPa，该结果与数值模拟中得到的临空煤柱(对应 40 m 的留设尺寸，已考虑煤柱的塑性破坏折损)平均应力值 30 MPa 较为接近。据此，基于顺槽联巷两侧煤体上的应力分布特征，建立了巷道两侧的煤体应力传递模型，如图 2-41 所示。

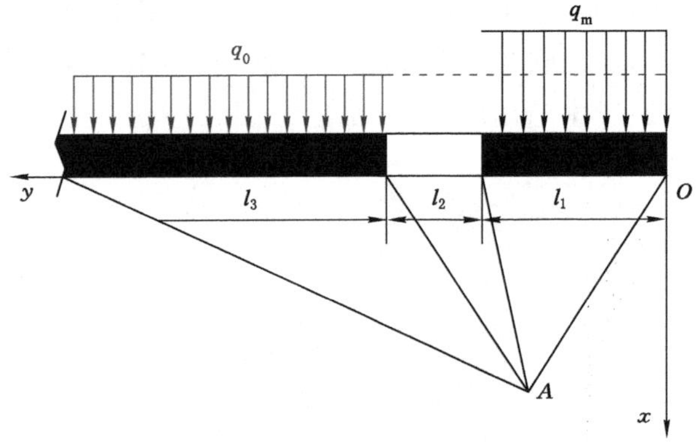

图 2-41 顺槽联巷两侧的煤体应力传递模型

考虑煤柱折损的影响，已按均布载荷处理。其中，q_0 为煤层中的天然地应力，q_m 为临空煤柱上的折算载荷。

对于临空煤柱底板应力的计算，只需将式(2-44)中的 q 替换为 q_m，b 替换为 0，a 替换为 l_1，即可得到临空煤柱均布载荷作用条件下的底板应力分量：

$$\begin{cases}\sigma_{xx1}=-\dfrac{q_m}{\pi}\left[\arctan\dfrac{y}{x}-\arctan\dfrac{y-l_1}{x}+\dfrac{xy}{x^2+y^2}-\dfrac{x(y-l_1)}{x^2+(y-l_1)^2}\right]\\ \sigma_{xy1}=-\dfrac{q_m}{2\pi}\left[\dfrac{x^2-(y-l_1)^2}{x^2+(y-l_1)^2}-\dfrac{x^2-y^2}{x^2+y^2}\right]\\ \sigma_{yy1}=-\dfrac{q_m}{\pi}\left[\arctan\dfrac{y}{x}-\arctan\dfrac{y-l_1}{x}-\dfrac{xy}{x^2+y^2}+\dfrac{x(y-l_1)}{x^2+(y-l_1)^2}\right]\end{cases}\tag{2-45}$$

同理，对于顺槽联巷左侧远区煤柱底板应力的计算，需将式(2-44)中的 q 替换为 q_0，b 替换为$-(l_1+l_2)$即 L，a 替换为∞，即可得到工作面远区煤柱底板应力分量：

$$\begin{cases}\sigma_{xx2}=-\dfrac{q_0}{\pi}\left[\arctan\dfrac{y+L}{x}+\dfrac{\pi}{2}+\dfrac{x(y+L)}{x^2+(y+L)^2}\right]\\ \sigma_{xy2}=-\dfrac{q_0}{2\pi}\left[-1-\dfrac{x^2-(y+L)^2}{x^2+(y+L)^2}\right]\\ \sigma_{yy2}=-\dfrac{q_0}{\pi}\left[\arctan\dfrac{y+L}{x}+\dfrac{\pi}{2}-\dfrac{x(y+L)}{x^2+(y+L)^2}\right]\end{cases}\tag{2-46}$$

联立式(2-45)和式(2-46),可得到工作面停采后超前煤柱均布载荷作用下的底板应力分量:

$$\begin{cases}\sigma_{xx}=\sigma_{xx1}+\sigma_{xx2}\\ \sigma_{xy}=\sigma_{xy1}+\sigma_{xy2}\\ \sigma_{yy}=\sigma_{yy1}+\sigma_{yy2}\end{cases} \tag{2-47}$$

由式(2-47)可以看出,在均布载荷条件下的煤层底板应力分布主要取决于载荷强度及应力作用点的位置。煤柱下方岩层内不同位置的应力大小不同,且同一位置的应力会随着煤柱均布载荷的增大呈线性增加趋势。

2.3.3 底板应力传递规律

根据顾桥煤矿煤层赋存条件及工作面停采条件,工作面停采后的临空煤柱尺寸约为 50 m,考虑煤柱两端的破碎折损,本节取值为 40 m;根据前述理论与数值模拟分析,临空煤柱均布载荷约为 30 MPa,顺槽联巷前方远区煤柱载荷约为 18 MPa。由此得到均布载荷作用下煤层底板的应力传递规律,如图 2-42 所示。

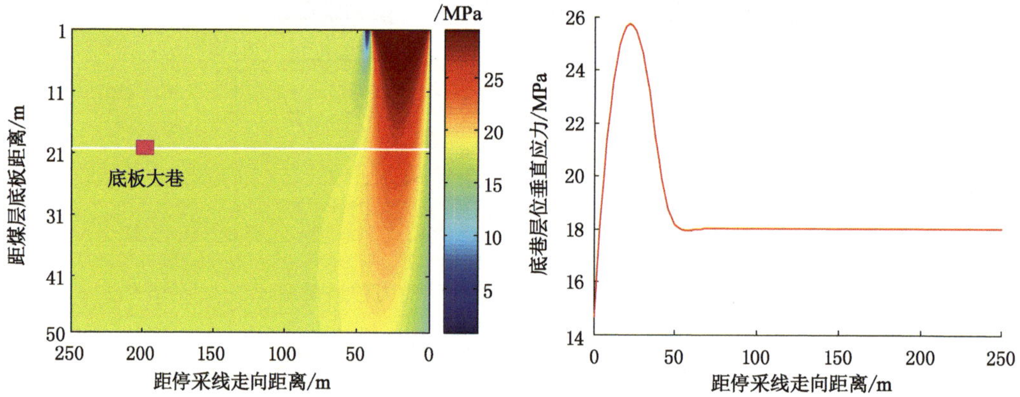

(a) 垂直应力分布(左:底板应力云图;右:底巷层位应力)

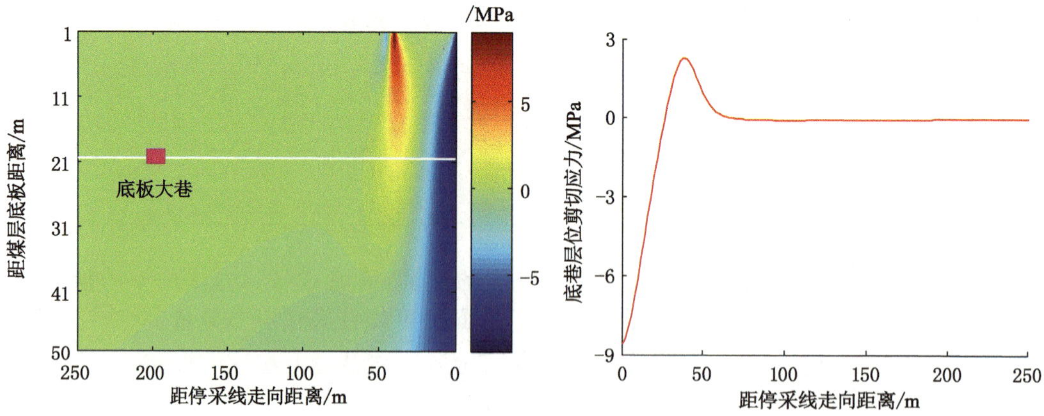

(b) 剪切应力分布(左:底板应力云图;右:底巷层位应力)

图 2-42 煤层底板应力分布特征

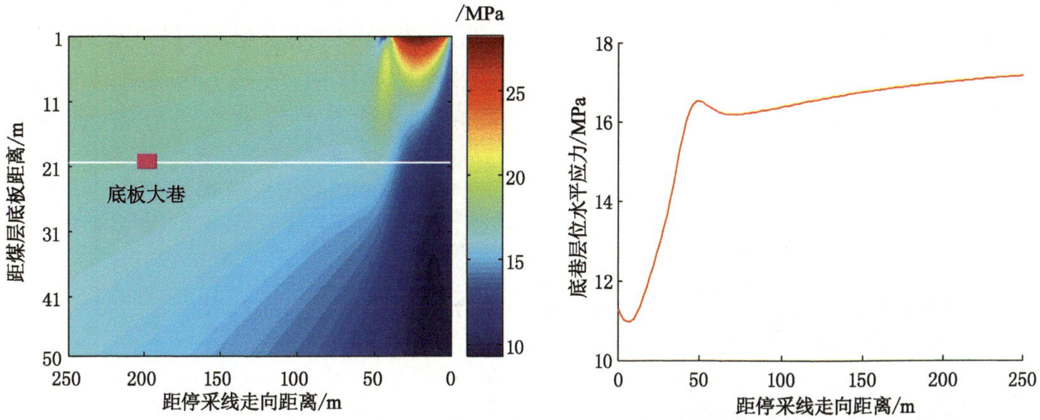

(c) 水平应力分布(左：底板应力云图；右：底巷层位应力)

图 2-42(续)

图 2-42(a)所示为工作面停采后煤层底板的垂直应力分布特征：① 根据煤层底板应力云图可知，工作面煤壁与顺槽联巷之间的临空煤柱底板垂直应力分布较为集中，且传递深度较远(距煤层底板距离大于 50 m)，但应力影响区宽度不大，与临空煤柱尺寸相当。② 工作面顺槽联巷前方(距工作面停采位置大于 50 m)的煤层底板的应力分布几乎不受临空煤柱高应力承载特征的影响，作用于煤层上的地应力(约 18 MPa)沿底板方向无明显衰减。③ 底板大巷层位距离煤层底板约 20 m，在临空煤柱位置(距停采线 0～50 m)对应的底板大巷层位上，应力集中程度较高，最高应力约为 26 MPa，相较临空煤柱给定载荷 30 MPa，仅衰减 13%，而在距停采线大于 50 m 的区域，底巷层位垂直应力基本保持在 18 MPa，且并无波动。④ 工作面底板大巷超前工作面停采线近 200 m，工作面采动诱发的高垂直应力主要由临空煤柱承担，对远区底板大巷几乎无扰动。

与煤层底板垂直应力分布特征相比，图 2-42(b)所示的煤层底板剪切应力影响程度较弱：① 剪切应力主要影响区仍位于工作面临空煤柱底板层位中，但应力值普遍较小，底板大巷层位上的最大剪切应力不超过 3 MPa。② 在超出临空煤柱走向尺寸的区域(距停采线大于 50 m)，煤层底板的剪切应力普遍较小，底板大巷层位上的剪切应力几乎趋近零。③ 采用剪切应力指标进行分析进一步表明，由于临空煤柱的高承载阻隔效应，远离工作面的底板大巷几乎不受工作面采动影响。

图 2-42(c)所示为工作面停采后煤层底板的水平应力云图及对应底板大巷层位上的水平应力曲线：① 与底板垂直应力传递规律不同，临空煤柱底板的水平应力值相对较低，应力区间为 10～18 MPa，明显低于临空煤柱覆岩载荷 30 MPa，这主要由煤柱受力的泊松效应决定。② 临空煤柱因承载高应力而受到强烈压缩，在水平方向上产生较大的侧向挤压力(泊松效应)，导致邻近煤层底板水平应力有所提升，但其幅值仍低于煤层中的地应力(18 MPa)。③ 在底板大巷层位上，对应临空煤柱区间的应力为 11.0～16.5 MPa，而超过此区间的应力基本保持在 16 MPa 左右。④ 与临空煤柱底板水平应力分布特征相比，远区(距停采线大于 50 m)煤层底板受水平应力影响较为显著，但未超出原岩应力范畴。

综上所述，采用煤层底板应力分量指标分析工作面采动影响程度，研究结论并不完全一致。例如,根据底板垂直应力和剪切应力指标可以看出,底板大巷几乎不受工作面采动影响;在水平应力指标条件下,底板大巷会受到一定采动影响,但并未超出原岩应力范畴。为此,应进一步采用等效应力指标,综合考虑所有应力分量的作用,研究工作面采动对底板大巷的影响程度。得到煤层底板等效应力云图及底巷层位上的等效应力分布,如图 2-43 所示。

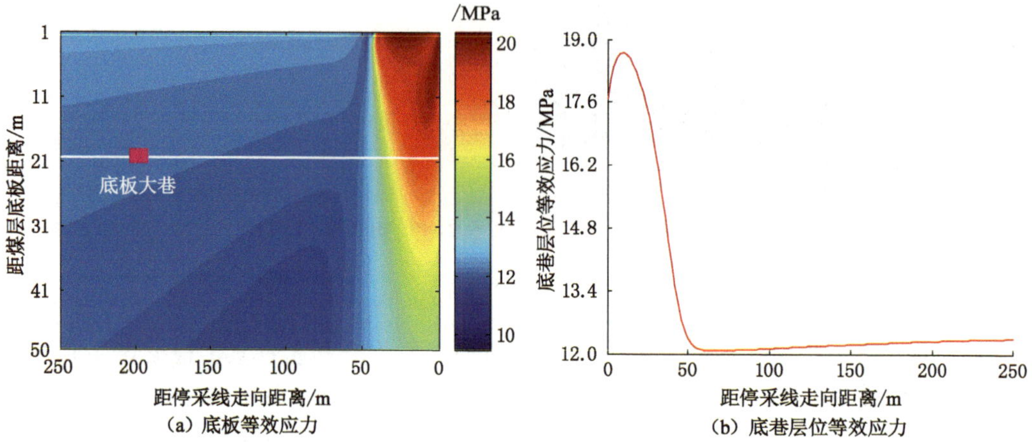

图 2-43 煤层底板等效应力分布特征

图 2-43 所示的煤层底板等效应力分布特征表明:① 底板高应力主要集中于工作面临空煤柱下方,影响深度超过 50 m,影响宽度与临空煤柱尺寸相当。② 距煤层底板距离越远,临空煤柱底板应力越小。③ 在临空煤柱前方,煤层底板等效应力分布相对均匀,应力保持在 11.8～12.5 MPa 之间,低于煤层原岩应力。④ 底板大巷所在层位上的等效应力集中区主要位于临空煤柱下方,应力峰值接近 19 MPa,影响宽度约为 50 m;超出临空煤柱范围后,底巷层位等效应力分布趋于平缓,应力保持在 12 MPa 左右。

综上所述,无论采取何种指标对煤层底板的应力分布进行描述,工作面临空煤柱底板岩层始终处于高应力集中状态,应力影响区深度达 50 m,除水平应力指标外,其余应力集中区宽度与临空煤柱尺寸相当。临空煤柱前方的煤层底板应力分布趋于缓和,来自工作面方向的覆岩扰动影响较小。因此,从煤层底板大巷保护的角度来看,工作面顺槽联巷内无须采取切底卸压控制措施。

3 覆岩切顶技术参数确定

前述理论分析揭示了覆岩悬板及采空区平衡拱脚结构作用下的煤岩应力扰动机制，并探讨了覆岩悬板长度、覆岩层位高度等因素对煤岩应力分布的影响。研究表明，覆岩悬长是诱发工作面停采后煤岩高应力的主要因素，采取必要的切顶控制措施有助于主动降低工作面煤岩高应力，但需要选取合理的覆岩切顶参数。

3.1 覆岩切顶高度确定

3.1.1 基于覆岩结构的理论求解

工作面煤层开采后，覆岩直接顶直接垮落，受到采空区空间效应的影响，冒落矸石块度较小且排列不规则，充填了采空区空间。随着采空区逐渐被充实，矸石逐步发挥对其上覆岩层的承载作用，同时，由于采空区覆岩的运移空间受限，采空区上覆岩层断裂块体尺寸逐层增加。覆岩层位越高，顶板断裂尺寸越长，这也是覆岩悬板结构形成的根本原因。工作面开采后，煤层顶板断裂具有方向性，在覆岩层位高度方向上呈现“横-纵”断裂形态，如图 3-1 所示。

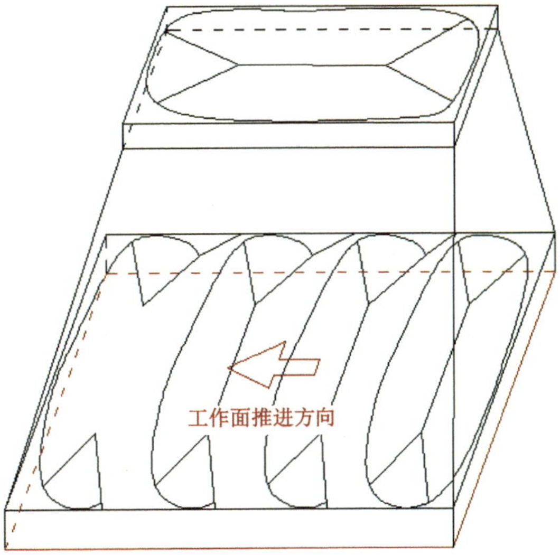

图 3-1 煤层顶板断裂形态转变

在工作面推进过程中，采空区空间尺寸及边界条件始终处于动态变化中。根据弹性板理论，不同边界及尺寸效应影响下的顶板断裂形态存在显著差异。煤层开采后，覆岩断裂高度向上延展，顶板断裂形态在煤层覆岩某一层位发生转向，自煤层近区覆岩的横向“O-X”断裂逐渐向高位岩层的纵向“O-X”断裂形态转变。

在顾桥煤矿 1311(1)工作面收尾期间，工作面倾向长度已收缩至 135 m，与剩余 550 m 的走向推进长度相比，工作面倾向长度较短。由于煤层开采扰动范围内的顶板岩性变化较小，工作面采空区顶板断裂角基本一致，即 $\varphi=\psi$。工作面从开切眼位置推进，走向长度尺寸逐步增大，采空区空间范围扩大，覆岩破断高度向上延展，直至顶板断裂转向临界层，如图 3-2 所示。

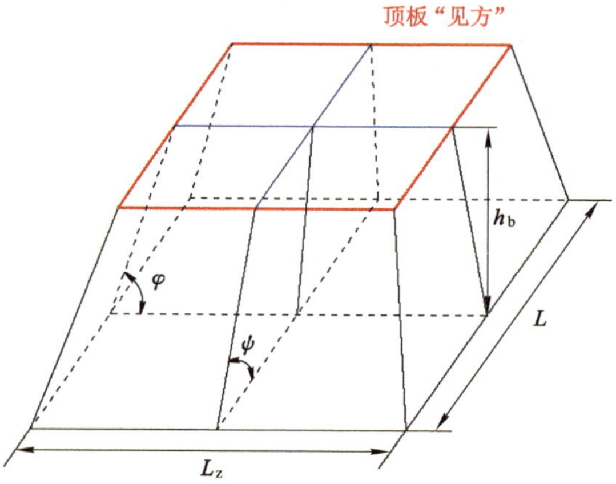

图 3-2　顶板断裂转向极限条件

在煤层推进长度小于工作面倾向长度($L_z<L$)条件下，工作面顶板以横向断裂为主；当工作面推进长度等于工作面倾向长度($L_z=L$)，达到工作面“见方”尺寸时，顶板断裂趋于转向临界层。对应的覆岩横向断裂区空间结构关系满足：

$$h_b=\frac{L-l_j}{2}\tan\varphi \tag{3-1}$$

式中　L——工作面倾向长度；

l_j——顶板断裂转向临界尺寸，根据固支板临界断裂的理论研究结论，$l_j\geqslant b_{min}$；

h_b——顶板断裂转向临界层高度；

φ——顶板断裂角。

综合矿压理论中的采空区垮落带高度计算方法，得到煤层采空区顶板的垮落带高度：

$$h_d=\frac{h}{k-1} \tag{3-2}$$

式中　h_d——采空区顶板垮落带高度；

h——煤层厚度；

k——采空区矸石碎胀系数。

式(3-1)中的顶板断裂转向临界层高度应大于采空区垮落带高度，即 $h_b>h_d$。否则，将不存在顶板断裂转向临界层。据此，可计算煤层覆岩顶板横向断裂区中的规则垮落带高度 h_z，如图 3-3 所示。

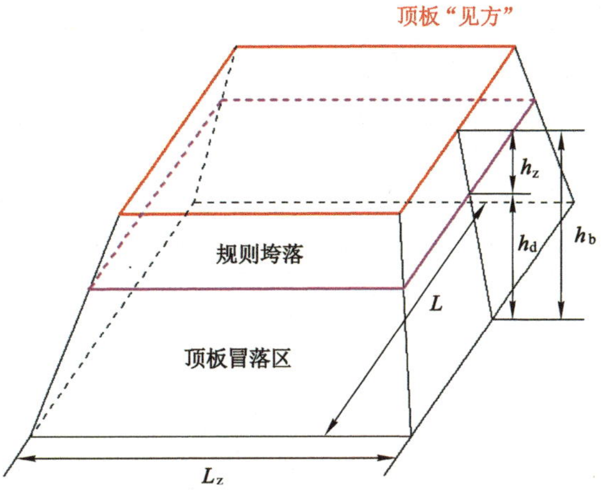

图 3-3　顶板横向断裂区域划分

考虑矩形板的最小临界破断尺寸，得到顶板横向断裂区的规则垮落带高度：

$$h_z = h_b - h_d = \frac{L - b_{min}}{2}\tan\varphi - \frac{h}{k-1} \tag{3-3}$$

采空区顶板横向断裂区规则垮落带中的矸石块体间相互咬合，且沿煤层推进方向的块体特征尺寸普遍小于沿工作面倾向的断裂特征尺寸。

根据固支板边界条件，得到矩形板极限破断尺寸关系满足：

$$b_{min} \geqslant \pi h\sqrt{\frac{2\sigma_t}{3q}} \tag{3-4}$$

式中　b_{min}——矩形板发生"O-X"破断时的长边断裂最小尺寸。

式(3-4)给出了矩形板尺寸效应对顶板断裂的影响，可作为顶板断裂形态的判断准则。需要指出的是，顶板破断分析基于薄板理论，要求板的最小边长大于其厚度的 5～8 倍。

顾桥煤矿 1311(1)工作面的坚硬顶板以砂质岩性为主，覆岩结构完整，岩性较为坚硬，顶板抗拉强度为 1.5～7.6 MPa，受地质构造及煤层采动影响，大范围揭露的岩体整体强度还要再低些。取临界转向层自重作为顶板极限断裂条件下的最小载荷，分析顶板断裂转向临界层厚度(取值为 5～40 m)，得到顶板断裂转向临界层的特征尺寸，如图 3-4 所示。

砂质顶板岩性坚硬，考虑工程岩体强度折损，顶板抗拉强度取值约为 2.5 MPa，顶板厚度为 11 m。根据图 3-4 可知，顶板短边垮断尺寸约为 85 m，工作面倾向长度为 135 m，按顶板平均断裂角为 70°计算，得到工作面覆岩断裂高度为 67.5 m。

3.1.2　导水裂缝带高度实测结果

生产实践表明，在煤层开采过程中，采空区上方根据岩层变形和破坏情况，通常可分为 3 个带，分别为垮落带、裂缝带、弯曲下沉带，统称为"上三带"。其中，垮落带和裂缝带合称为导水裂缝带，如图 3-5 所示。

为明确顾桥煤矿 1311(1)工作面煤层开采扰动高度，本节结合煤层采后的覆岩导水裂缝带高度确定方法，进一步分析煤层开采扰动高度。目前，国内外确定导水裂缝带高度的方法通常有钻孔冲洗液法、钻孔电视法、钻孔深部基点法、超声成像测井法、数字测井法、超声

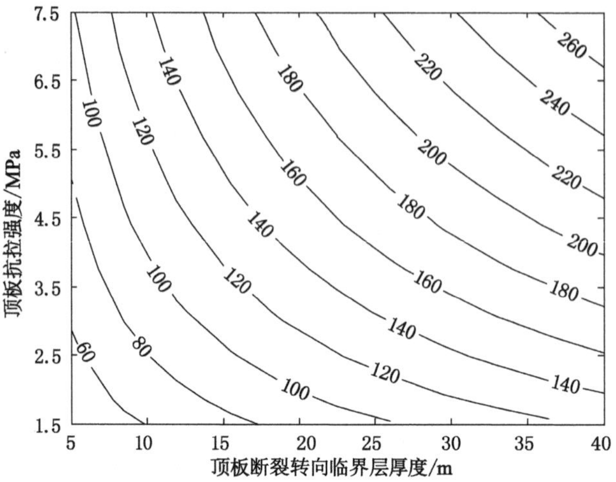

图 3-4　矩形板长边断裂最小尺寸 b_{min}

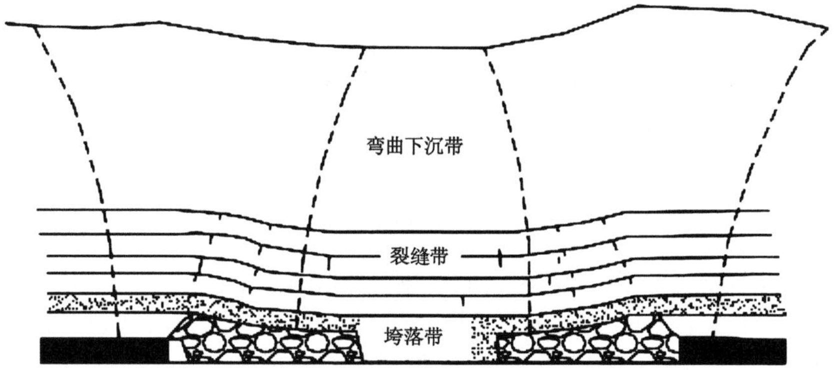

图 3-5　煤层采空区覆岩“三带”划分

波穿透法及钻孔注水测漏法等。

其中，井下钻孔注水测漏法是近年来在导水裂缝带观测中应用较为广泛的一种方法，它具有简单易于操作、工程量相对较小、出现问题能够及时补救、大采深条件下费用低及观测数据可靠的优点。随着井下钻孔机具性能的提升和新技术的应用，顶板长钻孔的施工能够快速准确地完成。井下钻孔双端封堵测漏原理如图 3-6 所示。

井下钻孔注水测漏法是一种采用钻孔双端封堵测漏装置探测导水裂缝带高度的较新探测方法。该方法既可在井下采空区附近的巷道或硐室内向采煤工作面采空区上方施工小口径钻孔，也可在观测煤层上方已掘进的专用巷道内布置下向钻孔进行探测。对于顾桥煤矿 1311(1)工作面煤层顶板导水裂缝带的观测，宜采用井下钻孔注水测漏方法，该方法方便、快捷，且能够充分利用现有巷道。

根据矿井地质勘探条件，当钻孔实际钻探至 582.86 m 时，循环液首次出现全部漏失，漏水量大于 15 m^3/h，表明探水钻孔已揭露导水裂缝带，由此判断裂缝带范围为 11-2 煤层顶板 631～582.56 m，裂缝带高度为 48.44 m，对应的导水裂缝带高度为煤层采高的

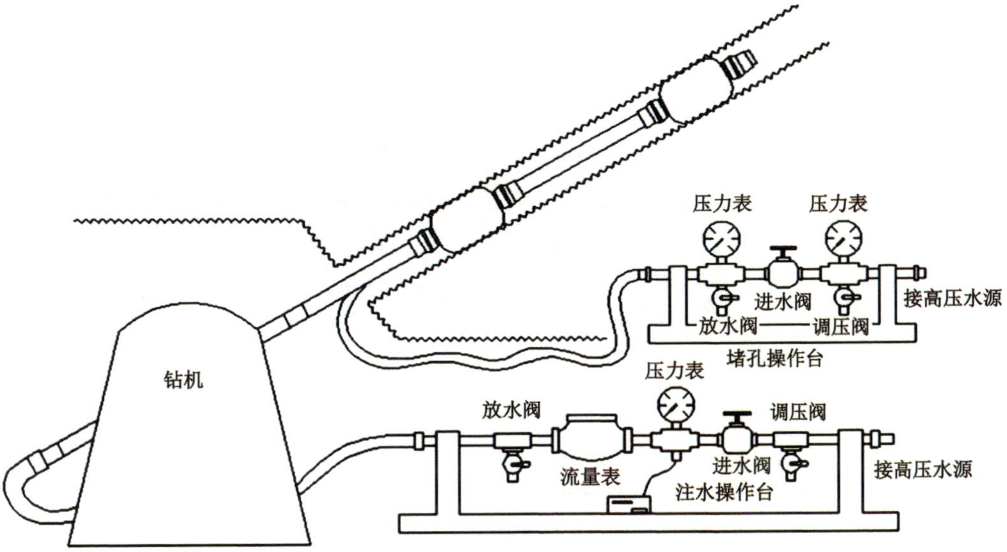

图 3-6 钻孔双端封堵测漏原理示意图

17.19 倍。

当钻孔自 593.81 m 全漏水开始顶水钻进至 612.17 m 时，会发生钻杆夹钻，无法继续钻进。根据钻孔出现的夹钻和掉钻现象，判断垮落带高度从 612.17 m 开始，至 11-2 煤层顶板 631 m，对应的垮落带高度为 18.83 m，但并非最高实测上限。

根据煤层开采后的顶板扰动高度理论，以及现场导水裂缝带高度实测结果，判定工作面开采后的覆岩断裂高度为 48～67 m。根据工作面综合柱状图岩性赋存特征，确定 11 m 厚的上覆细砂岩层断裂运移对煤体应力分布具有重要影响。

综上所述，鉴于工作面停采线位置距离被保护系统大巷较远，综合考虑工作面开采扰动及煤层高位顶板赋存的影响，为有效降低工作面覆岩采空侧悬板以及采空区平衡拱脚高应力的联合作用强度，根据前述理论与实测分析结果，最终确定顶板致裂目标层位高度为 40 m，延伸至上覆 11 m 厚的致密坚硬细砂岩层位。

3.1.3 覆岩预裂高度模拟验证

顾桥煤矿 1311(1)工作面计划采取切顶护巷措施实现对系统大巷的保护。前述分析确定的合理覆岩预裂高度为 40 m，为进一步验证预裂高度选择的合理性，采用 FLAC3D 数值分析方法，对比不同覆岩预裂高度下的煤岩卸压效果。模型尺寸长为 400 m、高为 88 m、顺槽联巷宽度为 5 m，模型顶部施加 10 MPa 载荷以模拟覆岩压力，模型边界采用固定约束，位移限定在 0.1 m 范围内，并基于莫尔-库仑破坏准则进行分析，如图 3-7 所示。

根据顾桥煤矿 1311(1)工作面的煤岩赋存条件，参照类似岩性条件下的岩石基本物理力学参数，分别对煤层覆岩分层进行赋值运算，模拟不同覆岩预裂高度下的煤岩卸压效果。数值计算模型中的煤岩分层力学参数见表 3-1。

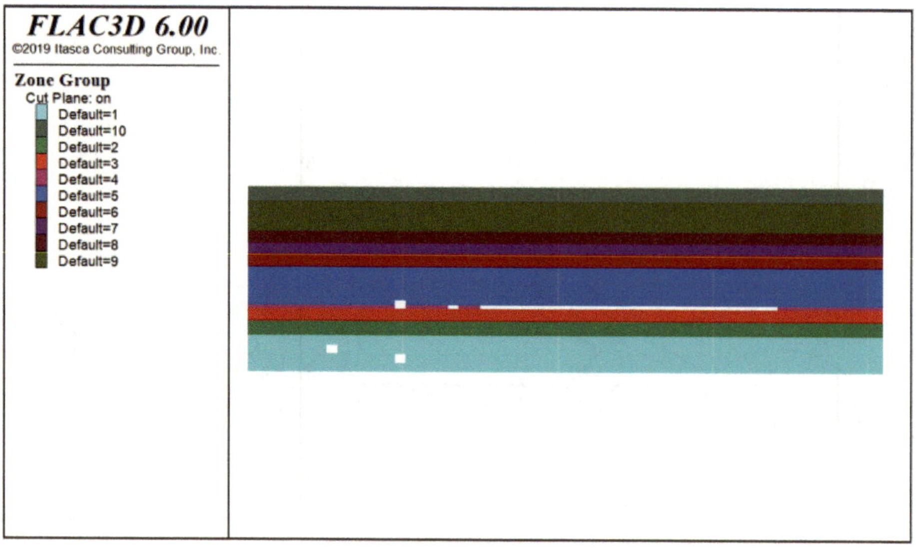

图 3-7　1311(1)工作面数值计算模型

表 3-1　煤岩分层数值模拟力学参数

编号	密度/(kg/m³)	体积模量/GPa	剪切模量/GPa	黏聚力/MPa	内摩擦角/(°)	抗拉强度/MPa	泊松比
1	1 400	4.2	2.0	2.9	20.2	1.7	0.31
2	2 620	12.4	6.8	4.6	40.0	1.0	0.29
3	1 400	4.2	2.0	2.9	20.2	1.7	0.31
4	2 227	5.3	4.7	0.8	26.0	1.0	0.30
5	2 990	12.1	5.8	6.8	26.0	3.2	0.25
6	2 850	12.2	4.8	3.2	24.0	2.2	0.27
7	2 990	12.8	5.2	2.5	26.0	2.4	0.25
8	2 660	10.8	4.2	2.1	20.0	1.8	0.31
9	2 900	18.5	9.4	8.2	28.0	4.5	0.20
10	1 500	10.1	4.8	3.1	10.0	2.2	0.34

数值模拟设置了两种覆岩预裂高度工况，切顶高度分别为 20 m 和 40 m，切顶角度均为 90°，垂直于巷道顶板向上，以对比不同切顶高度条件下的巷道围岩受力情况。在数值计算模型初始平衡后，进行工作面开挖运算，得到不同覆岩切顶高度下的巷道围岩垂直应力分布，如图 3-8 所示。

由图 3-8 可以看出，在不同覆岩切顶高度影响下，工作面被保护系统大巷应力集中程度及影响范围存在显著差异。当顺槽联巷切顶高度从 20 m 增加至 40 m 时，被保护系统大巷覆岩应力集中程度明显减弱，大巷群组均位于切顶卸压影响区内，且来自覆岩的压应力强度

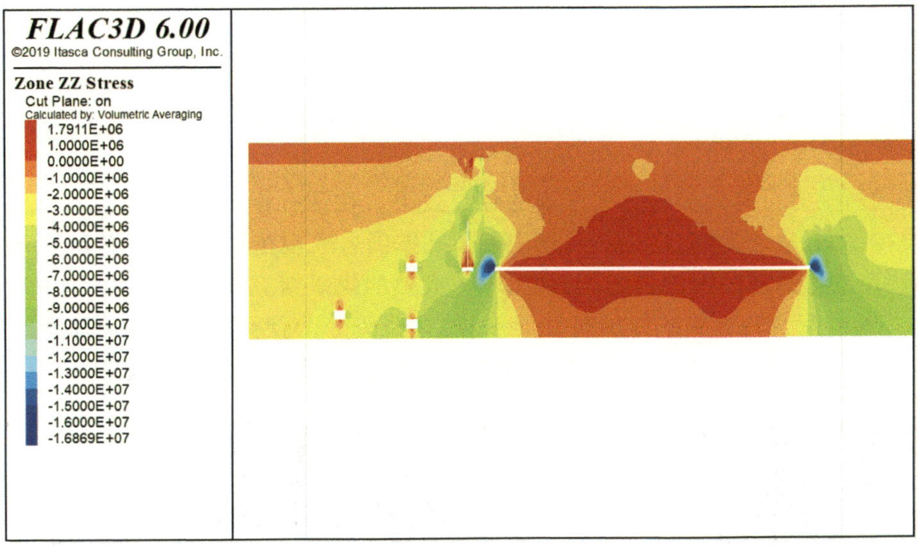

(a) 切顶高度20 m

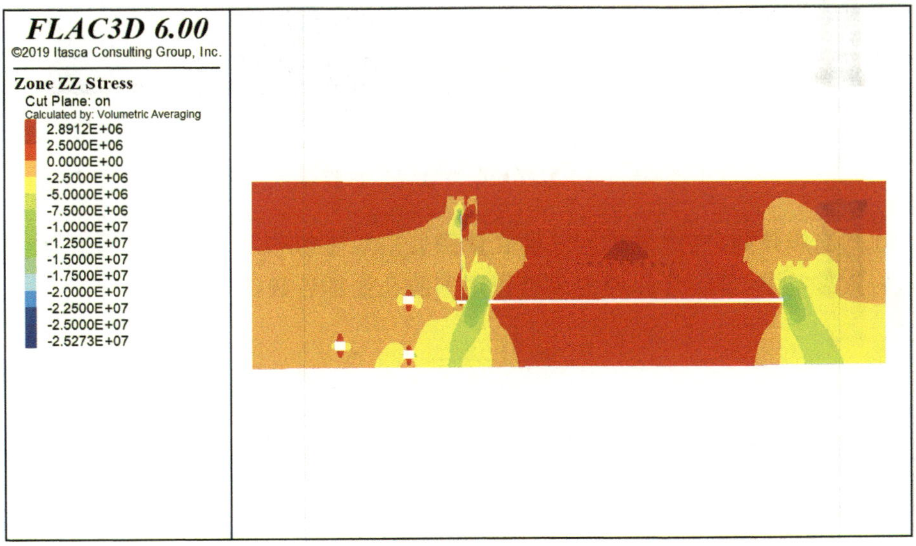

(b) 切顶高度40 m

图 3-8 对应不同切顶高度的围岩垂直应力

也显著降低。

数值模拟结果表明，40 m 的切顶高度对巷道围岩的有效卸压具有一定效果。结合前述理论成果，覆岩切顶高度虽然是工作面前方巷道围岩高应力显现的次要影响因素，但煤层开采扰动高度范围内的覆岩悬板必须及时切落。换言之，并非切顶高度越高，巷道围岩卸压效果就越好，但是工作面开采覆岩断裂高度范围内的顶板必须实现平面精准切落，以改善巷道围岩的附加高应力环境，降低巷道围岩应力集中程度。

3.2 切顶孔间距确定

3.2.1 爆破孔间距确定

炸药的高威力可有效提高孔壁围岩的致裂效果。在深孔爆破条件下，钻孔深部处于三向应力夹持状态，缺乏足够自由面，从而限制了孔壁围岩致裂范围。因此，必须采取大直径、大装药量、高威力炸药的爆破工艺。目前，较为成熟的煤矿深孔爆破工艺中，炮孔直径一般为 65～90 mm，配合三级煤矿许用高性能水胶炸药(图 3-9)使用。这种炸药兼具三级煤矿炸药的安全性和二级煤矿炸药的高威力，能够实现较好的孔壁围岩致裂效果。

(a) 圆形药柱　　(b) 聚能药柱

图 3-9　大直径高性能煤矿水胶炸药

孔内炸药起爆瞬间，高爆能作用下的孔壁围岩呈现流塑状态。采用流体动力学理论，分析孔壁围岩致裂范围，得到爆炸冲击载荷作用下的孔壁围岩破碎半径：

$$r_c = \left(\frac{\sqrt{2}\sigma_c\omega^{1/3}}{Cp}\right)^{-\frac{1}{\alpha}} r_b \tag{3-5}$$

其中，

$$C = \sqrt{2}\left[\kappa^2 + \kappa - \mu(1-\mu)(1-\kappa)^2 + 1\right]^{\frac{1}{2}}$$

式中　r_c——孔壁围岩破碎半径；

σ_c——岩石单轴抗压强度；

C——中间变量；

ω——应变率；

p——冲击压力；

r_b——钻孔半径；

μ——动态泊松比；

κ——侧压系数，$\kappa=\mu/(1-\mu)$；

α——冲击波衰减系数，$\alpha=2+\kappa$。

孔壁破碎区对冲击载荷具有很大的削弱作用，爆炸冲击波很快衰减成应力波，形成拉伸破坏区，对应的孔壁围岩拉伸破坏半径为：

$$r_t = \left(\frac{\sigma_t}{\sigma_c \omega^{1/3}}\right)^{-\frac{1}{\beta}} r_c \tag{3-6}$$

式中 r_t——孔壁围岩拉伸破坏半径；

σ_t——岩石单轴抗拉强度；

β——应力波衰减系数，$\beta=2-\kappa$。

联立式(3-5)和式(3-6)，得到孔内炸药爆炸冲击载荷作用下的孔壁围岩有效致裂半径：

$$R_t = r_c + r_t \tag{3-7}$$

式中 R_t——冲击载荷作用下的孔壁围岩有效致裂半径。

切顶爆破条件下，合理的炮孔间距是单孔爆破有效致裂半径的 2 倍。根据式(3-7)，进一步得到深孔爆破条件下的炮孔间距表达式：

$$b = 2R_t \tag{3-8}$$

式中 b——深孔爆破炮孔间距。

煤矿硬岩单轴抗压强度一般为 60～80 MPa，单轴抗拉强度约为单轴抗压强度的 1/12～1/10；冲击波载荷应变率一般为 10^2～10^4 s^{-1}，应力波载荷应变率为 1～10^3 s^{-1}；煤矿许用炸药的爆压一般在 2.0～3.5 GPa 之间；当岩石动态泊松比取静态泊松比的 0.8 倍时，代入式(3-5)至式(3-7)，可得到 90 mm 直径炮孔对应的有效致裂范围与岩石强度之间的关系，如图 3-10 所示。

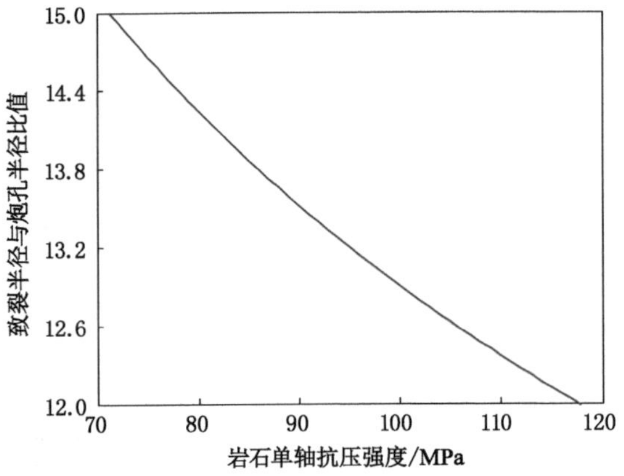

图 3-10 孔壁围岩有效致裂范围

根据爆破工程理论，结合图 3-10 所示的孔壁围岩有效致裂范围，确定深孔爆破的致裂半径约为炮孔半径的 10～15 倍，对应的孔间距为炮孔半径的 20～30 倍。因此，当炮孔直径为 65～90 mm 时，理论分析得到的炮孔间距为 0.6～1.3 m。

前述分析从理论角度探讨了深孔爆破孔间距的确定方法。为验证不同炮孔间距下的裂缝扩展特征，采用 LS-DYNA 数值模拟方法，得到孔内炸药起爆后的孔间裂缝扩展形态，如图 3-11 所示。

在炮孔直径为 90 mm、孔间距为 1.2 m 的条件下，孔间裂缝充分扩展，径向和竖向裂缝相互贯穿，形成缝网，裂缝密集度高，平面致裂效果显著；当炮孔间距为 1.6 m 时，孔间裂缝发育形态与 1.2 m 间距条件下相似，但缝网密集度有所降低；当炮孔间距为 1.8 m 时，孔间

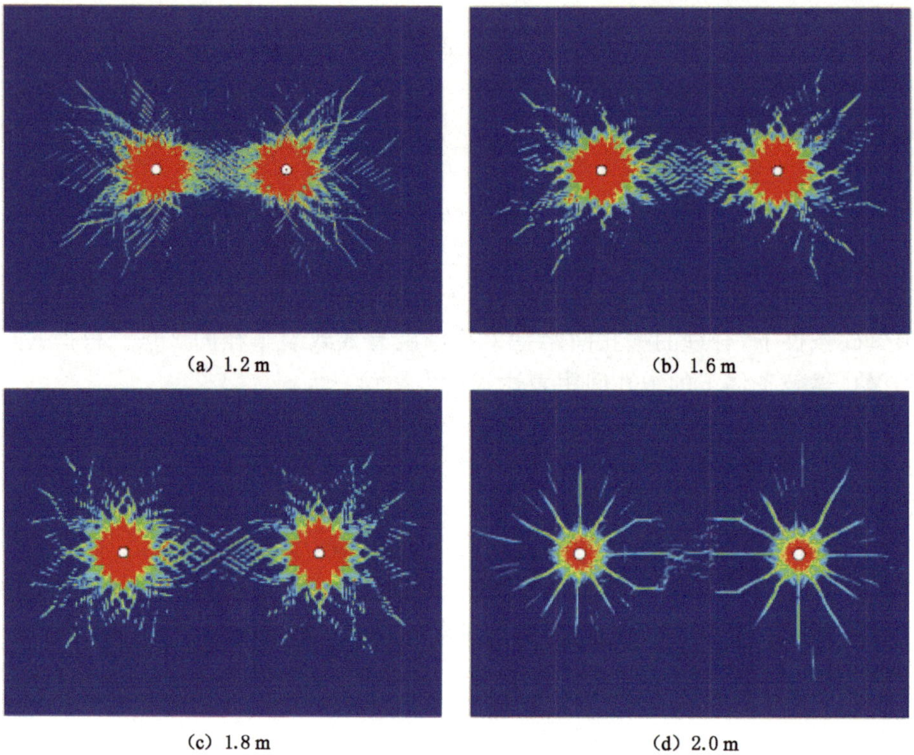

图 3-11　不同炮孔间距下孔间裂缝扩展形态

缝网密集度进一步减小，以径向裂缝扩展为主，孔间平面致裂效果明显减弱；当炮孔间距为 2.0 m 时，孔间可见缝网消失，裂缝未贯通，孔壁围岩裂缝扩展近似单孔起爆条件。

将拉伸裂纹损伤系数阈值定义为 0.5，提取炮孔连线上的损伤单元，得到不同炮孔间距下的岩石损伤特征，如图 3-12 所示。

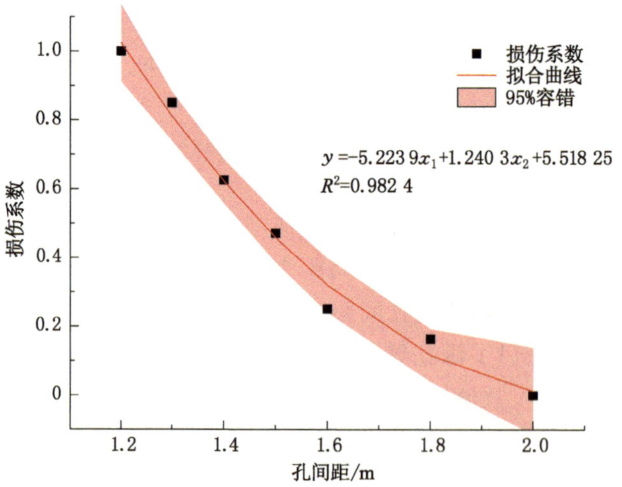

图 3-12　孔间距对岩石损伤的影响

炮孔间距越大，连线中心计算单元距离炮孔越远，孔内爆破动载的影响越小，计算单元上的损伤系数也越低，这表明较大的炮孔间距不利于孔间裂缝的发育扩展。当炮孔间距取值为 1.8～2.0 m 时，孔间岩石损伤程度急剧降低，裂缝发育显著减弱。由此可见，为取得良好的平面致裂效果，90 mm 孔径条件下的炮孔间距应不超过 1.5 m。

理论和数值分析表明，90 mm 大直径炮孔对应的炮孔间距应不超过 1.5 m。然而，在实际工程中，为减少打钻工程量和节约成本，选取的炮孔间距通常大于 2.0 m，但观测到的裂缝扩展形态却存在较大差异。

顾桥煤矿工作面停采时留设了 200 m 的护巷煤柱，仍然难以阻止采区准备巷道的剧烈变形。在 1311(1)工作面停采前，为保障停采工作面准备巷道的稳定，应在工作面顺槽联巷内开展爆破切顶作业，以阻断采动应力传递路径，改善巷道围岩应力环境，控制巷道大变形，如图 3-13 所示。

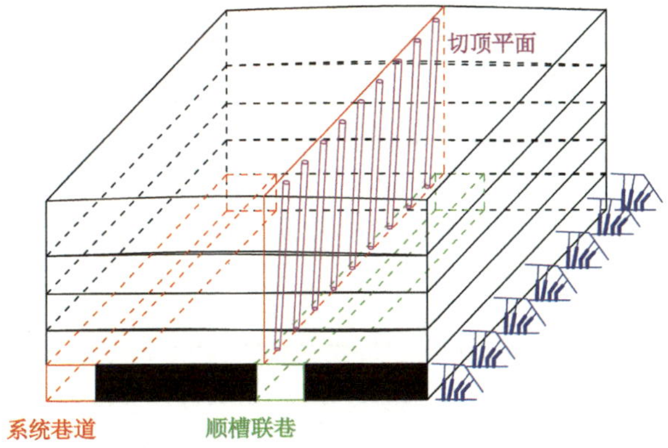

图 3-13 切顶孔布置

采用大孔径、大装药量的爆破切顶工艺，炮孔直径为 90 mm，间距为 2 m，仰角为 85°，切顶高度为 46 m。选用直径为 63 mm 的重型药柱，装配三级煤矿许用高性能水胶炸药，封孔长度为 15 m。选取邻近未爆孔作为窥视孔，观测孔间裂缝的贯通情况。工作面顺槽联巷内的 28# 和 31# 孔按顺序起爆，通过窥视 29# 和 33# 孔，得到孔壁围岩裂缝的分布形态，如图 3-14 所示。

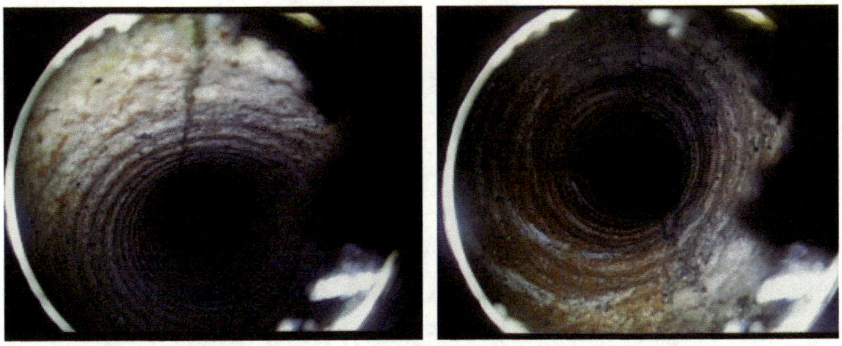

(a) 29#孔裂缝平面贯穿

图 3-14 孔壁围岩裂缝扩展情况

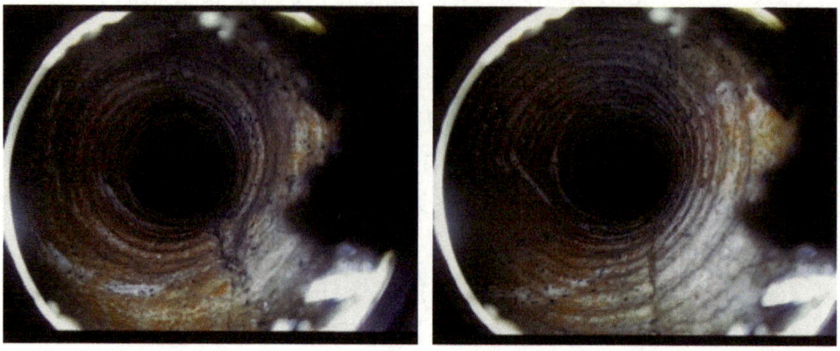

(b) 33#孔裂缝平面贯穿

图 3-14(续)

根据前述理论成果,90 mm 炮孔直径对应的炮孔间距理论值应小于 1.5 m。然而,工程实践表明,在炮孔间距 2 m 条件下,对应炮孔装药段观测到孔内发育 2 条明显的对称裂缝,裂缝平面与炮孔连线一致,平面切顶效果显著。

朱仙庄煤矿Ⅱ1055 工作面赋存坚硬顶板,为防止工作面停采期间厚硬顶板悬长过大,引发采区准备巷道围岩剧烈矿压显现,超前工作面在两条回采巷道内实施了爆破切顶作业,如图 3-15 所示。

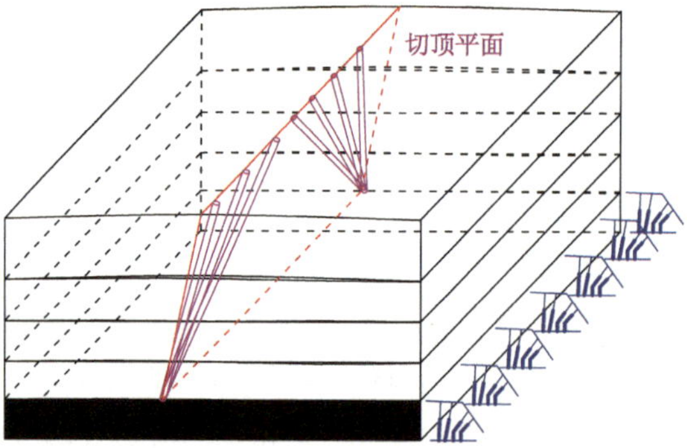

图 3-15　两巷内切顶孔布置方式

坚硬顶板致裂高度为 31 m,自工作面两巷向致裂目标层钻设超深钻孔,炮孔长度为 32～98 m,扇形布置,直径为 94 mm,仰角为 −5°～75°,平均间距为 8～10 m。超前工作面布孔后,当工作面推进至距停采线 80 m 时,通过钻孔窥视邻近孔壁的裂缝扩展情况,如图 3-16 所示。

实测结果表明,在超前工作面 80 m 处开展深孔爆破切顶作业时,对应 8～10 m 的平均炮孔间距,观测孔内仍观测到了明显的孔壁围岩裂缝且沿炮孔连线方向扩展。炮孔实际扩展长度远超炮孔间距理论值,此时应考虑采场覆岩引发的顶板应力作用。

临涣煤矿 1067 工作面煤层厚度为 2.7 m,煤层走向机巷侧存在一条 NDF_{153} 正断层,与工作面斜交,断层落差为 0～28 m,走向影响长度为 99.3 m,倾向影响长度为 141.2 m,制约

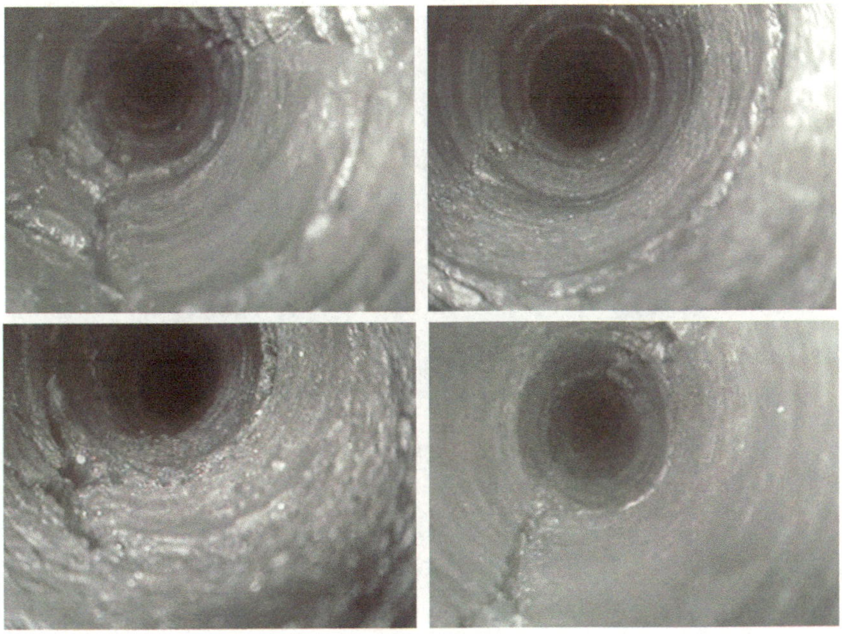

图 3-16 爆破切顶致裂效果

矿井高效生产。采用超前爆破预裂方法，对采煤机截割路径上的断层硬岩进行体积压裂，以保障工作面快速推进，如图 3-17 所示。

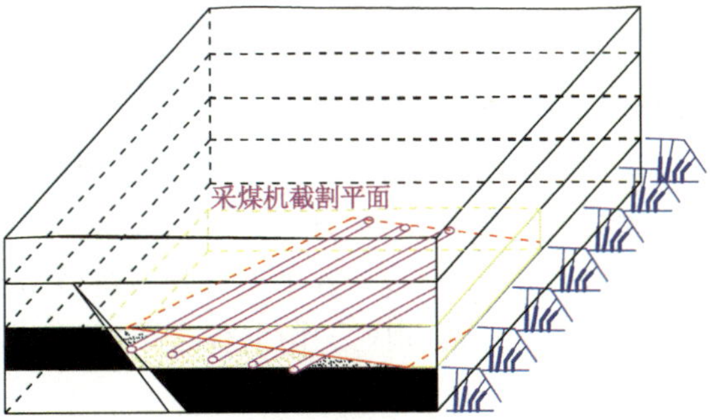

图 3-17 体积压裂孔布置

超前工作面在断层硬岩内开展大孔径、大装药量的深孔多向聚能爆破作业，药柱直径为 75 mm，炮孔直径为 94 mm，间距为 2 m，仰角为 10°，最长钻孔长度为 112 m，最短钻孔长度为 72 m，配合煤矿安全导爆索，实现了煤矿超深钻孔的可靠起爆。

在工作面推进过程中，当采煤机截割通过断层硬岩体积压裂段时，孔壁围岩没有明显定向裂缝发育，如图 3-18 所示。

对比顾桥煤矿和朱仙庄煤矿覆岩切顶技术应用场景，断层硬岩预裂位于煤层开采层位，受覆岩悬板作用较小，顶板应力扰动强度较低，尽管炮孔间距同样为 2 m，但在断层硬岩体积压裂过程中并未发现明显的定向裂缝，孔壁围岩破坏形态近似单孔起爆致裂情形。

综上所述，理论分析得到的炮孔间距约为钻孔直径的 10～15 倍。然而，工程实践表明，

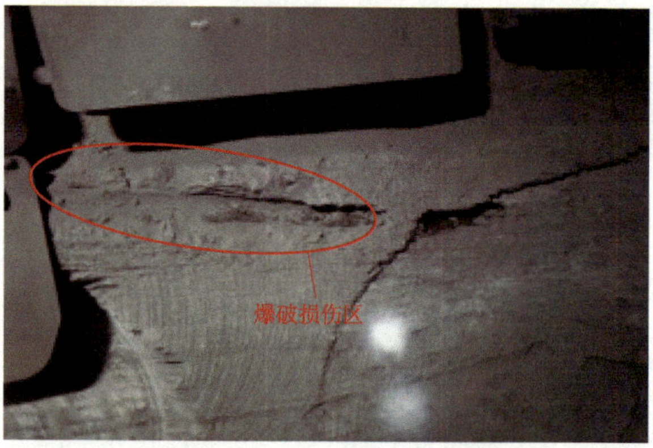

图 3-18　孔壁围岩损伤

不同炮孔间距引起的孔壁围岩裂缝扩展形态存在显著差异。例如，在炮孔间距为 2 m 的条件下进行爆破，复合顶板应力作用显著，切顶效果良好，孔壁围岩裂缝充分扩展，但是在断层硬岩体积压裂情形下，顶板附加应力作用较弱，孔壁围岩未出现明显定向裂缝；对于 8～10 m 的炮孔间距，覆岩悬板引发的顶板附加应力作用使孔壁围岩发育出明显的定向裂缝，平面致裂效果显著。由此可见，在煤矿爆破切顶条件下，为取得较好的顶板平面致裂效果，除理论炮孔间距影响外，还应综合考虑采场覆岩引起的顶板应力作用。在某些特殊情况下，顶板应力作用甚至可能成为覆岩平面致裂成败的关键因素。

3.2.2　顶板应力作用辅助切顶

工作面坚硬顶板滞后垮落，易形成悬板结构，导致采场矿压异常显现。切顶作业的目标是减小覆岩悬长，降低悬板引发的附加载荷强度。在工程实践中，通过钻设成排钻孔并配合孔内爆破切顶作业，能够有效弱化悬板作用，实现顶板的平面切落。

为分析成排炮孔辅助切顶技术的原理，以工作面坚硬顶板爆破切顶为例，通过钻设单排钻孔，降低顶板完整性，并借助覆岩悬板的附加应力作用，促进顶板平面致裂，如图 3-19 所示。

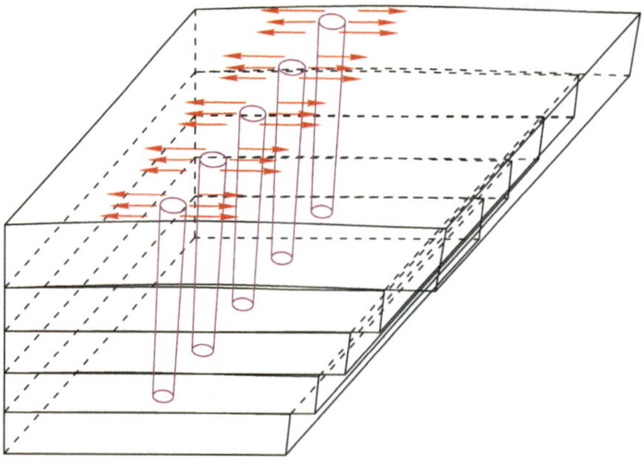

(a) 钻孔空间布置

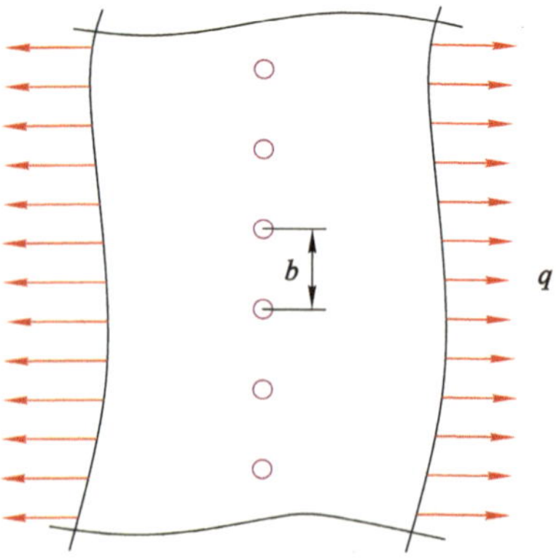

(b) 钻孔平面受力

图 3-19　爆破切顶孔布置

岩石材料抗压但不抗拉，在覆岩悬板弯矩作用下，顶板上端面拉应力最大，从而导致岩石拉伸破坏。在此条件下，辅助孔内爆破增裂技术等效增大了切顶孔半径，缩短了钻孔间距，更有利于坚硬顶板的定向致裂。

根据孔附近应力集中理论，对于被圆孔削弱的有限板，只要其宽度大于钻孔直径的5倍，无限板理论解即可直接应用到有限板中。在煤矿深孔爆破切顶实践中，钻孔直径一般为65～90 mm，综合考虑打钻成本和致裂效果，钻孔间距通常为1～3 m。因此，成排钻孔中单孔周边的受力可借鉴含圆孔的无限板受力模型，如图3-20所示。

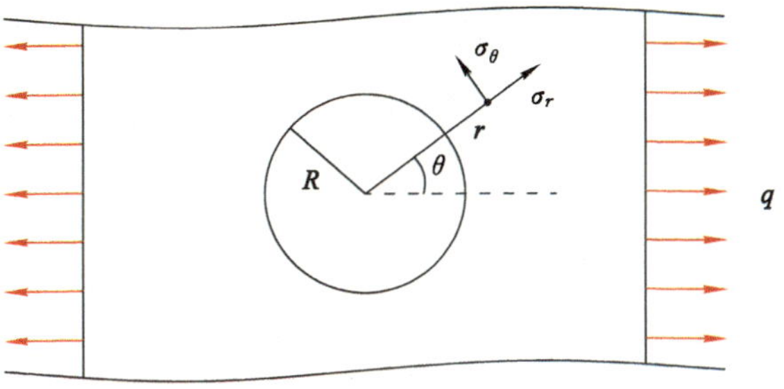

图3-20　单孔平板拉伸模型

根据弯矩载荷作用下的顶板上端面受力及岩石材料拉伸破坏特征，可得到单孔平板拉伸条件下的孔边切向应力表达式：

$$\sigma=\frac{1}{2}\left[\left(1+\frac{1}{\xi^2}\right)-\left(1+\frac{3}{\xi^4}\right)\cos 2\theta\right] \tag{3-9}$$

式中　σ——切向应力当量，$\sigma=\sigma_\theta/q$；

σ_θ——孔周边的切向应力；

θ——切向角；

q——拉伸载荷；

ξ——孔径倍数，$\xi=r/R$；

R——钻孔半径；

r——应力计算半径。

根据式(3-9)得到孔周边切向应力分布曲线，如图3-21所示。由图3-21可以看出，沿钻孔径向，孔边界上的切向应力最大，距离孔边界越远，切向应力幅值越小。

钻孔周边切向应力分布呈“8”字形，在垂直于平板单向拉伸载荷方向，即$\theta=\pi/2$时，钻孔切向应力幅值最大，并从孔边界向外逐渐递减，该方向上的切向应力对单孔平板具有拉伸破坏作用。根据式(3-9)得到该方向上的切向应力递减规律，如图3-22所示。

由图3-22可以看出，在$\theta=\pi/2$方向上，孔边界上的切向应力集中系数为3；随着距孔边界距离的增加，切向应力集中系数快速衰减；至5倍孔径位置时，切向应力集中系数趋近1，验证了该条件下无限板应力解适用于有限长条板的结论。

在单向拉伸载荷作用下，$\theta=\pi/2$方向上孔周边的应力集中程度较高，具有拉伸破坏效应，岩体强度弱化，应力集中系数越大，这种削弱作用越明显。考虑孔周边切向应力集中系数的不均匀分布，提出单孔平板拉伸载荷均化指标：

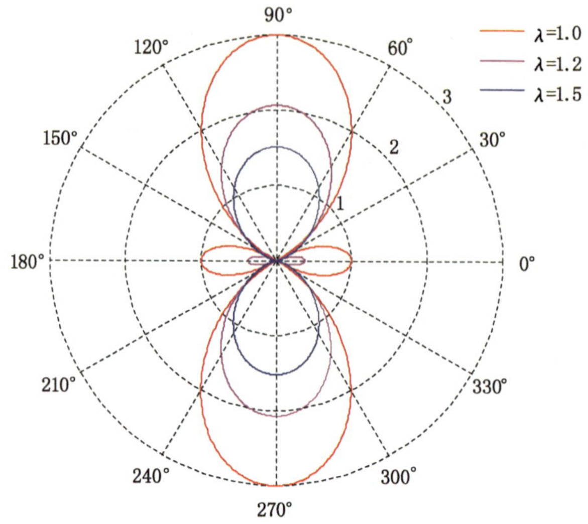

图 3-21　孔周边切向应力分布

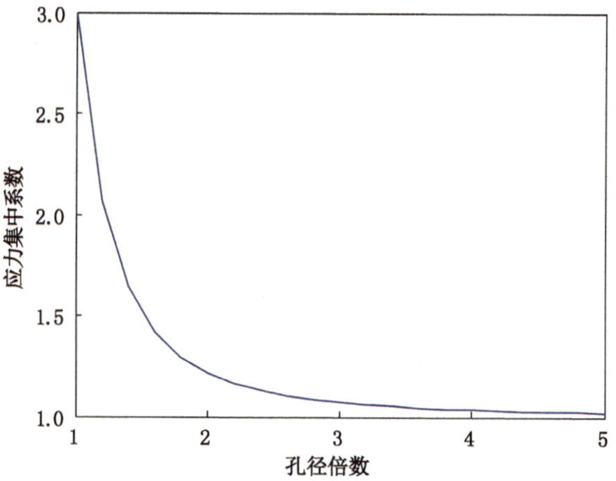

图 3-22　$\theta=\pi/2$ 方向上的切向应力分布

$$\eta=\frac{1}{\xi-1}\int_{1}^{\xi}\sigma\mathrm{d}\xi \tag{3-10}$$

式中　η——单孔平板拉伸载荷均化指标；

　　　ξ——应力计算位置的孔径倍数。

单孔平板拉伸载荷均化指标表达式(3-10)是图 3-22 中应力集中系数的几何平均，其值为大于 1 的实数。指标数值越大，表明孔周边切向应力集中越明显，顶板损伤程度越高。为了能更精确地表达单孔顶板拉伸受损程度，将单孔平板拉伸载荷均化指标进行归一化处理，取均化指标倒数作为评判顶板完整性的新指标。对式(3-10)进行积分运算并取其倒数，得到顶板完整系数指标：

$$I_n = \frac{1}{\eta} = \frac{2\xi^3}{(2\xi^2+1)(\xi+1)} \tag{3-11}$$

式中 I_n——顶板完整系数。

根据式(3-11)可知,单孔平板拉伸载荷均化指标越小,顶板完整系数越大,单孔拉伸平板受损程度越小,顶板完整性越好。同理,得到 $\theta=\pi/2$ 方向上的顶板完整系数分布,如图 3-23 所示。

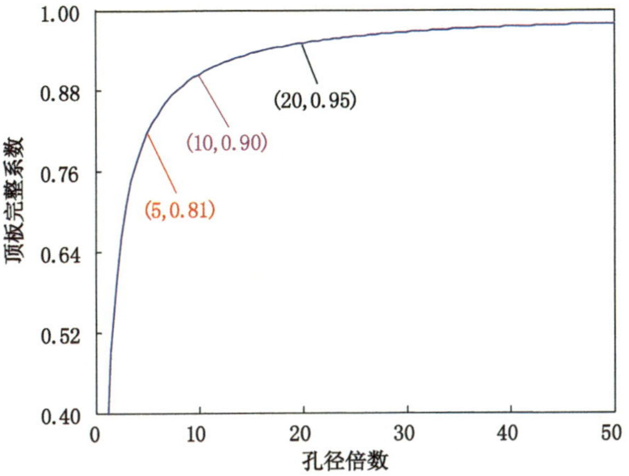

图 3-23 顶板完整系数分布

由图 3-23 可以直观看出,距离孔边界越远,单孔拉伸平板受损程度越低,顶板完整性越好。例如,当距离孔边界 5R 时,顶板完整系数为 0.81;当距离孔边界 10R 时,顶板完整系数为 0.90;当距孔边界距离超过 20R 时,顶板完整系数趋近 1,对应顶板无损伤的完整状态。

单纯考虑成排炮孔的弱化作用,从切顶孔间距合理设置角度出发,为最大限度弱化顶板完整性,成排钻孔受损区之间应保持紧密连接,据此得到的合理钻孔间距表达式为:

$$b = 2R\xi \tag{3-12}$$

由图 3-23 可知,当顶板完整系数为 0.8～0.9 时,对应的应力计算点距离钻孔中心 5～10 倍孔径,代入式(3-12),得到的钻孔间距为(10～20)R。由此可见,即使对于 94 mm 的大直径钻孔,理论分析得到的有效切顶孔间距仅为 0.5～1.0 m。

综上所述,采用成排钻孔布置方式能够提高钻孔连线方向上的顶板受损率,弱化顶板完整性,但钻孔间距必须足够小才能起到良好的顶板平面致裂效果,这必然会增加钻孔的钻设工程量及打钻成本。前述分析表明,较大的爆破孔径能提高炮孔有效致裂范围,有助于增加钻孔间距,从而间接降低打钻成本。已知煤矿深孔爆破有效致裂半径为(10～15)R,采用煤矿深孔爆破方法可等效提高覆岩切顶孔径,对应的炮孔间距能提高至(100～300)R。此时,借助覆岩悬板引发的顶板应力作用,采用 94 mm 的大直径炮孔,对应的炮孔间距可提高至 5～14 m。

3.2.3 受损悬梁起裂分析

前述分析指出,切顶孔间距越小,钻孔连线方向上的顶板受损程度越大,在顶板应力作用下,越有利于覆岩平面切落。然而,是否只要采取了顶板弱化措施,覆岩悬板就能沿顶板受损区精准断裂,仍需结合悬板结构及其受力进一步分析。为此,建立了局部受损覆岩悬梁受力模型，如图 3-24 所示。

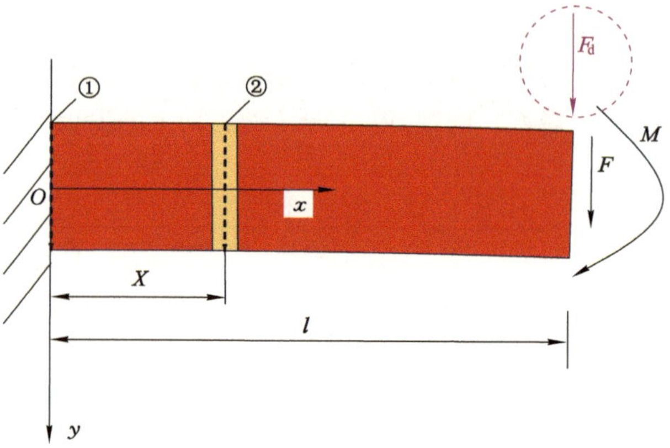

图 3-24　局部受损悬梁受力模型

图 3-24 中，顶板局部受损区距固支端的距离为 X，悬梁自由端承受集中力和弯矩的合力作用。根据达朗贝尔原理，可采用等效载荷 F_d 替代。在此条件下，覆岩悬梁断裂的薄弱点有两处：① 顶板固支端，固支端顶板虽未受损，但该位置弯矩载荷最大；② 切顶受损区，该位置弯矩载荷未必最大，但顶板局部受损，易引发断裂。根据等效载荷作用下的覆岩悬梁受力模型，得到顶板断裂薄弱点的弯矩：

$$\begin{cases} M(0)=F_d l & (x=0) \\ M(X)=F_d(l-X) & (x=X) \end{cases} \tag{3-13}$$

式中　$M(0)$——$x=0$ 位置的弯矩；

F_d——覆岩等效载荷；

l——悬梁长度；

$M(X)$——$x=X$ 位置的弯矩；

X——顶板受损区位置。

由式(3-13)可知，覆岩悬梁两处薄弱点位置上的弯矩载荷存在差异，与切顶线位置(X)的选择紧密相关。基于顶板拉破坏准则，根据既定位置上的弯矩载荷及截面应力计算方法，得到悬梁断裂薄弱点上的岩石拉破坏判别标准：

$$\begin{cases} \dfrac{F_d l h}{2I_z}=\sigma_t & (x=0) \\ \dfrac{F_d(l-X)h}{2I_n I_z}=\sigma_t & (x=X) \end{cases} \tag{3-14}$$

式中　I_z——顶板截面惯性矩。

式(3-14)中，通过 $I_n \cdot I_z$ 描述顶板受损程度。将式(3-14)中的两式联立，得到顶板优先在受损区薄弱点位置断裂的判别关系：

$$X < Dl \tag{3-15}$$

式中　D——顶板损伤系数，$D=1-I_n$。

由式(3-15)可知，当顶板无损伤($D=0$)时，覆岩悬梁断裂位置位于固支端；覆岩切顶受损程度越高，顶板优先起裂点距离固支端越远。

式(3-15)的实践指导意义在于，炮孔间距影响顶板受损程度，可通过顶板损伤系数表达，并决定顶板优先起裂位置 X。X 值越大，覆岩悬梁起裂点距离顶板固支端越远，切顶位置选择越灵活，可在 $x \leqslant X$ 范围内任意选取，覆岩悬梁在顶板应力作用下会沿切顶位置平面切落，切顶效果显著；反之，X 值越小，切顶位置选择越受限，顶板起裂点越靠近固支端，当切顶位置超过 X 值时，即使采取切顶措施，顶板也不会沿着切顶位置断裂，从而失去了覆岩切顶的意义。

为直观展示覆岩切顶线位置与钻孔间距之间的关系，联立式(3-15)和式(3-11)，得到覆岩切顶线位置关系式：

$$\delta < \frac{2\xi^2 + \xi + 1}{(2\xi^2 + 1)(\xi + 1)} \tag{3-16}$$

式中　δ——切顶线位置系数，$\delta = X/l$。

根据式(3-16)绘制切顶线位置系数与孔径倍数(反映钻孔间距)的关系曲线，如图 3-25 所示。

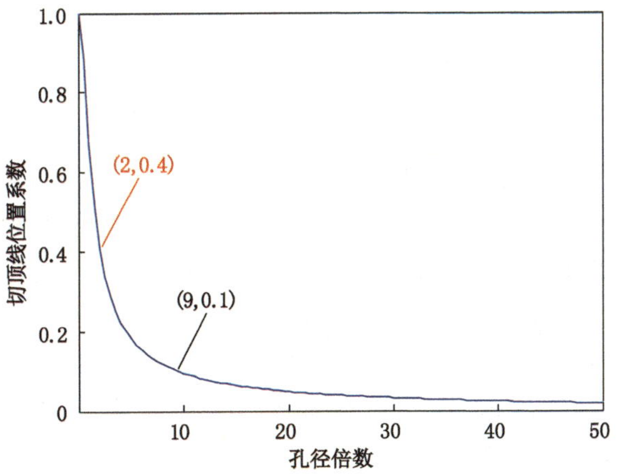

图 3-25　切顶线位置系数与孔径倍数关系曲线

由式(3-12)和图 3-25 可知，孔径倍数越大，对应的切顶孔间距也越大，顶板受损程度越低，顶板完整性越好，越难以断裂，切顶线位置系数越小，顶板断裂位置越靠近固支端，此时覆岩悬梁断裂主要依靠顶板应力作用，超出该区域进行切顶作业效果不明显；反之，孔径倍数越小，对应的切顶孔间距也越小，覆岩切顶受损程度越高，切顶线位置系数越大，切顶位置选择越灵活，附加顶板应力综合作用，可取得较好的切顶卸压效果。

综上所述，覆岩切顶孔间距越小，切顶线位置系数越大，切顶位置选择越灵活；反之，切顶孔间距越大，切顶线位置系数越小，切顶卸压效果越不明显，此时顶板断裂主要依靠自身应力。顾桥煤矿切顶孔爆破有效致裂半径为 0.4～0.7 m，孔间距为 2 m，根据式(3-11)计算得到的孔径倍数为 1.4～2.5，对应的切顶线位置系数为 0.4，即合理的切顶线位置至少超前覆岩悬梁末端 0.6 个来压步距。同理，朱仙庄煤矿切顶孔平均间距按 8 m 计算，孔径倍数在 6～10 之间，切顶线位置系数接近 0.1，对应的切顶位置应超前覆岩悬梁末端接近 1 个来压步距。合理的切顶线位置在悬梁固定端近区，超出该区域进行切顶作业的意义并不大。

4 煤矿液爆压裂技术原理

高应力煤岩预裂、覆岩切顶、致密油气储层增透提产等领域，需求高效的岩体工程压裂技术。液爆压裂(液体炸药爆破)技术是实现煤岩深孔预裂的有效途径。液体炸药具有流动性，可以采用泵送的方式直接灌注，受钻孔变形破坏影响小，从而解决了岩体大角度深孔装药难题；同时，液体炸药还具有较小的起爆临界直径，为岩体单孔内重复爆破技术提供了条件，具有显著的技术优势。

4.1 煤岩深孔爆破对比分析

4.1.1 常规深孔爆破体积压裂

以朱仙庄煤矿深孔爆破辅助硬岩掘进为例，采用高性能水胶炸药配合多向聚能管，可提升深孔爆破体积压裂效果。在具体实践中，在岩石全断面硬岩巷道断面的中下部位置布设3～5个炮孔，开展深孔爆破作业；爆破瞬间，炮孔相互导向并为相邻炮孔提供自由面，可增强爆破预裂效果。孔壁围岩向钻孔空间预裂松动，为爆破影响区之外的硬岩破裂提供补偿空间；深孔爆破结束后，岩巷综掘机沿预裂区边缘层层截割硬岩，依靠深孔爆破区提供的破裂补偿空间，实现综掘机的快速截割、破岩；综掘机沿深孔爆破区做圆弧运动，层层剥离深孔爆破区围岩，最终形成巷道设计断面。

深孔爆破炮眼深度主要取决于爆破与综掘机工艺间的协调，以最大限度提高综掘机掘进效率为目标，初次爆破作业可供多次掘进循环使用。同时，炮眼深度还与钻眼机具的性能及爆破范围等有关。深孔松动爆破钻孔长度不宜超过65 m，过长会增加施工难度，钻杆因重力易偏转；钻孔深度过小则会导致重复钻眼，延长打孔周期，影响综掘机掘进效率。此外，观察发现迎头位置前15 m处存在倾角变化(12°～18°)，因此第一组炮孔长度不宜超过30 m，过长会导致炮孔打入巷道底板。综合考虑，将第一组深孔预裂炮孔长度设置为30 m。

通过对比分析不同孔径、不同孔间距条件下应力波传播规律及爆生裂纹的发育状况，确定合理的爆破预裂参数。采用非线性动力软件LS-DYNA建立两组模型：第一组为单孔爆破模型，孔径变化区间为70～100 mm；第二组为双孔爆破模型，孔间距变化区间为1.0～1.4 m，药卷直径设置为63 mm，如图4-1所示。

以孔内炸药起爆后150 μs时间节点下的围岩应力分布为研究对象，分别对70 mm、80 mm、90 mm及100 mm孔径条件下的爆破应力波传播规律进行分析。由图4-2可知，不同孔径条件下围岩应力分布规律存在较大差异：当孔径为70 mm时，应力波传播至距炮孔中心58 cm处停止，高应力均匀分布在炮孔周围；当孔径为100 mm时，应力波传播距离最大，达到67 cm。应力峰值等值线主要集中于炮孔周围，说明炮孔附近岩体受损严重。随着

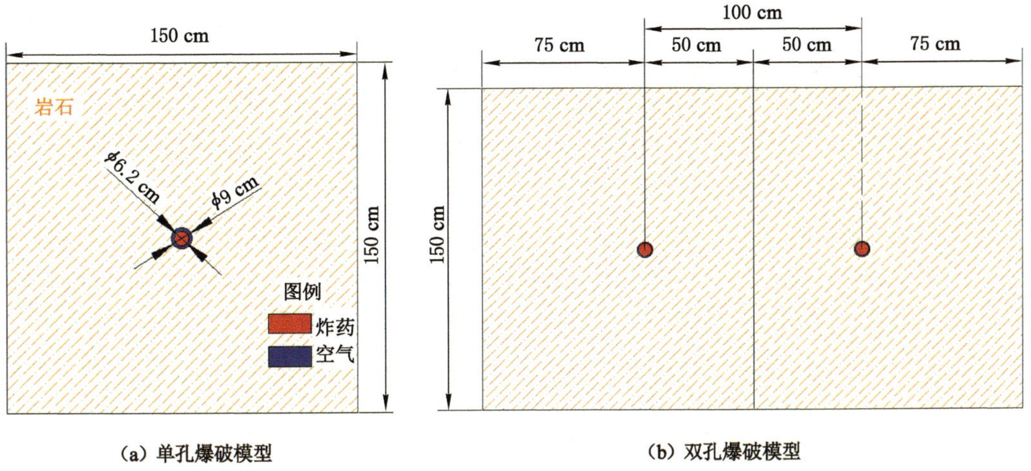

图 4-1　计算模型

应力波传播，应力等值线逐渐趋向均匀，并以圆形形态向外扩散。

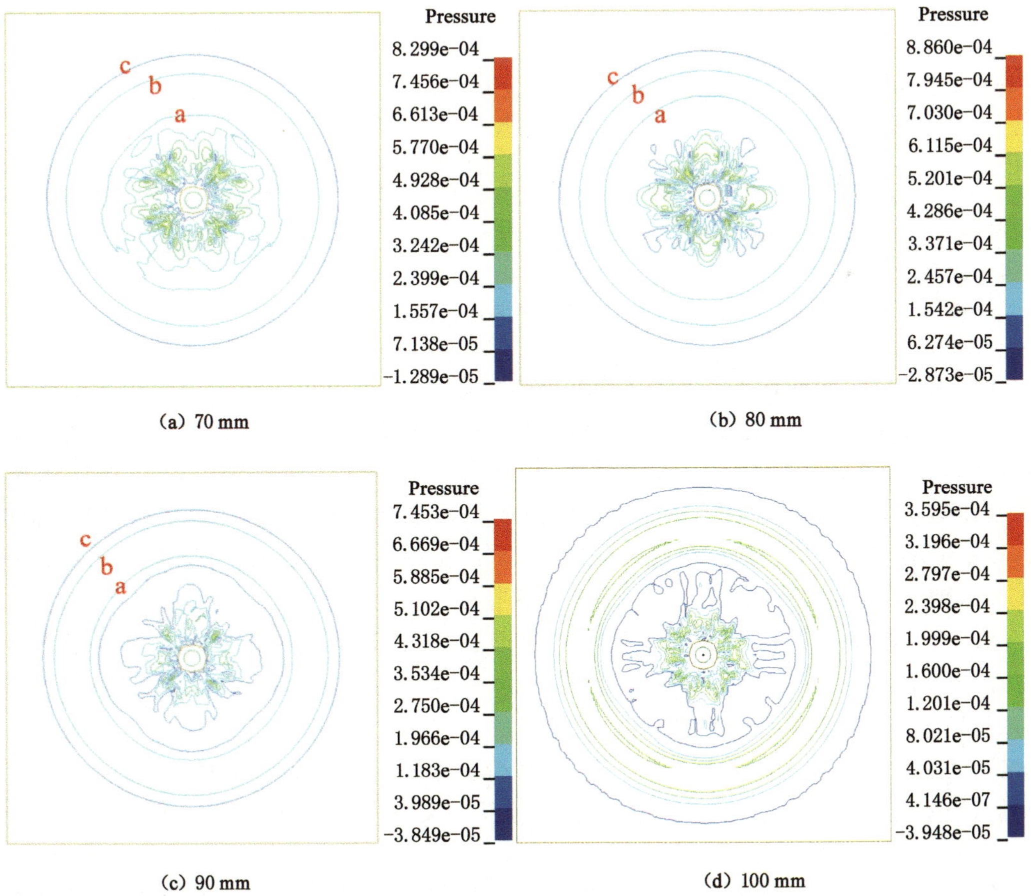

图 4-2　起爆后 150 μs 时不同孔径应力等值线云图(单位:GPa)

随着炮孔直径的增大，应力波传播发生动态演化：当孔径为 70 mm 时，应力峰值等值线在炮孔附近，呈不规则几何形态；当孔径为 80 mm 时，应力峰值等值线呈近圆形；当孔径增至 90 mm 时，应力峰值等值线以圆形向外传播，孔壁围岩破坏区进一步扩大；当孔径为 100 mm 时，应力峰值等值线形状发生突变，应力峰值突然降低，孔壁围岩有效致裂范围显著扩大。由此可见，在相同爆破条件下，选取大孔径炮孔进行深孔爆破作业，有助于孔壁围岩充分破坏，形成体积压裂效果。

在距模型边界 50 cm 位置布置测点，提取不同孔径下该测点的应力进行对比分析。由图 4-3 可知，测点单元应力峰值出现时间及峰值应力大小存在一定差异。在爆破初始阶段，随着孔径增大，应力峰值逐渐增加，但峰值出现的时间明显滞后；当孔径分别为 90 mm、100 mm 时，应力峰值分别为 16.23 MPa 及 16.44 MPa，峰值差距小，且出现的时间接近。

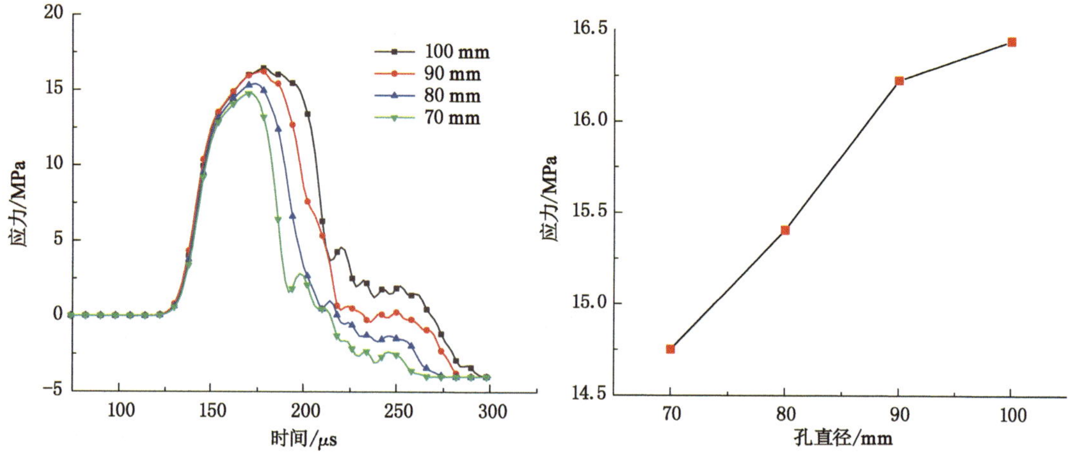

(a) 应力时程曲线　(b) 峰值应力曲线

图 4-3　不同孔径下测点应力曲线

在炮孔中心位置布置测点单元并提取应力数据，分析不同炮孔间距条件下的应力波传播规律，如图 4-4 所示。测点单元应力峰值到达时间及峰值大小存在较大差异。随着炮孔间距增大，测点单元开始出现应力及到达应力峰值的时间节点依次滞后，应力峰值逐渐减小。当孔间距为 1.0 m 时，测点单元应力峰值最大，为 22.74 MPa；当间距增加到 1.4 m 时，应力峰值最小，为 20.40 MPa，相较间距为 1.0m 时降幅达 10.3%；当孔间距由 1.2 m 增加到 1.3 m 时，应力峰值降幅仅为 2.2%，变化不明显。

记录炸药起爆 300 μs 后的孔间裂缝扩展形态，分析不同孔间距对裂纹发育形态的影响，如图 4-5 所示。可以看出，当炮孔间距为 1.0 m 时，炮孔连线中心处的应力波相互叠加，径向裂缝和竖向裂缝相互贯通，形成较大范围的裂缝网；当炮孔间距分别为 1.1 m、1.2 m 时，炮孔间裂缝发育形态与孔间距为 1.0 m 时情况相似，但炮孔连线两侧裂缝发育密度有所降低；当炮孔间距分别为 1.3 m、1.4 m 时，炮孔间仅有一条主裂缝发育，竖向裂缝发育不明显，孔间裂缝未能彻底贯通。

较少的炮孔布置方式形成的预裂范围有限，难以显著提升综掘机截割效率。因此，在巷道掘进断面中央偏下位置布设 7 个炮孔，以增大断面预裂卸压范围。同时，为便于钻孔施

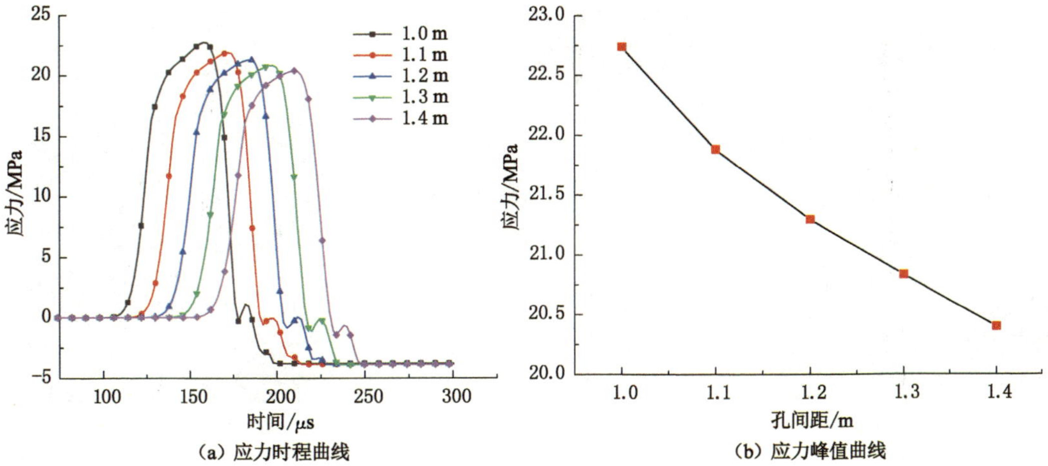

图 4-4　不同炮孔间距测点应力曲线

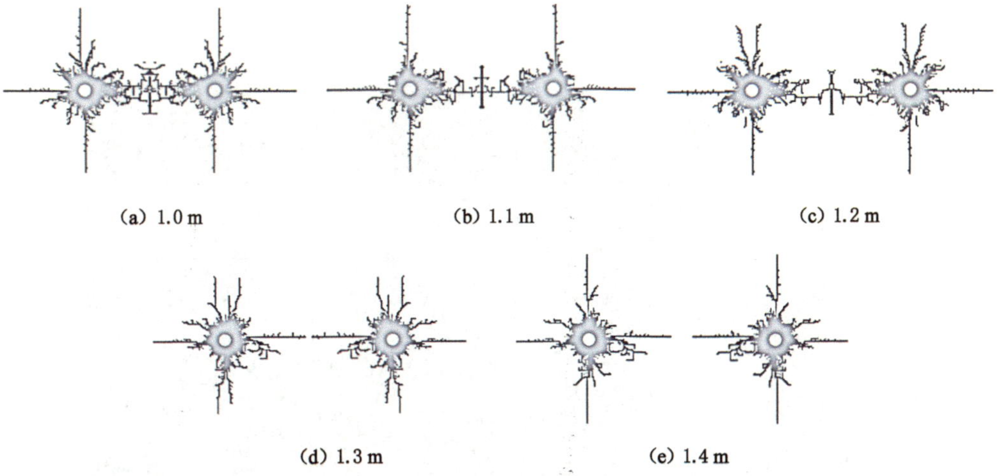

图 4-5　不同孔间距裂缝扩展形态

工，炮眼开孔位置应距底板 1.0 m。为实现大规模体积压裂效果，深孔爆破需采取大直径、大装药量方式，充分发挥炸药爆炸瞬间的高爆能。采用三级煤矿许用水胶多向聚能药柱[图 4-6(a)]，其外径为 75 mm，单根长度为 2.0 m。采用煤矿安全导爆索[图 4-6(b)]，索芯以太安、黑金索炸药为主，用棉线和编织丝等做包缠物，装药量≥10 g/m，爆速≥6 200 m/s，导爆索外径一般为 6.5 mm±0.3 mm。囊袋封孔器如图 4-6(c)所示。根据《煤矿安全规程》，深孔装药时封孔长度至少为钻孔长度的 1/3，以确保封孔质量。

4.1.2　常规深孔爆破效果分析

硬岩深孔爆破流程如图 4-7 所示。装药前，使用安装管(PE 管)进行透孔，清理孔壁碎屑；透孔完成后，将缚有导爆索的药柱送至孔底，重复该装药过程直至达到设计用量；装药完

(a) 多向聚能药柱　　(b) 煤矿安全导爆索　　(c) 囊袋封孔器

图 4-6　爆破器材

成后，开始注浆封孔，直至返浆管出现浆液；最后，将电雷管绑缚于导爆索回塞孔内封堵，准备连线起爆。

(a) 透孔　　(b) 炮头制作

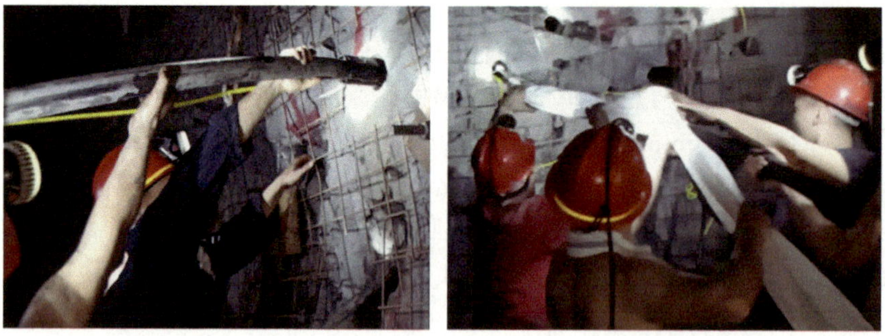

(c) 装设封孔器　　(d) 注浆完成

图 4-7　深孔爆破流程

爆破结束后，巷道断面中心区域岩石受爆破影响，裂隙发育程度高，易于截割。综掘机沿巷道断面中心区域边缘顺时针截割，自由面卸压空间充足，截割效率较高，硬岩巷道掘进速率明显提升，截齿磨损数量显著减少。掘进揭露炮孔致裂情况如图 4-8 所示。

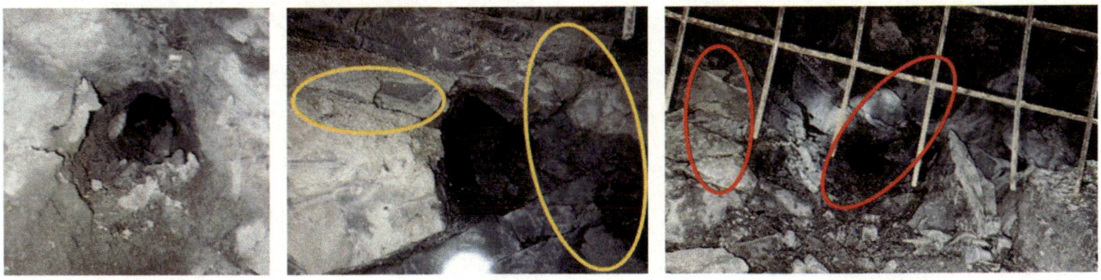

(a) 1.5 m空气段　　(b) 装药前段　　(c) 装药尾段

图 4-8　掘进揭露炮孔致裂情况

深孔爆破对巷道断面硬岩具有很好的弱化作用，炮孔围岩在爆炸应力波的作用下发生破坏，综掘机截割效率得以提高。对比爆破前后的巷道掘进日进尺，见表 4-1。

表 4-1　爆破前后日进尺对比

爆破前	日期	9 月 10 日	9 月 11 日	9 月 12 日	9 月 13 日	9 月 14 日	9 月 15 日			
	进尺/m	2.4	2.5	2.6	2.3	2.6	2.5			
爆破后	日期	9 月 29 日	9 月 30 日	10 月 1 日	10 月 2 日	10 月 3 日	10 月 4 日	10 月 5 日	10 月 6 日	10 月 7 日
	进尺/m	2.9	3.4	3.6	3.6	3.6	3.5	3.6	2.8	3.0

9 月 10 日—9 月 15 日为爆破前掘进阶段，平均日进尺 2.48 m；9 月 16 日—9 月 19 日为深孔爆破工艺实施阶段，无进尺；9 月 20 日—9 月 28 日为炮孔封孔段掘进阶段，平均日进尺 2.64 m；9 月 29 日—10 月 7 日为炮孔装药段掘进阶段，平均日进尺 3.46 m。可以看出，深孔爆破工艺实施后，巷道综掘进尺明显提高，掘进效率提升约 40%。

4.1.3　深孔液爆压裂技术提出

前述分析表明，采用水胶药柱开展大孔径深孔爆破作业，取得了较好的硬岩体积压裂效果。然而，药柱直径大，延米装药量相对较高，大角度人工装药效率较低，劳动强度大。此外，药柱和孔壁间被空气占据，空气介质压缩性强，炸药爆轰能量在缝内快速衰减，导致岩体裂缝未能充分扩展。液爆压裂技术采用液体炸药，具有流动性和较小的起爆临界直径，裂缝内液体炸药爆轰能量持续供给，缝内破岩载荷强度大、持续时间长，有利于岩体裂缝网络的充分扩展。同时，该技术有效解决了深孔爆破应力夹持及大角度深孔装药的难题。不同于一般爆破条件，液体炸药深孔爆破裂缝扩展原理如图 4-9 所示。

液体炸药起爆临界直径小，能够“钻入”裂缝内正常引爆。爆炸强动载直接作用于裂缝壁面，在裂缝尖端集中应力导向作用下，裂缝二次动态起裂、传播难度低，缝内过剩的高爆能容易激发裂缝的充分扩展，体积压裂效果显著。

综上所述，液体炸药具有优良的流动性和小临界直径起爆特点，在裂缝内仍可以正常引

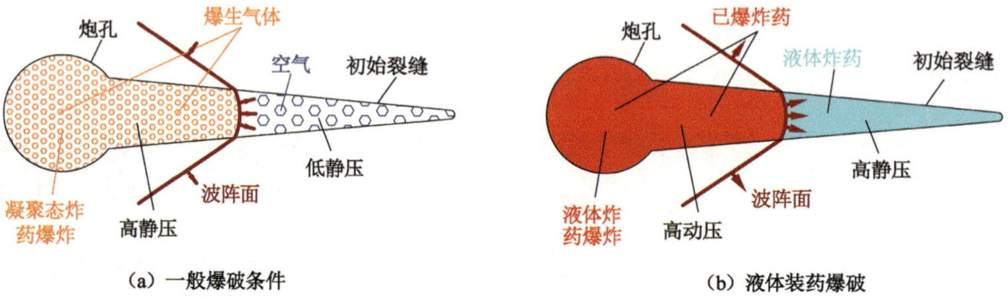

图 4-9　液爆压裂原理

爆。一方面，可以采用泵送方式进行装药，解决了大角度深孔装药工艺难题；另一方面，有利于岩体单孔内重复爆破作业，充分实现岩体工程体积压裂，从而扩大爆破缝网空间。

岩体深孔爆破孔内炸药爆炸瞬间能量密度大，载荷强度高，但强动载作用持续时间短，后期破岩动力不足，裂缝扩展长度有限，爆破裂缝网络空间较小。为此，提出了岩体单孔重复爆破技术，一方面可以实现真正的岩石体积压裂，另一方面可弥补深孔初次爆破缝网空间不足的缺陷，如图 4-10 所示。

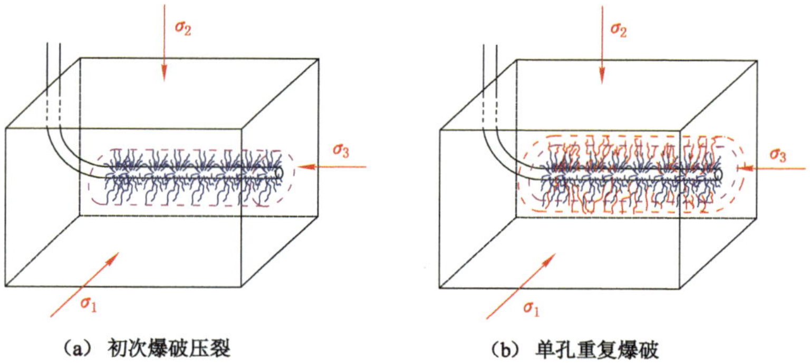

图 4-10　深孔爆破压裂技术

以煤矿地面深孔爆破为例，炸药类型具有宽泛的选择空间，是取得地面单孔重复爆破体积压裂效果的技术关键。考虑煤矿井下爆破安全需要，井工爆破作业必须采用煤矿安全炸药。地面深孔爆破则可采用但不限于煤矿许用炸药类型，尤其是在超前煤层推进方向上独立开展地面深孔爆破作业时，炸药选择可拓展至高威力炸药类型。覆岩地面深孔爆破压裂可选炸药类型如图 4-11 所示。

以上炸药类型均能实现深孔一次爆破压裂效果，但钻孔经初次爆破后，孔壁围岩变形破坏严重，在此基础上继续开展单孔重复爆破作业存在较大难度，固体炸药单孔内难以实施二次装药。为此，液体炸药能较好地解决大角度单孔重复爆破技术难题。液体炸药具有流动性和较小的起爆临界直径，孔内二次装药及其正常起爆所受限制较小；基于规模化岩体压裂缝网构建需要，液体炸药单孔内重复爆破体积压裂效果显著。

在覆岩地面深孔爆破压裂作业中，采取单孔内重复爆破方式能有效增加裂隙扩展长度，充分实现顶板预裂卸压效果。然而，在地面钻孔重复爆破过程中存在单一炮孔的反复封孔

(a) 煤矿乳化炸药　(b) 岩石硝铵炸药　(c) 石油射孔弹药　(d) 水胶液体炸药

图 4-11　地面深孔爆破炸药类型

问题，且由于二次爆破的需要，钻孔初次爆破不能采取永久性封孔方式。为此，针对煤层覆岩地面钻孔重复爆破场景，先后实施临时性封孔和永久性封孔工艺，如图 4-12 所示。

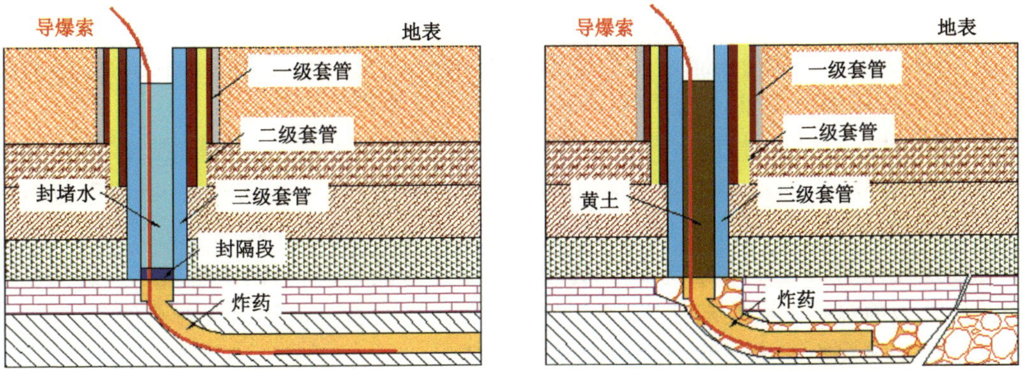

(a) 初次爆破临时封孔　(b) 二次爆破永久封孔

图 4-12　地面深孔爆破封孔工艺

地面钻孔深孔内自上而下装药，炸药密度大于 1.0 g/cm^3，高于清水密度。地面钻孔初次爆破可采用水封的方式进行临时封堵，待孔内装药完毕直接向炮孔内灌注清水。若使用水溶性炸药，还应辅以相应的局部封孔隔水措施，如在炮孔内灌水封堵前采用少量聚氨酯膨胀材料进行局部封堵。

地面炮孔初次起爆后，孔壁围岩裂隙发育，二次爆破难以再次实施清水封堵作业，可采用泥水浆液等高密度黏稠质材料替代。更为简便的方法是直接采用细粒黄土或黄沙作为炮孔永久性封孔材料，取材方便且成本低廉。

覆岩地面深孔爆破压裂，视远场覆岩致裂规模可分为垂直孔爆破压裂以及水平孔爆破压裂两种类型。在地面钻孔初次起爆情况下，不同爆破压裂类型下的炮孔剖面如图 4-13 所示。

在地面深孔重复爆破压裂作业中，炸药类型优选液体炸药。在此条件下的地面钻孔初次起爆流程如下：

① 地面钻孔施工完毕后，采用负重法向钻孔内投放导爆索，或采用钢丝绑缚导爆索一起投放。

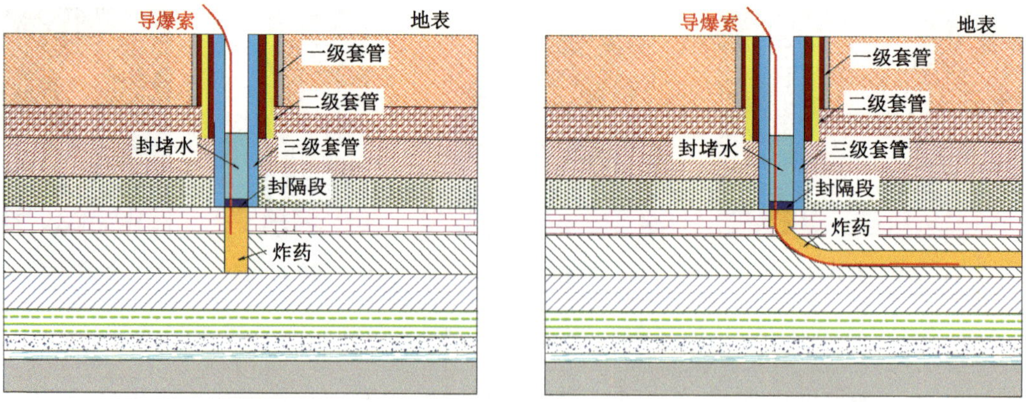

(a) 垂直孔装药　　(b) 水平孔装药

图 4-13　地面深孔初次爆破压裂

② 根据深孔爆破炸药用量以及孔壁完整性，在钻孔完整条件下，向钻孔内直接灌注液体炸药；若钻孔局部不完整，则采用塑料软管辅助装药方式。

③ 初次封孔采用水封方式，孔内炸药和水层界面布置隔水段。采用“投弹”的方式将具有 A、B 两种组分的隔水封堵材料投入孔内，封堵材料密度小于炸药密度，漂浮于液体炸药顶部，待材料膨胀凝固后注水封堵炮孔。待钻孔封孔完毕，再连线起爆。

地面超深孔初次起爆后，采用钢丝绑缚导爆索送入孔内，然后借助塑料软管进行二次灌注炸药。待地面深孔二次装药完毕，直接使用细粒黄土或黄沙进行永久封孔作业，最后连线起爆。地面钻孔二次起爆炮孔剖面如图 4-14 所示。

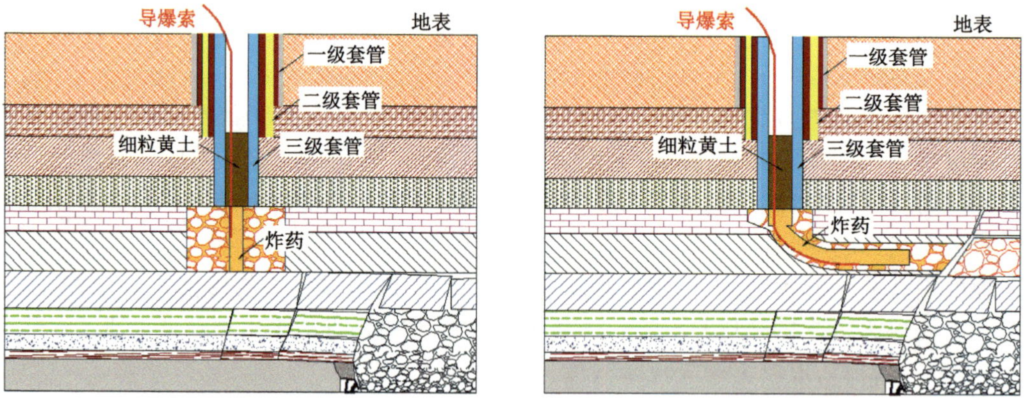

(a) 垂直孔装药　　(b) 水平孔装药

图 4-14　地面深孔二次爆破压裂

受初次爆破孔壁围岩裂缝影响，当炮孔内二次装药时，部分药液将进入孔缝内。由于液体炸药起爆临界直径小，不影响炸药的二次引爆。相反，药液在裂缝内直接起爆，更有利于裂缝的充分扩展。

煤矿井工液爆压裂工艺与地面实施工序不同，需先封孔，后注药，再起爆。具体内容将在后续章节中详细阐述，此处不再赘述。

4.2 单孔重复爆破起裂特征分析

在岩石爆破过程中，炸药起爆瞬间爆轰能量传播至孔壁围岩，激发形成冲击波。由于冲击波产生的压力远大于岩石的抗压强度，钻孔近区围岩发生粉碎性破坏；粉碎区的形成消耗了炸药大部分能量，冲击波衰减为应力波并继续向岩石深部传播，应力波产生的压力小于岩石抗压强度，岩石不再发生粉碎性破坏，但该应力仍大于岩石抗拉强度，岩石开始发生拉伸破坏形成径向裂纹；最后应力波衰减为弹性震动波，仅引发钻孔远端围岩的质点振动而不构成破坏。

在单孔重复爆破条件下，炸药在孔内初次起爆后形成既定粉碎区及径向裂纹，随后继续装药起爆。液体炸药爆轰引发的冲击波二次冲击孔壁围岩，对受到初次爆破损伤的围岩进行二次压裂，使得原有裂缝进一步张开与扩展。炮孔内炸药起爆的破岩机理已见诸于爆炸力学著作，液体炸药初次起爆破岩机理与常规爆破相似，因此，此处不再重复介绍液爆压裂的初次起爆破岩机理，重点介绍单孔重复爆破裂缝扩展特征。

4.2.1 柱状装药重复爆破起裂特征

岩石初次爆破时，应力波的动载作用和爆生气体的准静载作用对岩石的破坏是一个连续损伤的过程。应力波在距爆源较远的位置已不足以使岩石发生破坏，但在二次重复爆破加载作用下，岩体内部存在的微裂隙及初次爆破产生的裂纹会进一步延伸，破坏岩体的完整性，降低其力学性能及强度。二次爆破在初次爆破裂纹存在的前提下发生作用，过程复杂，难以用解析解表述。因此，采用数值软件对岩石二次爆破损伤破坏情况展开分析。

LS-DYNA 是一款功能齐全的几何非线性、材料非线性有限元数值模拟软件。它以拉格朗日(Lagrange)算法为主，兼以欧拉(Euler)算法及 ALE(多物质材料)算法；以非线性动力分析为主，兼有动力分析功能，可以模拟炸药爆破过程中应力波的传播、爆生气体的膨胀以及与围岩的相互作用。

LS-DYNA 求解功能强大，但前后处理功能适配性有限，需配合其他软件进行求解。因此，选取 ABQUS、Altair HyperMesh 软件作为数值模拟前处理工具。数值模拟流程如图 4-15 所示。

本书模拟涉及的材料主要有岩石、炸药、空气及炮孔堵塞材料。岩石采用 Lagrange 算法，炸药及空气采用 ALE 算法，利用关键字 * CONSTRAINED_LAGRANGE_IN_SOLID 进行流固耦合计算。

ALE 算法最初用于数值模拟流体动力学问题的有限差分方法中，如图 4-16 所示。该算法兼具 Lagrange 算法和 Euler 算法的优点，能够有效跟踪物质结构边界的运动。在内部网格的划分上，网格单元独立于物质实体，非常适合分析大变形问题。

(1) 岩石材料

爆轰波及爆生气体的双重作用会引起岩石高应变率反应，合理选取岩石材料能较好地反映爆破裂纹扩展规律。目前常用的材料模型为 RHT 模型和 HJC 模型，HJC 模型可以较好地体现岩石材料大变形的特征，但仅能描述材料的压破坏，需要添加失效单元的关键字才

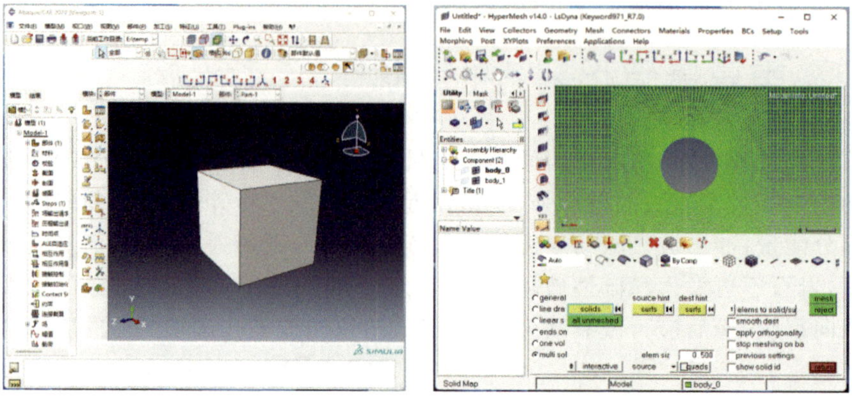

(a) 建模　　　　(b) 划分网格

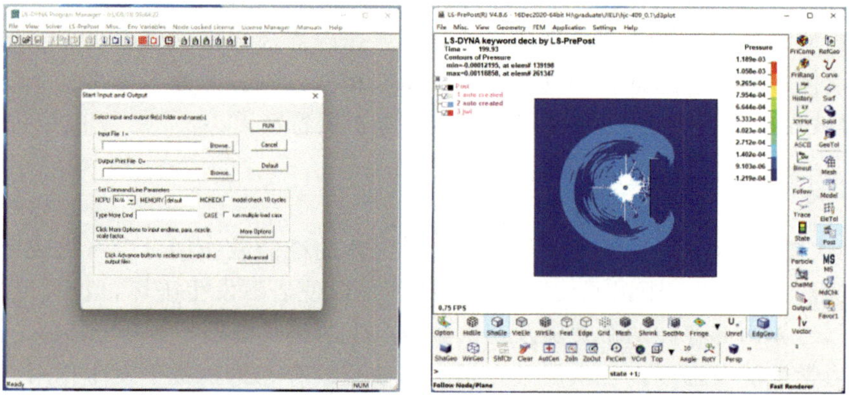

(c) 求解　　　　(d) 后处理

图 4-15　数值模拟流程

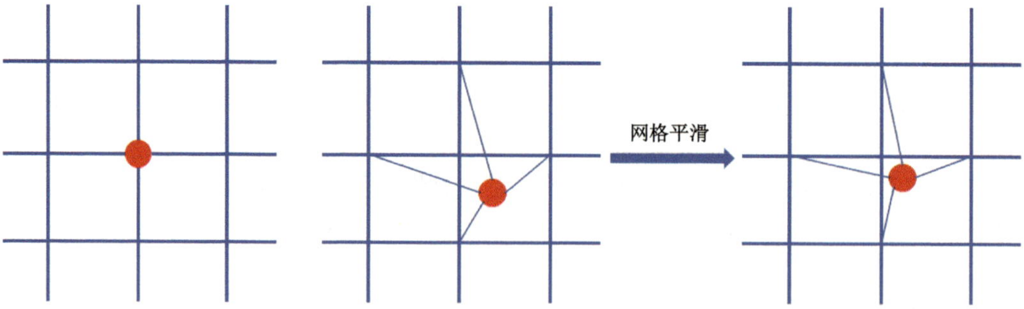

(a) t=0　　　　(b) $t=\Delta t$　　　　(c) $t>\Delta t$

图 4-16　ALE 算法示意

能反映岩石的拉破坏。RHT 模型则可以综合反映岩石材料的压缩和拉伸破坏、应变率效应、应变硬化和应力软化等现象，能够更全面地反映脆性材料在不同应力状态下的动态力学行为，适合岩石爆破模拟等非线性动力冲击及大变形问题。在数值计算前，采用单轴压缩试验机对岩石材料进行测定(图 4-17),确定岩石应力位移关系,为 RHT 模型参数标定提供依据,见表 4-2。

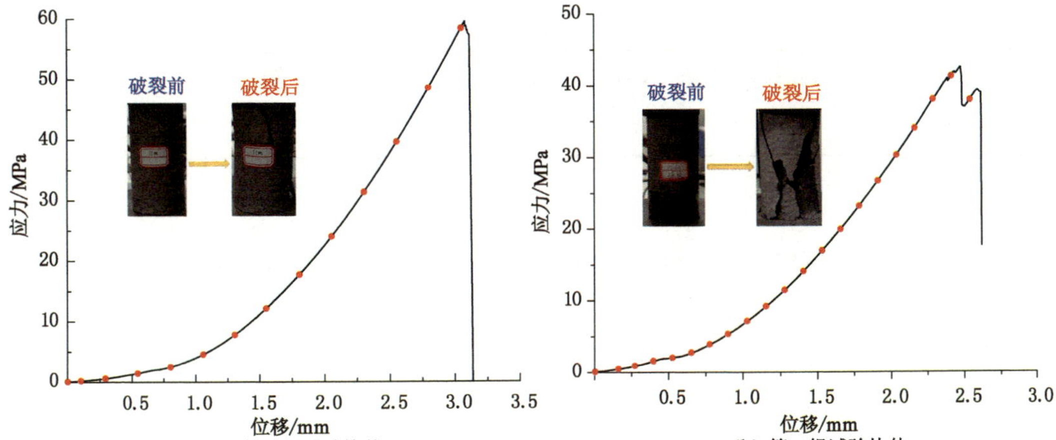

(a) 第一组试验块体　(b) 第二组试验块体

图 4-17　岩石应力位移曲线

表 4-2　RHT 模型材料参数

符号	值	符号	值
ρ/(kg/m^3)	2 660.00	EPSF	2.00
K/GPa	17.00	A_1/GPa	43.87
B_0	1.22	A_2/GPa	49.40
B_1	1.00	A_3/GPa	11.62
T_1/GPa	43.87	A	2.50
T_2/GPa	0	N	0.85

(2) 炸药材料

LS-DYNA 能体现炸药爆炸过程中的物质转化特征,可实现爆破应力波及爆生气体的耦合作用。模拟采用软件自带的高性能炸药模型 * MAT-HIGH-EXPLOSIVE-BURN,关键字所需的主要参数(如炸药密度、爆速及爆压等)由试验测得。与炸药关键字相适配的状态方程采用 JWL 方程来表述:

$$P_{爆} = A\left(1-\frac{\omega}{R_1V}\right)\frac{1}{e^{R_1V}} + B\left(1-\frac{\omega}{R_2V}\right)\frac{1}{e^{R_2V}} + \frac{\omega E_0}{V} \tag{4-1}$$

式中　$P_{爆}$——爆轰压力;

V——相对体积(相对体积=当前体积/初始体积);

E_0——单元体积比内能;

ω、A、B、R_1、R_2——材料常数。

等式右边第一项表示炸药在高压力范围内的状态；第二、三项分别表示炸药在中、低压力下的状态。第三项可视为爆炸后期爆生气体准静态作用过程。炸药参数取值见表 4-3。

表 4-3　炸药材料参数

ρ/(kg/m³)	爆速/(m/s)	爆压/GPa	A/GPa	B/GPa	R_1	R_2	ω	E_0/Pa
1 180	5 122	9.53	276.2	8.44	5.2	2.1	0.5	3.87

(3) 空气材料

空气采用软件自带的 9 号材料，结合非线性状态方程 EOS_LINEAR_PLYNOMIAL 定义：

$$P = C_0 + C_1\mu + C_2\mu^2 + C_3\mu^3 + (C_4 + C_5\mu + C_6\mu^2)E \tag{4-2}$$

$$\mu = \frac{\rho}{\rho_0} - 1 \tag{4-3}$$

式中　$C_0 \sim C_6$——多项式方程系数；

E——内能参数；

ρ——参考密度，即空气密度；

ρ_0——气流密度。

空气及其状态方程参数如表 4-4 所示。

表 4-4　空气及其状态方程参数

ρ/(kg/m³)	C_0	C_1	C_2	C_3	C_4	C_5	C_6	E/Pa
1.293	0	0	0	0	0.4	0.4	0	2.5×10^{-6}

(4) 堵塞材料

炮孔堵塞材料采用软件材料库 5 号材料 * MAT-SOIL-AND-FOAM 定义，用于表示土、混凝土或可破碎的泡沫。堵塞材料参数见表 4-5。

表 4-5　堵塞材料参数

RO	G	BULK	A_0	A_1	A_2	PC
1.8	63.85	3 000.00	3.40	7.03	0.30	−6.90
EPS1	EPS2	EPS3	EPS4	EPS5	EPS6	EPS7
0	−0.104	−0.161	−0.192	−0.224	−0.246	−0.271
EPS8	EPS9	EPS10	P_1	P_2	P_3	P_4
−0.283	−0.290	−0.400	0	20.000	40.000	60.000
P_5	P_6	P_7	P_8	P_9	P_{10}	
120	200	400	600	800	4 100	

为了模拟钻孔爆破，可以在钻孔表面的单元集合施加径向应力波，应力波的振幅和持续时间由炸药的内能和钻孔大小、几何形状确定。为了表示较大范围内的孔壁压力，使用以下脉冲函数的一般形式：

$$P' = P_0'[e^{-\alpha' t} - e^{-\beta t}] \tag{4-4}$$

式中 P'——t 时刻的炸药压力；

P_0'——峰值压力；

α'、β'——常数。

假设爆破作用下围岩强度峰值为 300 MPa，作用时间为 10 μs，利用 Origin 进行应力加载的反演，如图 4-18 所示。

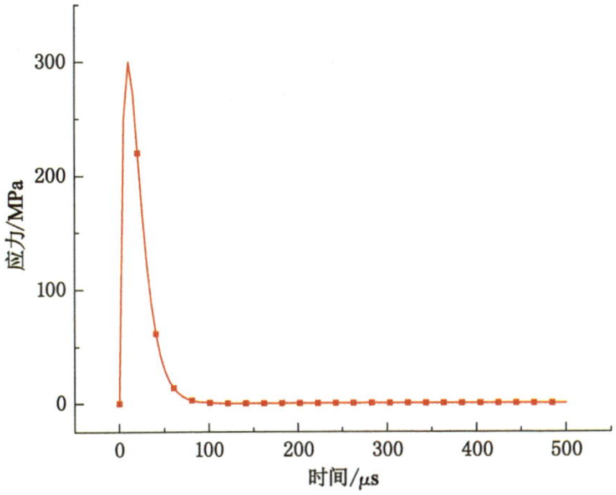

图 4-18 爆破应力加载形式

较高的应变率加载会产生较大范围的孔壁围岩破碎，小尺寸裂纹数量较多；较低的应变率加载通常对应产生较小范围的孔壁围岩破碎，孔壁径向裂缝数量较少，但裂缝扩展长度通常较大。

爆炸应力波破岩作用完成后，考虑爆生气体的静态加载，在炮孔壁上进一步施加爆生气体压力 P_g，载荷采用 Weibull 函数表达：

$$P_g(u) = P_{g0}\frac{m}{u_0}\left(\frac{u}{u_0}\right)^{m-1}\exp\left[-\left(\frac{u}{u_0}\right)^m\right] \tag{4-5}$$

式中 u——爆生气体压力加载时间步表达式；

P_g——爆生气体作用压力；

m——形状参数，一般为 1.5；

u_0、P_{g0}——常数，u_0 为 100，P_{g0} 为 47 000 MPa。

根据式(4-5)，得到爆生气体应力加载曲线，如图 4-19 所示。

重启动意味着执行一个新的分析，它是前一个分析的继续。重启动可以从前一个分析结束开始，也可以从前一个分析的中断开始。二次爆破模拟基于初次爆破数据，首先需要重新定义一个炸药模型并更改与炸药相关的定义，同时延长计算终止时间。二次爆破的核心定义是通过关键字 * STRESS-INITIALIZATION 继承初次爆破对岩石模型形成的损伤及应力值。具体操作流程如图 4-20 所示。

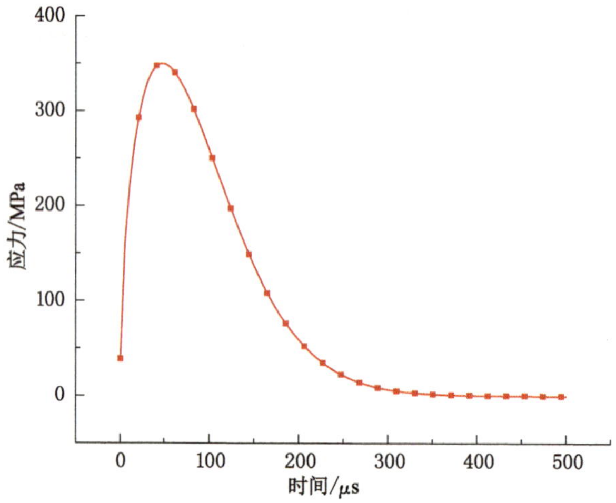

图 4-19　爆生气体应力加载曲线

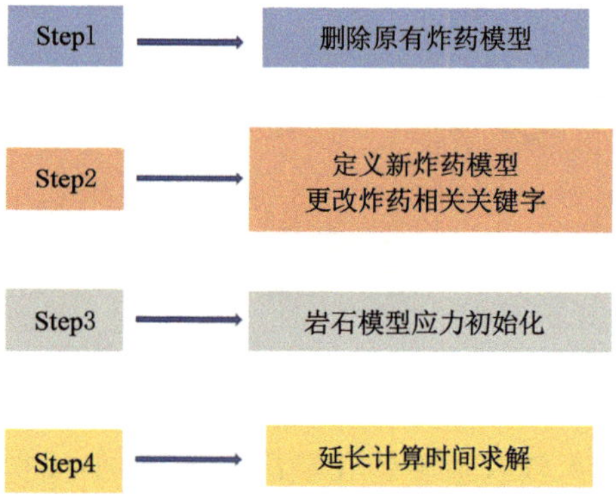

图 4-20　完全重启动流程

为便于观察模型内部变化情况及节省计算资源，建立尺寸为 2.0 m×2.0 m×2.0 m 的模型，炮孔深度为 50 cm，炮孔直径为 6 cm，炮孔堵塞和装药长度分别为 38 cm、12 cm，炮孔堵塞和炸药均采用初始体积分数法定义。得到试块初次爆破条件下各时刻的有效应力分布，如图 4-21 所示。

为方便观察模型内部应力分布情况，将计算结果设置为全模型的 1/2 状态。由图 4-21 可以看出，当初次爆破起爆 50 μs 时，有效应力呈球形扩展，有效应力峰值为 785.2 MPa，主要分布在装药位置；当初次爆破起爆 100 μs 时，应力分布范围持续扩大，但有效应力峰值降至 534.9 MPa；当初次爆破起爆 150 μs 时，有效应力传播至模型外表面，有效应力峰值降至 415.5 MPa，受堵塞材料影响，靠近堵塞物的有效应力分布形态呈碗形。

同理，得到试块二次起爆条件下的各时刻应力分布情况，如图 4-22 所示。

在初次爆破条件下，试块孔壁围岩受损，二次爆破时有效应力呈现不均匀向外扩展形态。当二次爆破起爆 50 μs 时，应力扩散范围大，药卷位置上方有局部应力产生，有效应力峰值为 715.5 MPa，相较初次爆破应力峰值降低 8.9%；当二次爆破起爆 100 μs 时，

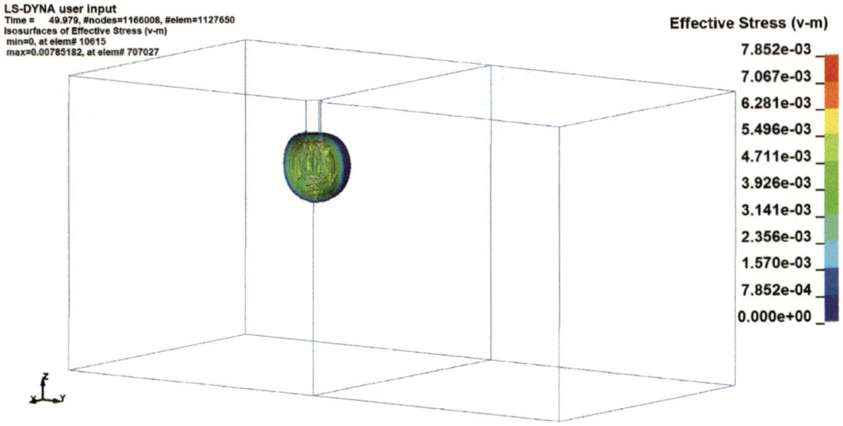

(a) 起爆50 μs

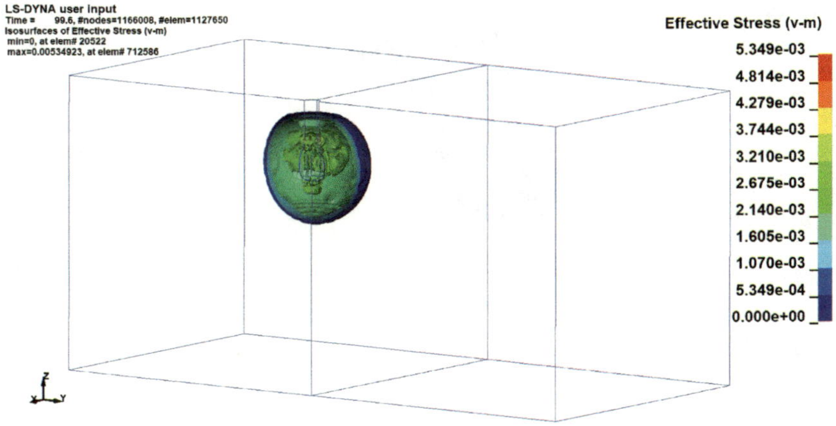

(b) 起爆100 μs

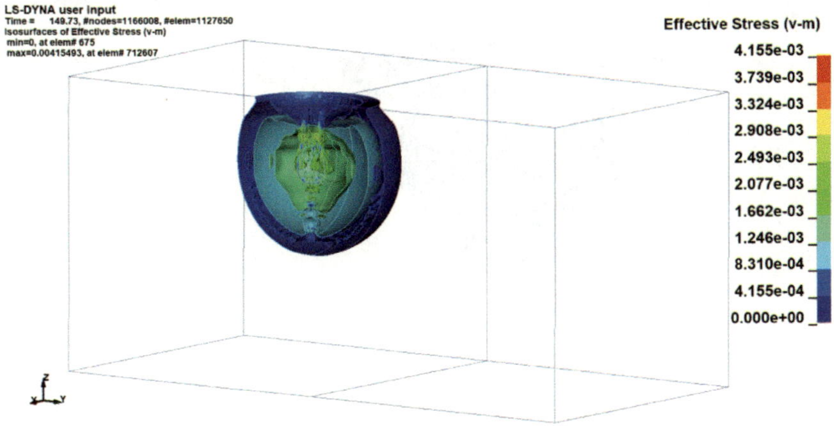

(c) 起爆150 μs

图 4-21　初次爆破不同时刻应力云图

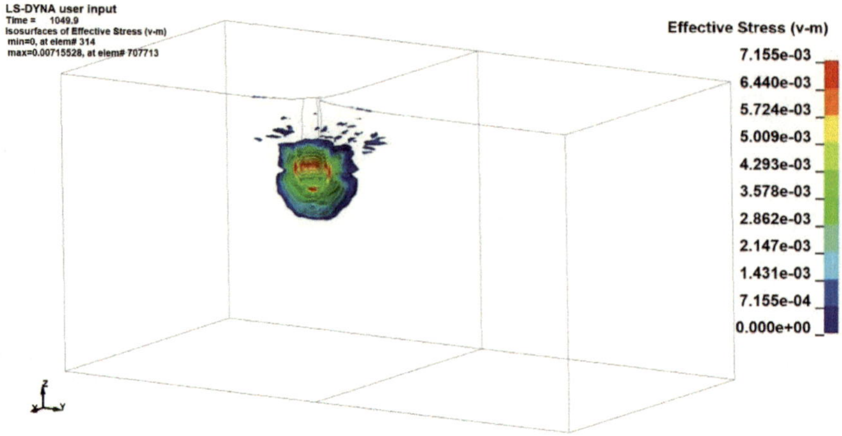

(a) 起爆50 μs

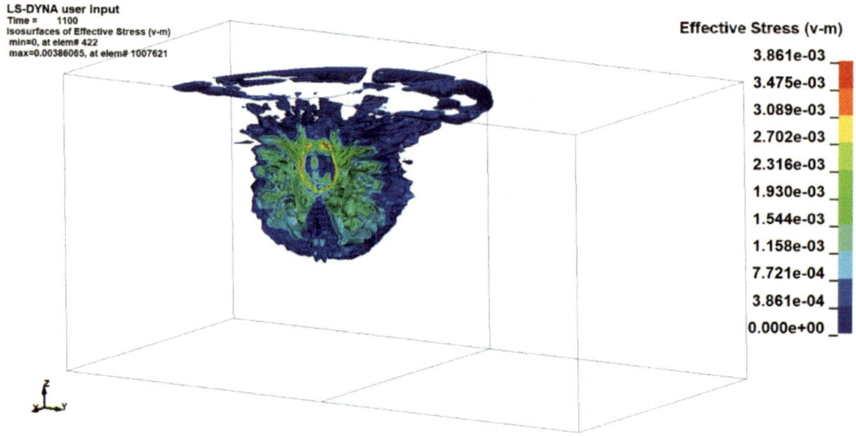

(b) 起爆100 μs

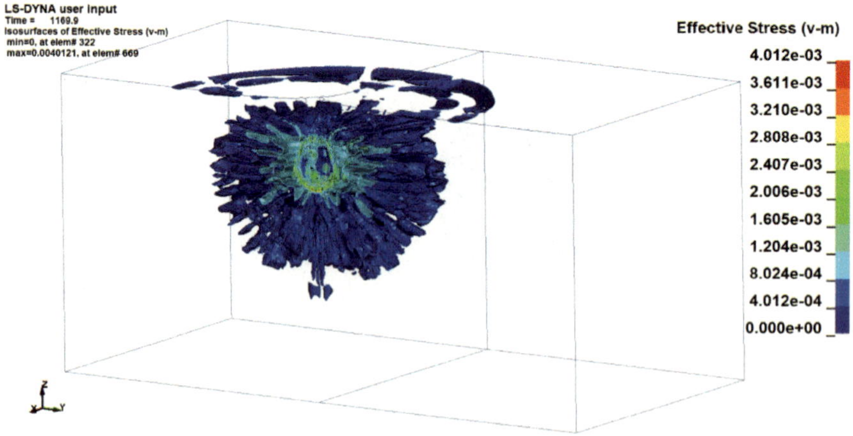

(c) 起爆150 μs

图 4-22　二次爆破不同时刻应力云图

应力已传播至模型外表面，有效应力峰值为 386.1 MPa，相较初次爆破情况降低 27.8%；当二次爆破起爆 150 μs 时，应力继续向外传播，有效应力峰值为 401.2 MPa，相较初次爆破时降低 3.4%。

为量化分析试块二次爆破应力演化规律，对炮孔周围不同深度的岩体进行了划分，如图 4-23(a)所示。将装药部分所在层位称为下部，炮孔堵塞层位均匀划分为上部和中部，分别在各部位布设测点 A、B 和 C，三个测点距离炮孔中心 20 cm，且位于三层岩体的中间位置。

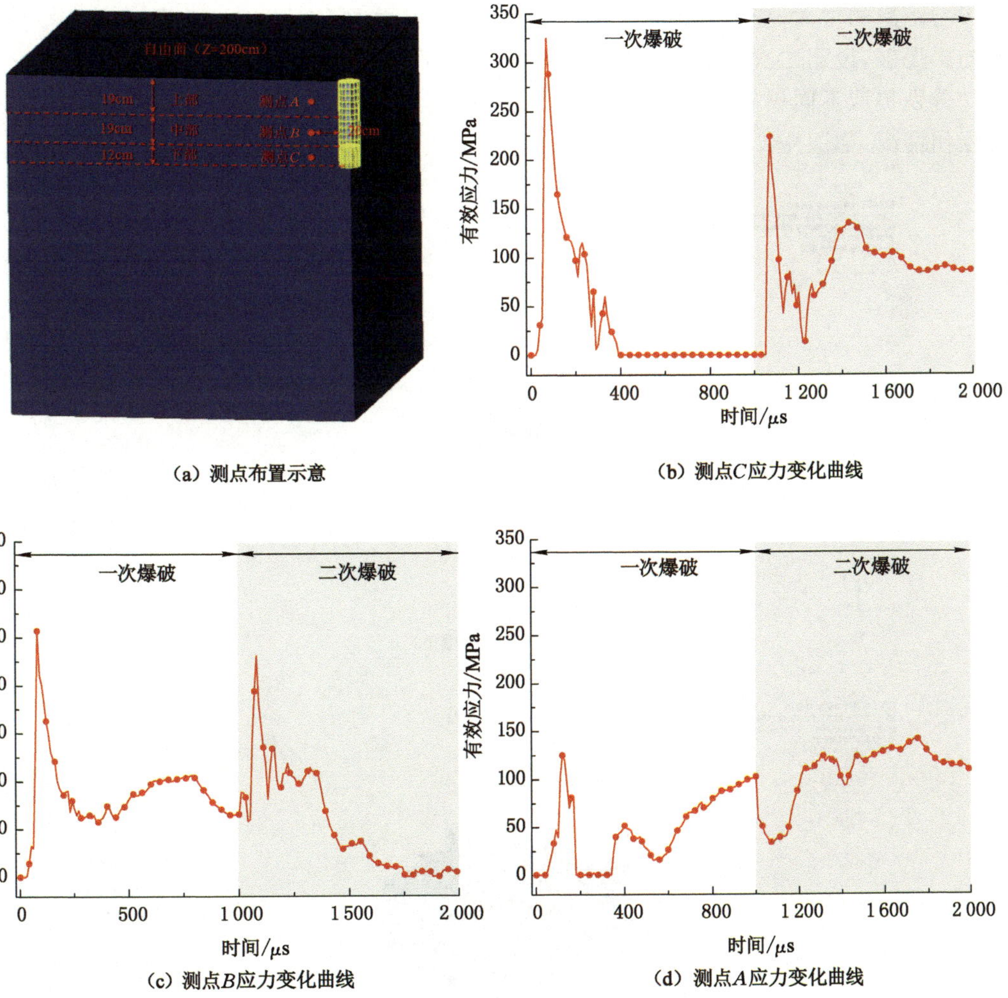

图 4-23　应力测点布置及时程曲线

图 4-23(b)为测点 C 处应力变化曲线，起爆瞬间应力达到峰值 325 MPa，随后迅速降至 0。该测点经二次爆破作用后应力峰值为 225 MPa，较初次爆破降低 30.8%，且二次爆破应力曲线较为曲折，主要原因是初次爆破对该测点单元附近岩石产生破坏，二次爆破作用时在附近发生的反射现象增多。

图 4-23(c)为测点 B 处应力变化曲线，初次爆破应力峰值为 260 MPa。由于测点 B 距炸药位置较远，初次爆破作用后期有效应力并未降至 0。二次爆破应力峰值约为 230 MPa，较初次爆破降低 11.5%，爆破作用后期有效应力降至 0。

图 4-23(d)为测点 A 处应力变化曲线，该测点距炸药位置远，初次爆破应力峰值仅为 125 MPa，这是因为炸药集中于模型下部，应力优先作用于下部岩体，测点 A 处岩石单元主要承受应力振动作用。二次爆破时有效应力先降低后升高，在 1 750 μs 时应力峰值为 140 MPa，较初次爆破提高 12%。

根据上述分析可知，当距装药位置较近时，二次爆破应力峰值较初次爆破有所降低，随距爆心距离的增大，应力峰值差距减小；而在距装药位置较远时，二次爆破应力峰值反而大于初次爆破，说明二次爆破对距离炮孔中心较远的位置有影响。

分别提取不同爆破次数条件下的试块损伤云图，分析初次爆破和二次爆破情况下的围岩损伤情况，如图 4-24 和图 4-25 所示。

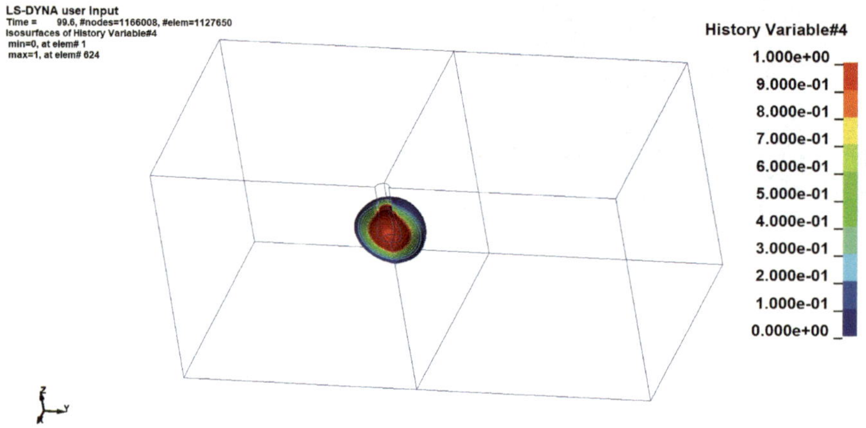

(a) 起爆100 μs

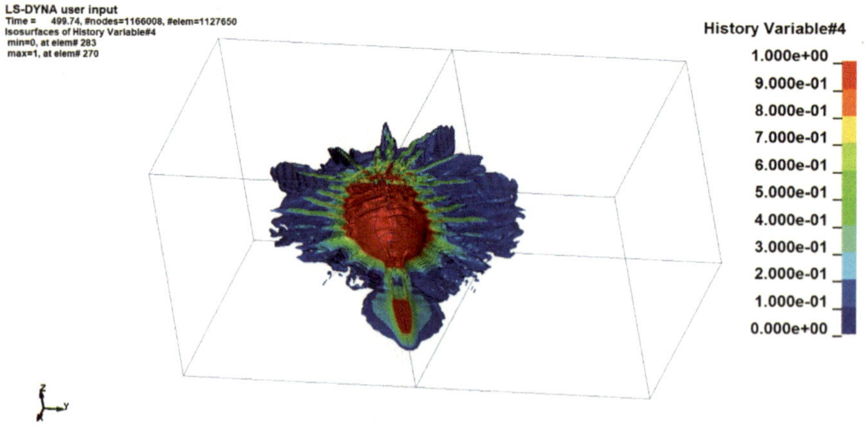

(b) 起爆500 μs

图 4-24　初次爆破不同时刻损伤云图

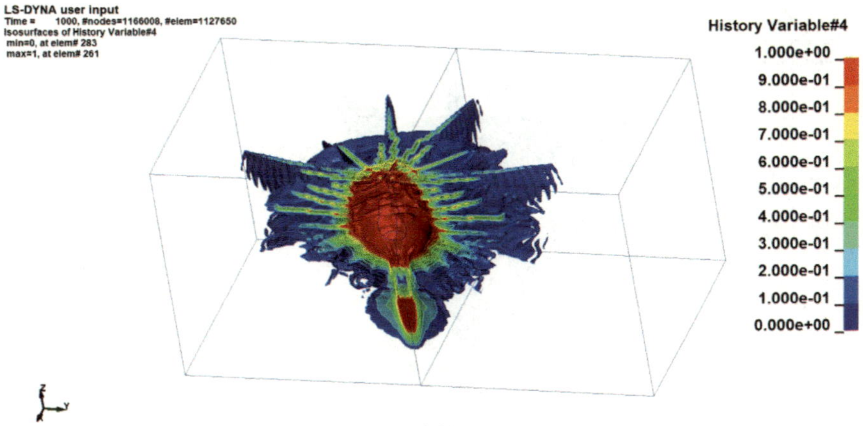

(c) 起爆1 000 μs

图 4-24(续)

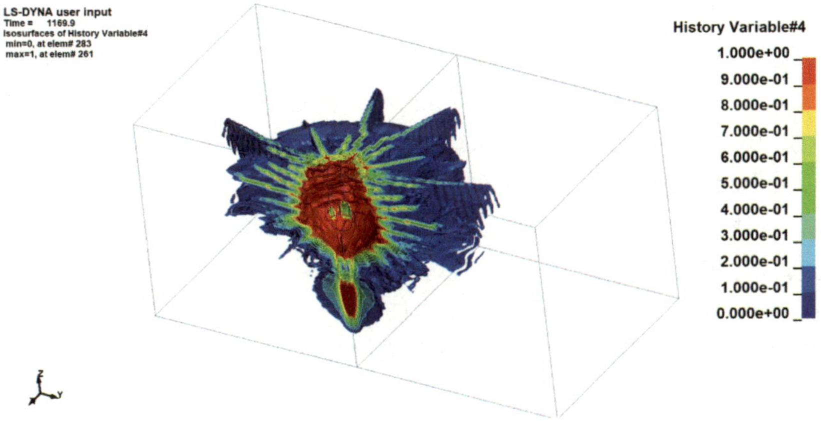

(a) 二次起爆1 100 μs

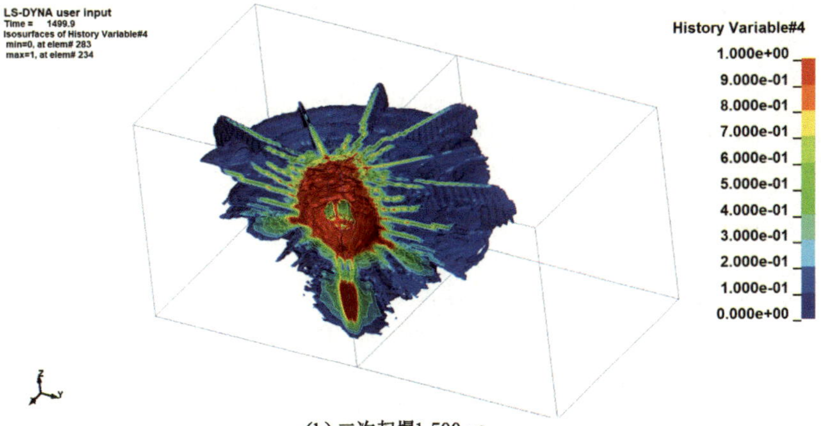

(b) 二次起爆1 500 μs

图 4-25　二次爆破不同时刻损伤云图

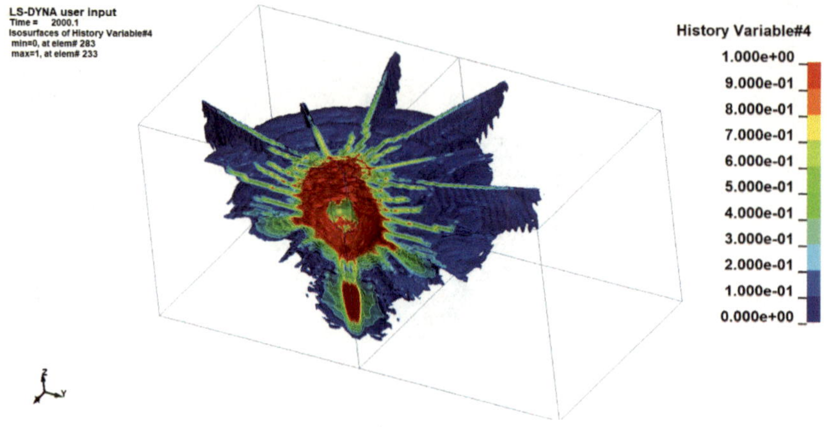

(c) 二次起爆11 000 μs

图 4-25(续)

为方便观察围岩损伤情况，将模型设置为 1/2 状态。图 4-24 和图 4-25 中的红色部分为粉碎区（损伤系数为 1 表示完全损伤），绿色部分为裂隙区，淡蓝色部分为弹性震动区（损伤系数接近 0）。在试块孔内初次爆破情况下，孔内炸药起爆 100 μs 后，装药位置附近的岩体形成了粉碎区，状如水壶；当炸药起爆 500 μs 后，粉碎区范围扩大，炮孔正下方出现部分粉碎区，裂隙呈条带状向外延伸扩展；当起爆 1 000 μs 后，计算结束，损伤区范围扩大，裂隙条带发育明显。试块二次爆破在初次爆破的基础上进行，试块孔内二次起爆 100 μs 后，围岩损伤状态与初次起爆结束时基本一致；二次起爆 500 μs 后，围岩受损区域持续扩大，裂隙向外延伸；二次起爆 1 000 μs 后，爆破裂纹停止扩展，围岩受损区达到模型边缘。

同理，在此条件下得到距炮孔中心不同距离时监测点单元损伤曲线，如图 4-26 所示。

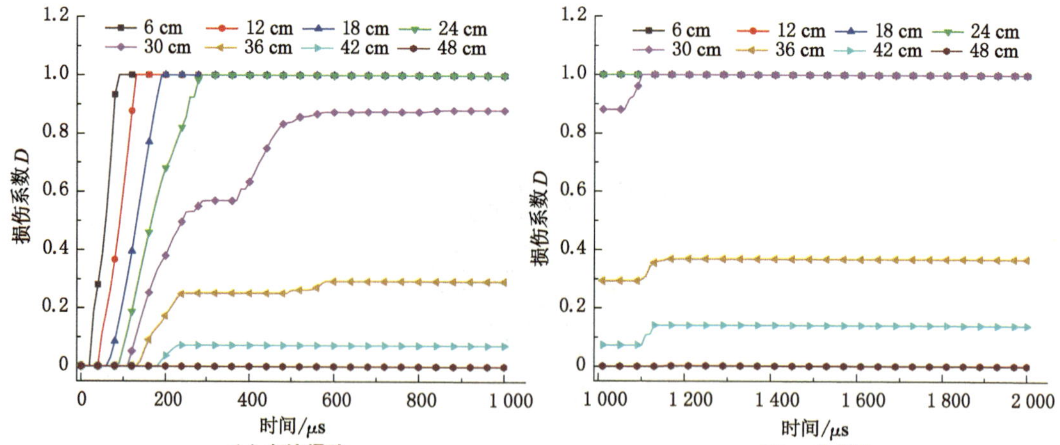

(a) 初次爆破　　(b) 二次爆破

图 4-26　距炮孔中心不同距离时监测点单元损伤曲线

由图 4-26(a)可以看出，距炮孔中心 24 cm 范围内，测点单元在不同时刻的损伤系数均可达到1，表明岩体完全粉碎；距炮孔中心30 cm位置，测点单元损伤系数为0.9；距炮孔中心36 cm位置，测点单元损伤系数为0.3；距炮孔中心42 cm位置，测点单元损伤系数为0.18；距炮孔中心48 cm位置，测点单元损伤系数为0，岩体未发生破坏。

由图4-26(b)可以看出，二次爆破作用后，孔壁围岩24 cm范围内的岩体损伤系数未发生变化；距炮孔中心30 cm处的测点单元损伤系数提高至1，该范围内的岩石发生粉碎性破坏；距炮孔中心36 cm、42 cm位置测点单元损伤系数均提高0.1；距炮孔中心48 cm位置的测点单元损伤系数仍未变化。

沿z轴方向，截取200 cm坐标位置（与堵塞材料相邻的外表面）的试块截面，分析不同爆破次数条件下的孔壁围岩裂缝扩展效果，如图4-27所示。

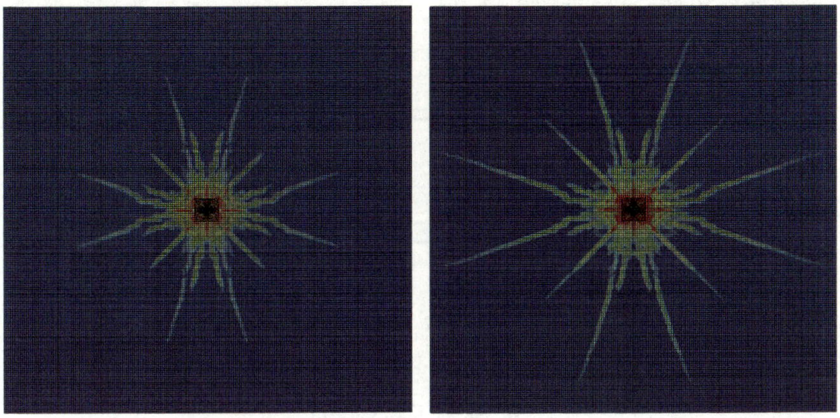

(a) 初次爆破　　(b) 二次爆破

图4-27　试块截面裂纹扩展情况

由图4-27可以看出，试块二次爆破条件下的裂纹扩展长度明显增加，裂隙延伸至模型边缘，二次爆破增裂效果显著。为定量分析不同爆破次数条件下的裂纹扩展效果，绘制不同时刻的裂纹长度变化情况，如图4-28所示。

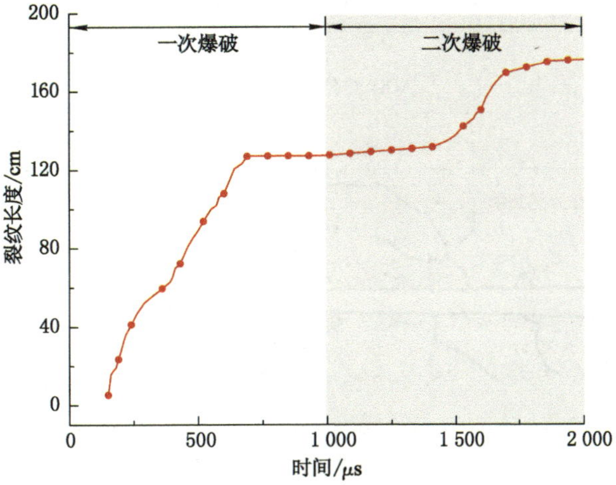

图4-28　裂纹扩展长度变化情况

由图4-28可知，试块孔内初次起爆700 μs后，裂纹扩展停止，裂纹最终扩展长度为130 cm；在试块二次起爆400 μs内，应力波尚未传播至初始裂纹位置，孔壁围岩裂纹扩展增速缓慢，但初始裂纹近区围岩损伤系数升高；在试块二次起爆400 μs后，裂纹迅速扩展；在试块二次起爆900 μs后，裂纹扩展速度减缓，最终扩展长度为180 cm。由此可知，模拟得到的试块孔内二次爆破形成的裂纹长度较初次爆破条件下提高了38.5%。

4.2.2 液体炸药重复爆破起裂特征

液体炸药重复爆破是在初次爆破形成缝网的基础上，将液体炸药泵注至孔缝内，依靠二次起爆时的爆轰波及高温高压气体作用继续“撕裂”岩体。在初次爆生裂缝的基础上，二次爆破裂缝更容易起裂扩展，裂缝延展范围更广，硬岩体积压裂效果更显著。液体炸药重复爆破增裂过程，如图4-29所示。

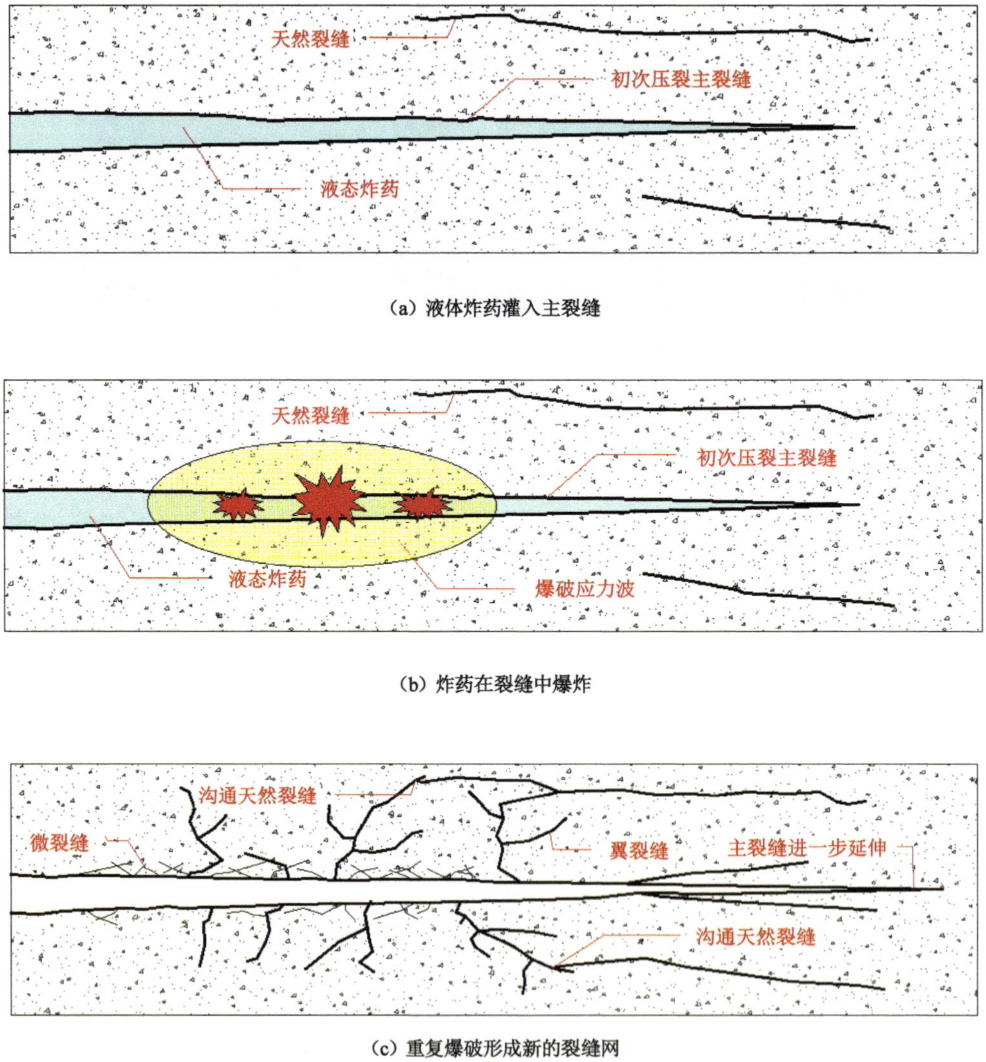

图4-29 液体炸药重复爆破增裂过程

以液体炸药在孔内的二次爆破条件为例，液体炸药二次爆破裂纹扩展条件复杂，难以通过理论分析得到解析表达。因此，本节采用 LS-DYNA 数值计算方法，探索液体炸药二次爆破作用下的裂纹扩展特征。建立模型尺寸为 1.5 m×1.5 m，在模型右侧中部开挖缝宽为 5 mm、缝长为 500 mm 的主裂缝，模型四周采用无反射边界条件，如图 4-30 所示。

(a) 模型示意图

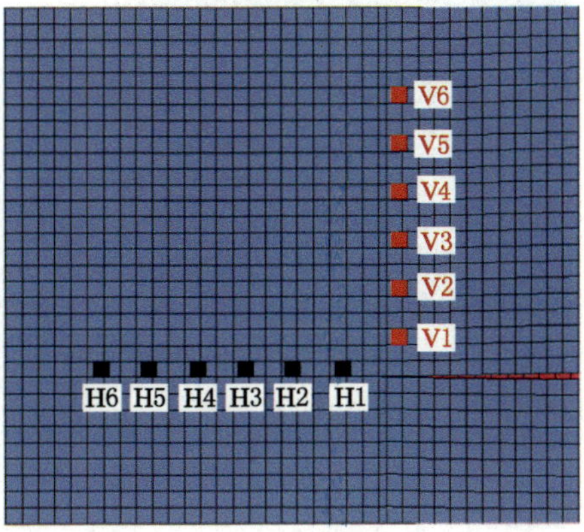

(b) 测点布置图

图 4-30　液体炸药计算模型

液体炸药在裂缝内起爆，爆轰波直接作用于裂缝壁面围岩形成应力波。当起爆 50 μs 时，在裂缝端部形成“V”字形损伤区；在起爆 65 μs 后，应力波传播至裂缝尖端处，产生损伤，形成类似锥体的损伤区；当起爆 85 μs 时，岩体裂隙进一步扩大，在裂缝尖端处形成粉碎性破坏区；在起爆 170 μs 后，损伤区扩展至模型边缘，裂缝尖端区域形成粉碎性损伤；在起爆 200 μs 后，裂纹停止扩展，最终形成以裂缝为中心的发散损伤区。液体炸药在裂缝内起爆后的围岩损伤情况，如图 4-31 所示。

由图 4-31 可以看出，在初次爆破基础上，液体炸药孔缝内二次爆破致裂效果更显著，围岩损伤区域明显扩大，有利于岩石体积压裂缝网的形成。为明确液体炸药二次爆破过程中应力波的传播规律，模拟得到试块二次爆破条件下不同时刻的围岩应力分布情况，如图 4-32 所示。

液体炸药在主裂缝内起爆，起爆点设置于模型右端面中心位置。在炸药起爆 10 μs 后，应力波沿着主裂缝方向传播，在裂缝壁面围岩中产生应力集中现象；当起爆 25 μs 时，形成了以主裂缝为中心点，连接裂缝两侧点的“V”字形应力集中区；在起爆 60 μs 后，应力波传播至裂缝尖端位置并产生应力集中；伴随爆破反应的进行，应力波继续向岩体深处传播，导致主裂缝扩展方向出现明显的应力集中现象，直至炸药起爆 125 μs 后，裂缝壁面围岩应力集中现象开始减弱。

为定量分析模型中的应力演化规律，在模型上布置测点，如图 4-30 所示。得到模型试块水平方向上测点的应力分布规律，如图 4-33(a)所示。随着测点距主裂缝距离的增加，测点的应力峰值逐渐降低。

同理，得到模型试块竖直方向上测点的应力分布规律，如图 4-33(b)所示。随着测点距主裂缝距离的增加，测点的应力峰值逐渐降低，但应力峰值出现的时间基本一致。不同方向上各测点的应力峰值，见表 4-6。通过对比分析可以看出，水平方向上测点的应力峰值均高于竖直

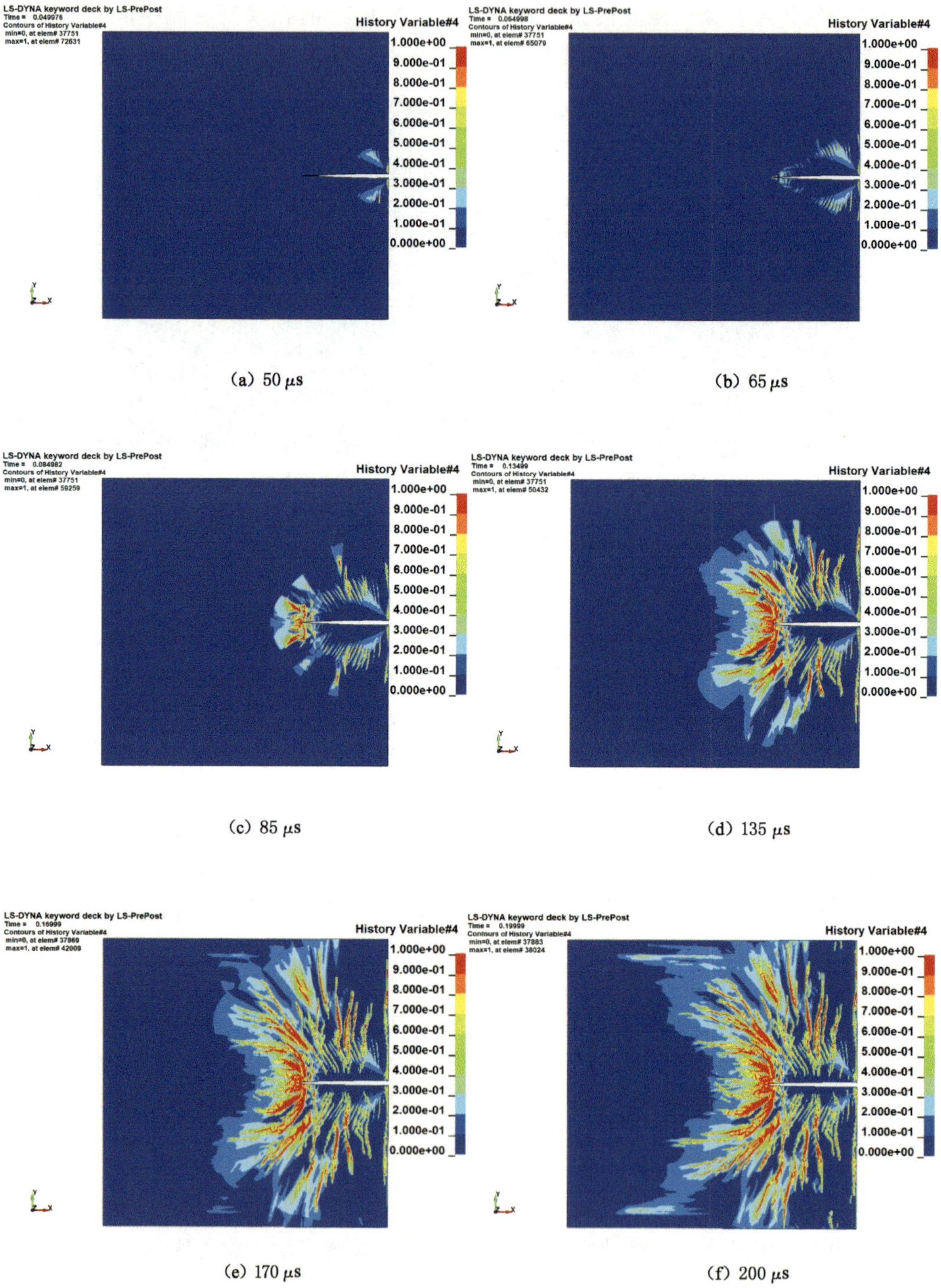

图 4-31　缝内起爆损伤云图

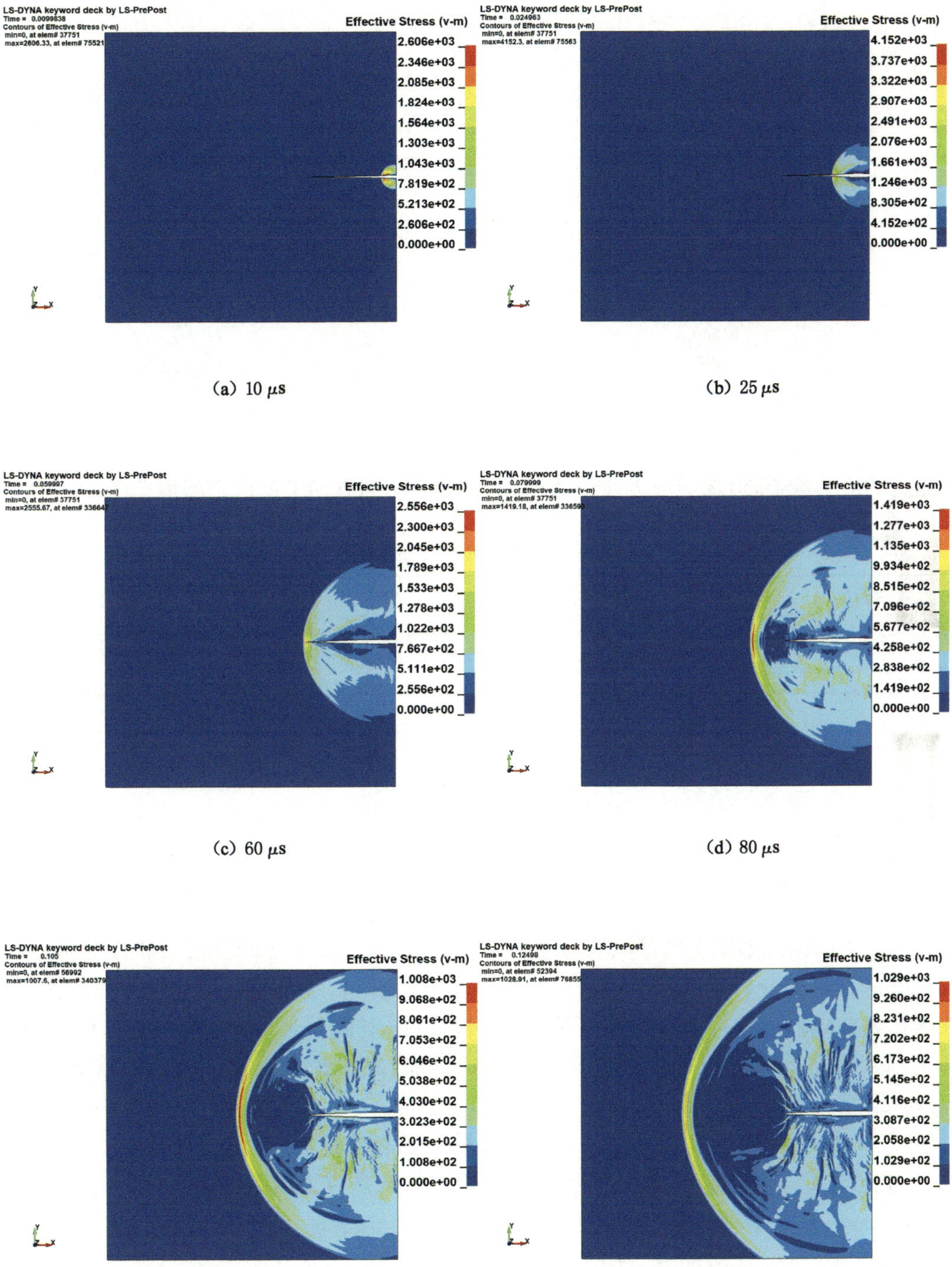

(a) 10 μs (b) 25 μs

(c) 60 μs (d) 80 μs

(e) 100 μs (f) 125 μs

图 4-32 缝内二次起爆条件下的围岩应力分布

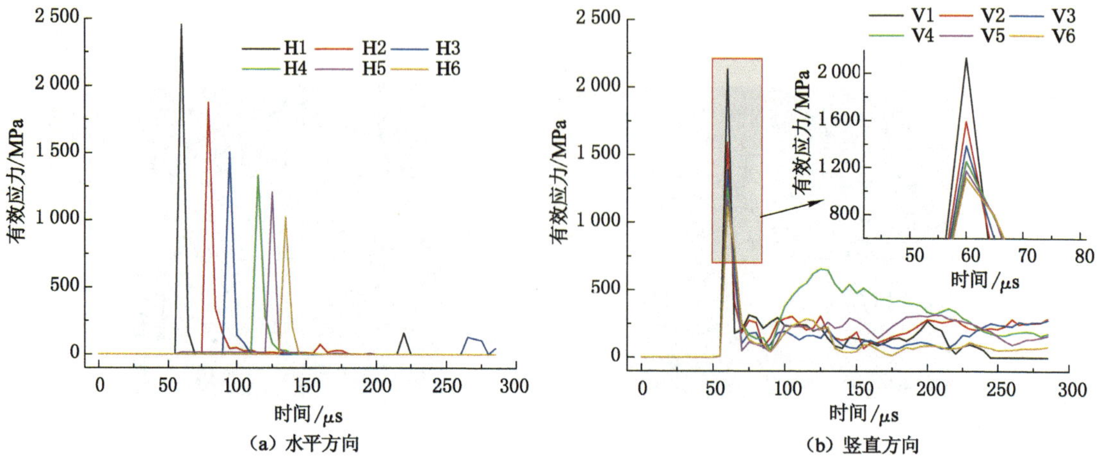

图 4-33 有效应力时程曲线

方向测点的应力峰值,但随着应力波传播距离的增大,不同方向上的应力峰值差距逐渐减小。

表 4-6 不同方向测点应力峰值

测点	1	2	3	4	5	6
水平方向应力峰值/MPa	2 455	1 872	1 506	1 332	1 206	1 017
竖直方向应力峰值/MPa	2 130	1 591	1 387	1 252	1 170	1 012

4.3 试块重复爆破的围压及节理效应

4.3.1 围压对爆破裂缝扩展的影响

为揭示不同侧压系数下模型试块的爆生裂纹扩展规律,采用非线性动力软件对岩石爆破裂纹扩展进行数值分析。假定模拟试块为同一均质性材料,考虑药柱轴向装药爆破特征,将药柱深孔轴向爆破三维问题简化成平面应变问题。模型截面是尺寸为 3 m×3 m 的方形,如图 4-34 所示。将炮孔直径设置为 80 mm,在模型边界水平和垂直方向分别施加压力 P_x 和 P_y,共设置 5 种围压工况。

① 工况 1:$P_y=P_x=0$,用于模拟无围压条件下的裂纹扩展;

② 工况 2:$P_y=20$ MPa,$P_x=0$,用于模拟单轴加载条件下的裂纹扩展;

③ 工况 3:$P_y=20$ MPa,$P_x=5$ MPa;

④ 工况 4:$P_y=20$ MPa,$P_x=10$ MPa;

⑤ 工况 5:$P_y=P_x=20$ MPa,用于模拟双向等压加载条件下的裂纹扩展。

不同围压作用下的爆破模拟通过两个阶段完成。第一阶段为静力加载阶段,即围压加载阶段,通过动力松弛技术施加。在后处理软件 LS_PREPOST 中,分别于模型边缘 x、y 方向建立单元集合,通过内置关键字定义不同工况的围压,并进行应力初始化求解,如图 4-35 所示。

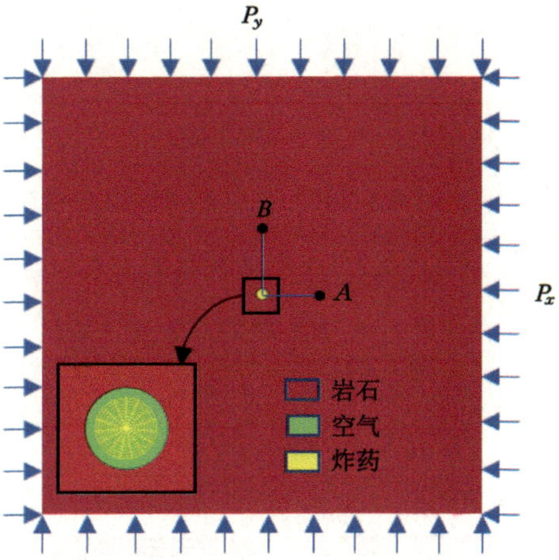

图 4-34　平面爆破模型

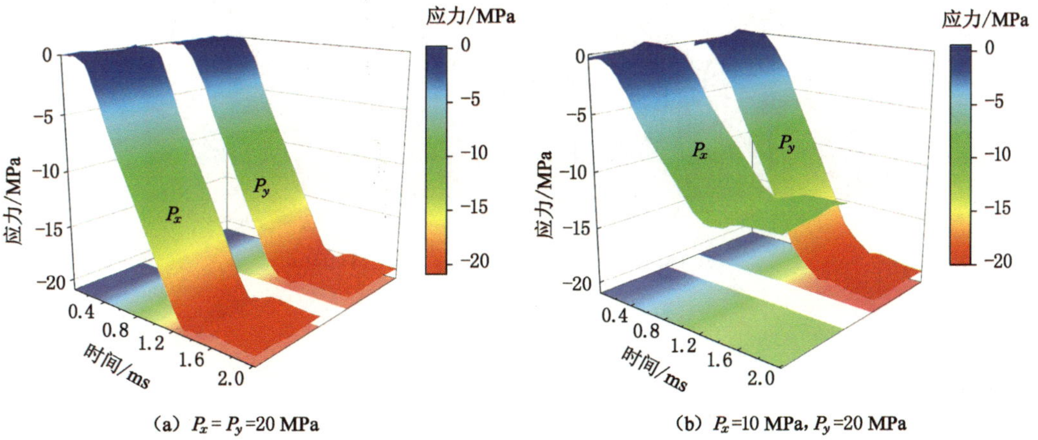

图 4-35　应力初始化结果

图 4-35 中列出了 $P_y=P_x=20$ MPa($\lambda=1$)及 $P_y=20$ MPa，$P_x=10$ MPa($\lambda=0.5$)两种工况下的应力初始化结果。可以看出，当 $\lambda=1$ 时，在 0～2 ms 内 P_x 与 P_y 同时增大至 20 MPa；当$\lambda=0.5$ 时，P_x 与 P_y 分别增大至 10 MPa 和 20 MPa。这表明静力加载阶段的模型试块围压施加成功。

爆破模拟的第二阶段为动静载作用阶段。将静力加载阶段得到的单元应力通过 Dynain 文件法作用于第二阶段模型，作为试块爆破阶段的初始围压，动载则通过炸药模型实现。该阶段的数值模型材料还包含岩石、炸药及空气。在静力加载阶段，模型试块不同围压所形成的环向应力场，如图 4-36 所示。

在模拟分析中，以拉应力为正，压应力为负。当围岩加载侧压系数 $\lambda=0$ 时，模型试块内圆孔顶底部出现拉应力，左右两侧出现压应力；当 $\lambda=0.25$ 时，圆孔顶底部拉应力大小和分布范围有一定程度的减小，左右两侧的压应力降低；当 $\lambda=0.5$ 时，圆孔周围均为压应力，且左右两侧的压应力明显大于顶底部的；当 $\lambda=1$ 时，圆孔周围均为压应力，且环向应力等值线

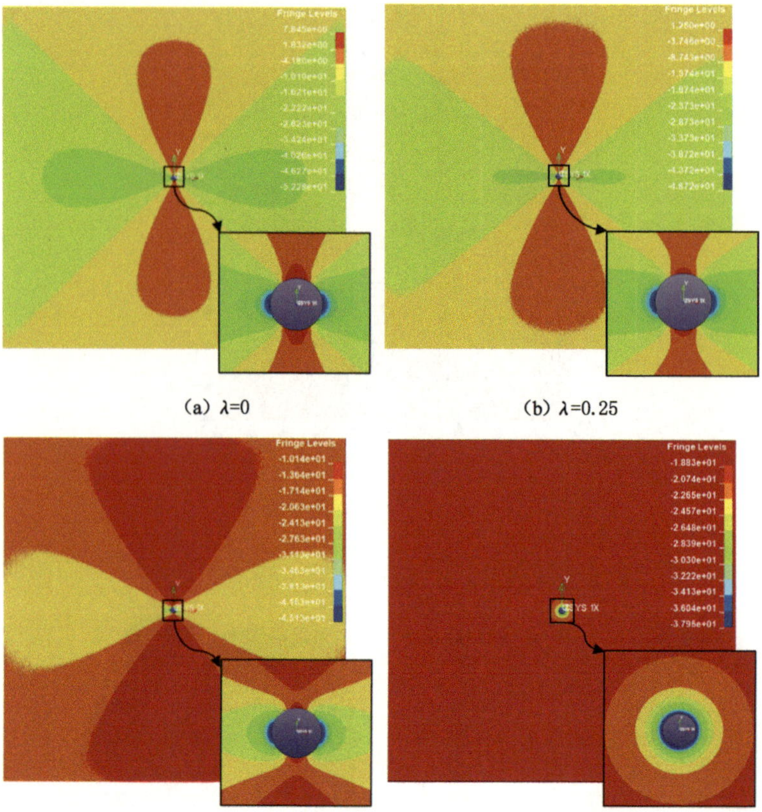

(a) λ=0　(b) λ=0.25

(c) λ=0.5　(d) λ=1.0

图 4-36　不同侧压系数下环向应力分布

呈圆形分布。

模型试块围压加载诱导孔壁围岩应力集中，不同围压加载条件下的圆孔附近环向应力分布存在显著差异。当围压为 0 时，孔壁围岩环向的最大拉应力为 7.8 MPa；当围岩增加至 5 MPa 时，孔壁围岩环向的拉应力降为 1.3 MPa。这说明围压的存在会影孔壁围岩环向拉应力分布，随着围压的增大，垂直方向上的拉应力逐渐降低，并逐渐转变为压应力。

无围压加载条件下的模型试块爆生裂纹主要由孔内炸药爆炸载荷作用形成。炸药爆炸瞬间在孔壁围岩内产生冲击波，径向压应力瞬间达到峰值，孔壁围岩受到径向压应力和环向压应力的共同作用，形成粉碎区；冲击波经历粉碎区迅速衰减为应力波并继续向岩体深处传播，当应力波应力峰值低于岩石抗压强度时，岩体不再发生压缩破坏，但伴生的动态拉应力高于岩石抗拉强度，导致孔壁围岩出现拉伸破坏区，如图 4-37 所示。

由图 4-37 可以看出，模型试块二次爆破作用下的粉碎区和裂隙区范围明显增大。模型试块初次爆破作用下的粉碎区半径约 300 mm，二次爆破作用下的粉碎区半径则扩大到了 400 mm。同时，模型试块二次爆破作用下的裂隙区裂纹延展方向主要沿着初次爆破裂纹成形方位，裂纹扩展中产生交互作用，在孔壁围岩近区形成密集缝网。

在双向不等压加载条件下，分别开展模型试块的一次及二次起爆模拟分析，得到两种爆破形式下的试块裂纹分布特征，如图 4-38 所示。

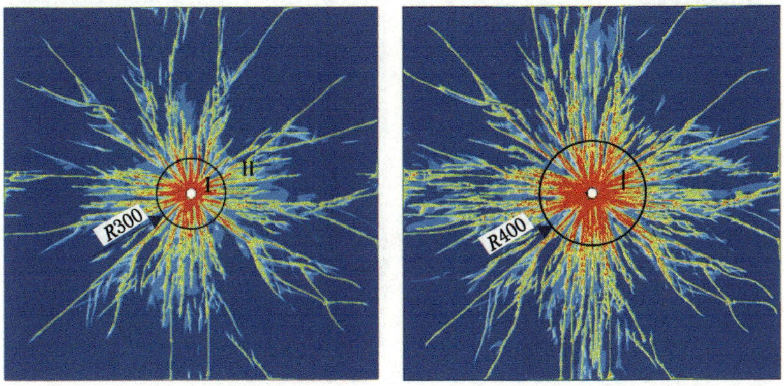

(a) 初次爆破裂纹　　　　(b) 二次爆破裂纹

图 4-37　无围压作用下的裂纹分布

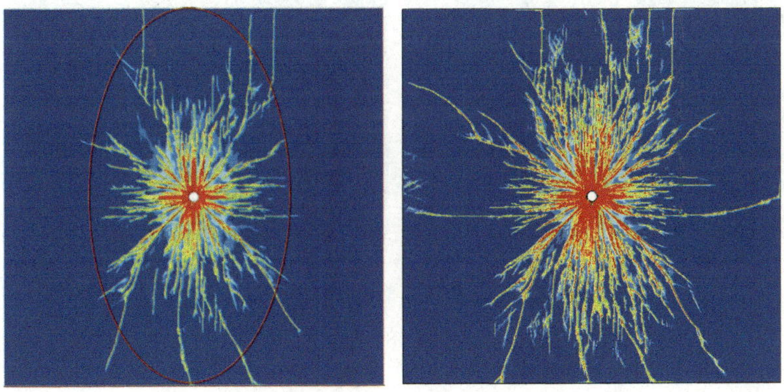

(a) λ=0

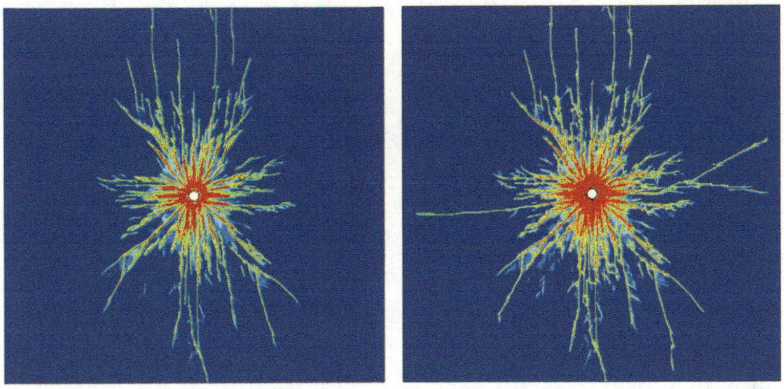

(b) λ=0.25

图 4-38　不同侧压系数下的裂纹分布(左侧为初次爆破,右侧为二次爆破)

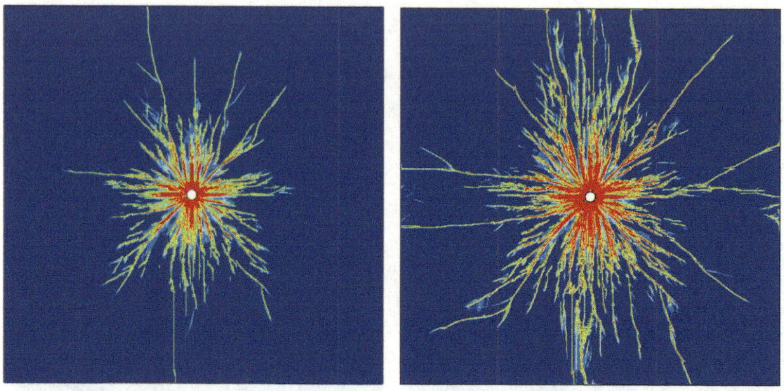

(c) λ=0.5

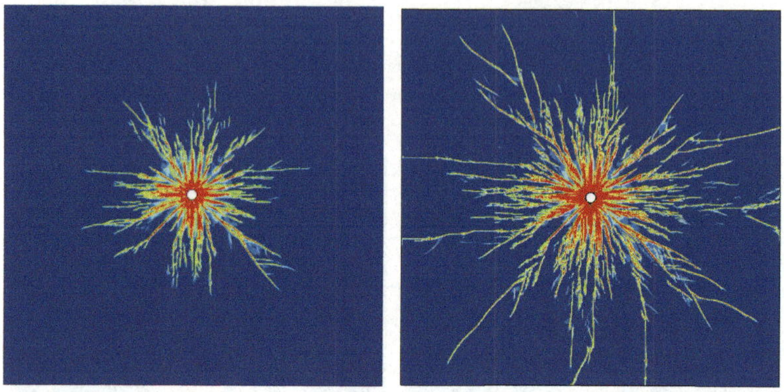

(d) λ=1

图 4-38(续)

模型试块孔内炸药起爆瞬间,爆破载荷远高于孔壁围岩载荷强度及围压,试块在不同加载条件下形成的粉碎区范围基本一致,围压大小对于爆破块体粉碎区的成形无影响。试块爆破裂隙区的分布则具有明显的方向性,岩体开裂范围呈椭圆分布,且椭圆长轴主要沿最大主应力方向。

综上分析,随着模型试块围压加载强度的增大,试块孔壁围岩环向应力由拉应力逐渐转变为压应力,裂纹扩展受到抑制,裂纹扩展长度明显减小。在模型试块二次爆破作用下,裂纹最终扩展长度相较初次爆破条件明显增大,炮孔近区形成致密裂缝网络,且沿着最小主应力方向的裂纹发育明显,直至延伸到模型试块边缘,说明二次爆破利于孔壁围岩裂缝的延伸扩展,能起到较好的增裂效果。

分别在试块截面的水平方向和垂直方向选取距炮孔中心 400 mm 的测点单元 A 和测点单元 B,探索不同围压加载及爆炸动载耦合作用下的岩石力学行为。由于岩石材料抗压不抗拉,在爆炸动载作用下的岩体裂纹主要为径向裂纹,因此本节主要分析孔壁围岩的环向应力演化过程,得到试块在无围压加载时 A、B 两测点的环向应力时程曲线,如图 4-39 所示。

由图 4-39 可以看出,在孔内炸药起爆 0.1 ms 之前,由于 A、B 两点相对炮孔中心对称,距炮孔中心距离相同,冲击波阵面呈圆形传播,至两测点位置的时间相同,两测点位置围岩

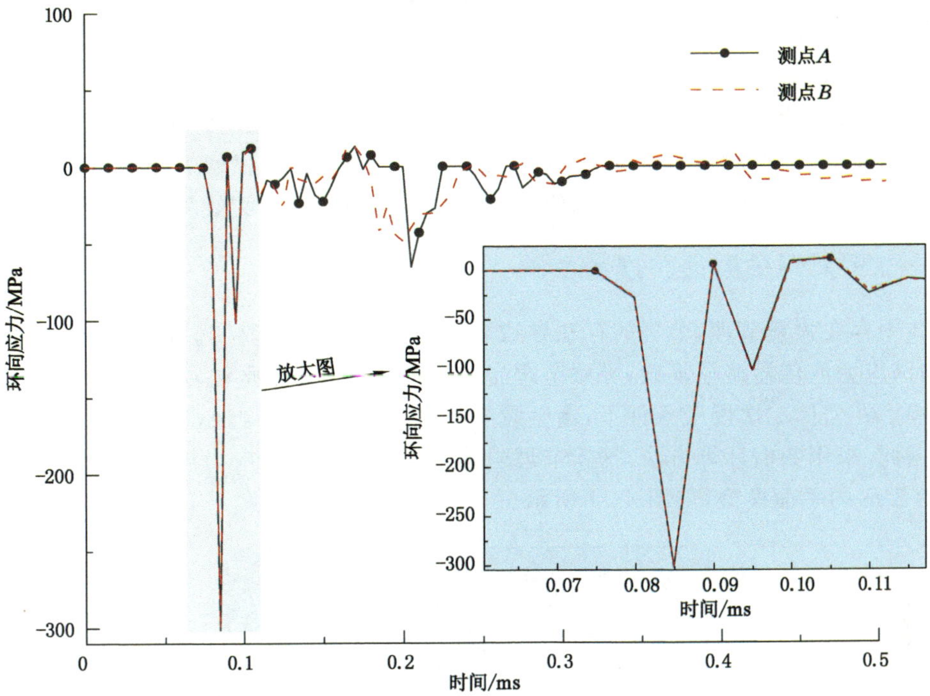

图 4-39 环向应力时程曲线

应力时程曲线几乎重合，环向拉压应力峰值一致。在孔壁围岩近区，爆炸载荷以压缩作用为主，环向应力主要表现为压应力。随着距炮孔中心距离的增加，岩体径向压缩作用以拉压交替的形式出现，在 0.17 ms 时孔壁围岩最大拉应力达到 13.3 MPa，岩体发生了张拉破坏。

在岩石双向加载条件下，孔壁围岩受力状态与试块侧压系数之间的关系如图 4-40 所示。

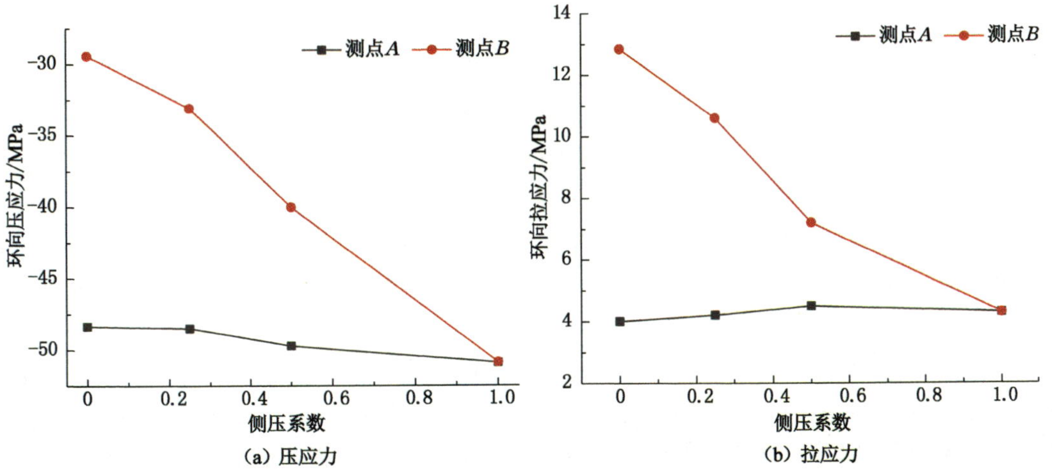

图 4-40 环向峰值应力与侧压系数间的关系

图 4-40 中以压应力为负、拉应力为正。可以看出，测点 A 位置的环向拉压应力大小与侧压系数的关系均不明显。测点 B 位置的环向压应力与侧压系数紧密相关，随着试块侧压系数的增加，该位置的环向压应力（绝对值）显著增大。同时，测点 B 位置的环向拉应力与侧压系数呈负相关关系：当侧压系数为 0 时，测点 B 位置的环向拉应力峰值为 12.8 MPa；当侧压系数为 1 时，该位置的环向拉应力降至 4.3 MPa。由此可见，试块的侧压系数主要影响最大主应力，随着试块侧压系数的增加，沿最大主应力方向的爆生裂纹将受到抑制。

4.3.2　节理对爆破裂缝扩展的影响

岩体中存在大量节理，节理的存在导致岩体力学性质发生改变。在节理岩体中进行爆破作业时，应力波传播路径复杂，导致节理岩体受力不均匀，从而对岩体爆破致裂效果产生一定影响。在岩体二次爆破条件下，爆生裂缝复合天然节理结构加剧了岩体破岩机理研究难度。据此，采用数值计算方法，探索节理岩体爆生裂纹扩展及应力波传播规律。建立尺寸为 3 m×3 m 的平面模型，如图 4-41 所示。

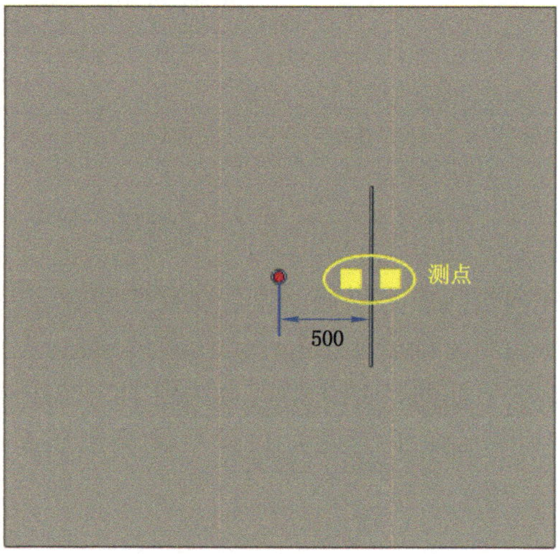

图 4-41　节理模型图

在模型试块中心设置直径为 90 mm 的炮孔，模型中节理长度为 1 m、宽度为 1 cm，分别位于距炮孔 200 mm、300 mm、400 mm 及 500 mm 位置处。通过在 LS-DYNA 程序中设置关键字 * MAT_ADD_EROSION 定义单元失效准则，在模型求解过程中，当应力达到设定的“失效应力”时，网格单元会自动删除，表示节理岩体裂纹扩展效果。将竖向节理设置于距离炮孔 500 mm 位置，模拟分析得到的节理岩体初次爆破后的裂纹扩展特征，如图 4-42 所示。

由图 4-42 可以看出，炸药起爆后压缩应力波直接作用于孔壁围岩，在炮孔周围形成粉碎区，且随着反应时间的延长，粉碎区逐渐扩大。当装药起爆 70 μs 时，粉碎区最终形成，但尚未波及预设节理位置；在炸药起爆 120 μs 后，靠近节理侧的岩体破裂，由于压缩应力波反射为拉伸应力波，且岩石材料不抗拉，表现出一定的层裂现象，竖向裂纹有所发育；当炸药起爆 180 μs 时，节理端部产生应力集中，于节理上端部开始出现水平裂纹；当炸药起爆 260 μs

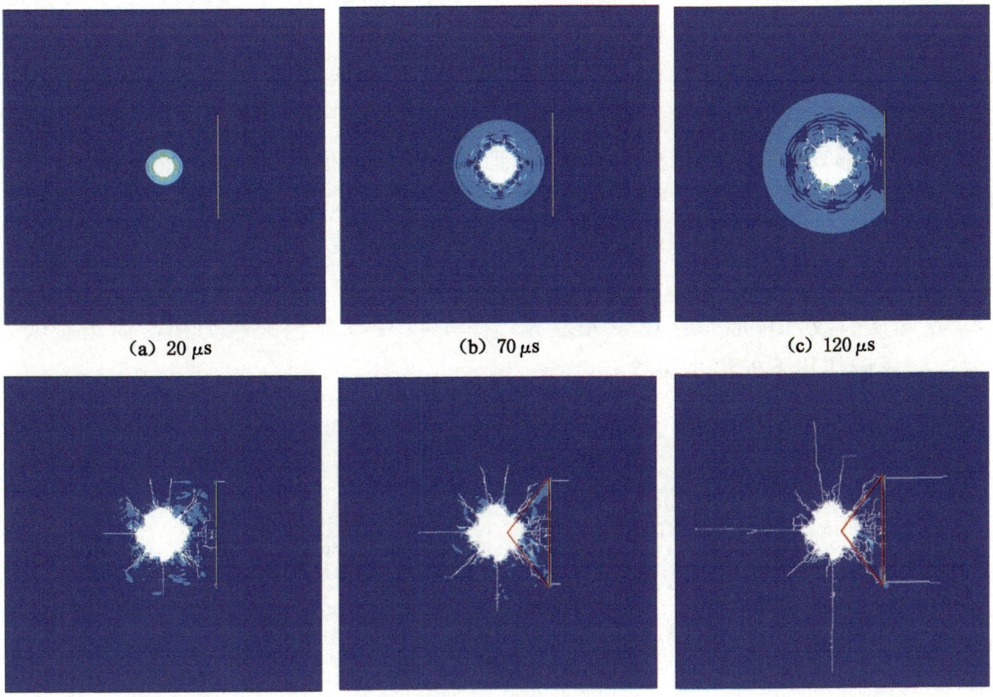

(a) 20 μs (b) 70 μs (c) 120 μs

(d) 180 μs (e) 260 μs (f) 500 μs

图 4-42 节理岩体裂纹扩展特征

时，节理下端部出现水平扩展裂纹；在炸药起爆 260 μs 后，节理面中部裂纹始终未能贯穿，仅节理端部裂纹继续发生水平方向扩展；至炸药起爆 500 μs 后裂纹停止扩展。可见，岩体节理的存在对于爆生裂纹的扩展具有明显的抑制作用。

将竖向节理位置进一步靠近炮孔，间距分别设置为 200 mm、300 mm 和 400 mm，由此得到的爆生裂纹扩展特征如图 4-43 所示。

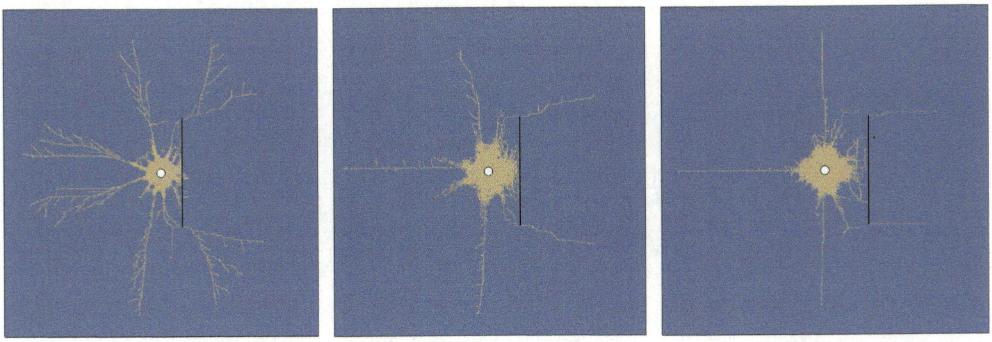

(a) 节理面距炮孔中心200 mm (b) 节理面距炮孔中心300 mm (c) 节理面距炮孔中心400 mm

图 4-43 不同距离节理对岩体裂纹扩展的影响

模拟分析表明，岩体节理越是靠近炮孔中心位置，节理面受孔内炸药爆破的强压缩作用越强，节理中部被穿透的概率越大，越容易在节理端部形成多条翼形裂纹。当节理面距炮孔中心 200 mm 时，受节理面反射拉伸波的影响，炸药爆炸压缩波与拉伸波快速抵消，导致孔壁围岩的粉碎区尺寸反而减小，但节理面端部分别发育两条翼形裂纹，且节理面中部有爆生裂纹局部穿透现象；当节理面距炮孔中心 300 mm 时，炮孔与节理面之间的岩体区域裂纹分布较少，节理端部翼形裂纹均减少至 1 条，但延展方向非水平，节理面中部裂纹未穿透；当节理面距炮孔中心 400 mm 时，节理面与炮孔之间的岩体区域裂纹密度有所降低，孔壁围岩粉碎区外交叉裂纹分布明显，节理端部裂纹基本呈现水平延展状态。

节理岩体在二次爆破条件下的裂纹扩展规律如图 4-44 所示。节理面距炮孔中心位置不同，二次爆破裂纹发育形态存在较大差异。图 4-44 中深颜色裂纹为初次爆破裂纹，浅色裂纹为二次爆破作用下的衍生裂纹。

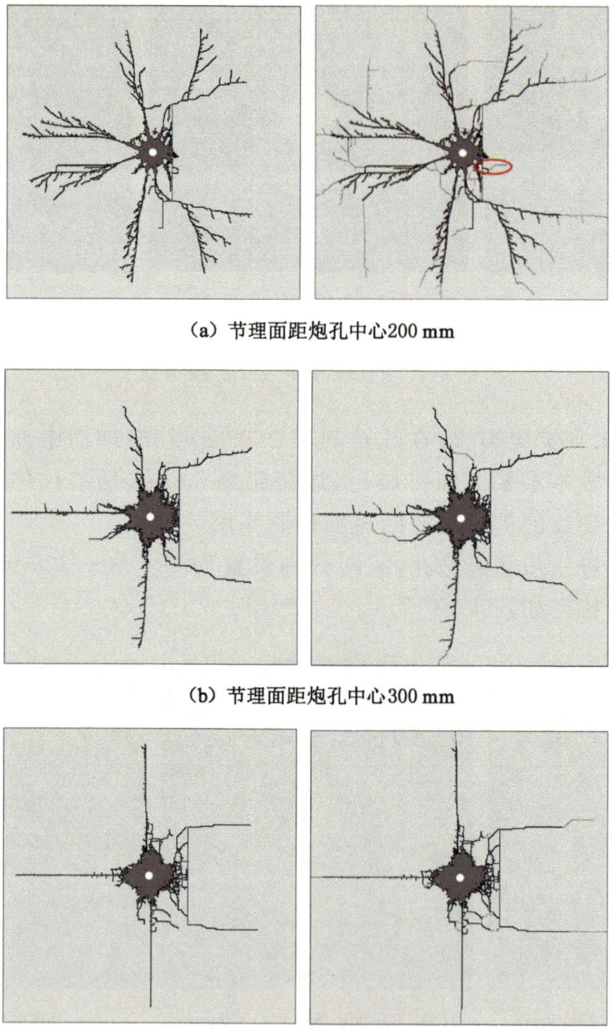

(a) 节理面距炮孔中心200 mm

(b) 节理面距炮孔中心300 mm

(c) 节理面距炮孔中心400 mm

图 4-44　初次和二次爆破裂纹扩展特征(左侧为初次爆生裂纹、右侧为二次爆生裂纹)

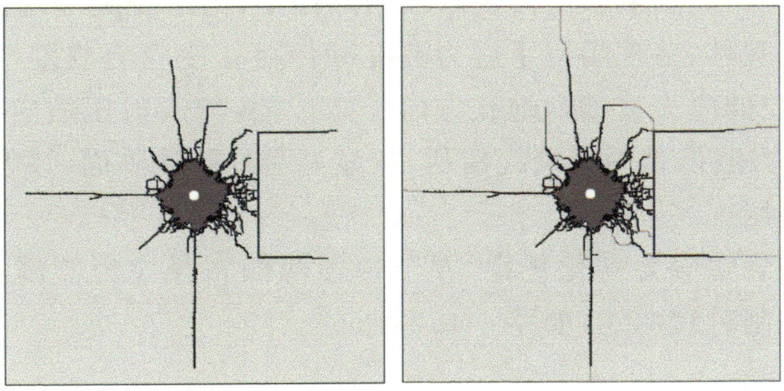

(d) 节理面距炮孔中心500 mm

图 4-44(续)

由图 4-44 可以看出，当节理面距炮孔中心 200 mm 时，二次爆生裂纹局部穿透节理面；在其余模拟工况下，节理面对二次爆生裂纹仍具有很强的抑制作用。同时，二次爆破没有扩展初次爆破形成的孔壁围岩粉碎区，且二次爆生裂纹主要沿着初次爆生裂纹的主方向延展，次生裂纹并不明显。由此可见，岩体节理面的存在对于岩体初次爆破或二次爆破致裂均具有显著的抑制作用，但岩体二次爆破裂纹扩展长度均有所增加，说明具有很好的增裂效果。

同理，分析不同节理间距条件下的岩体应力波传播规律，得到岩体孔内炸药起爆后的应力分布特征（以节理面距炮孔中心 400 mm 为例），如图 4-45 所示。

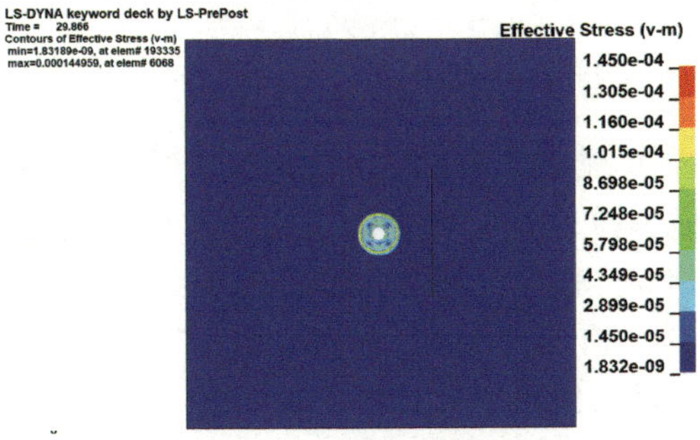

(a) 30 μs

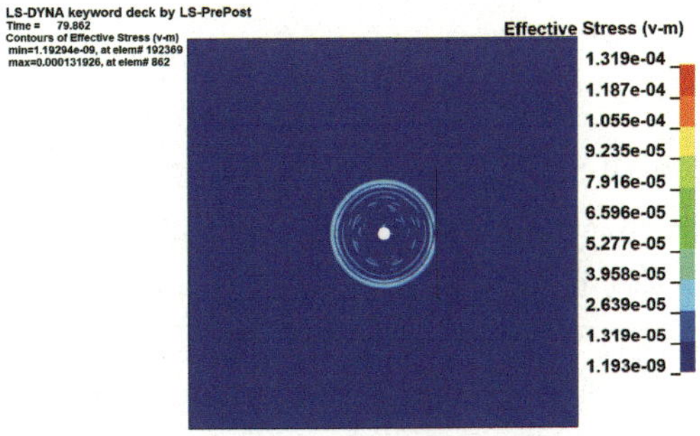

(b) 80 μs

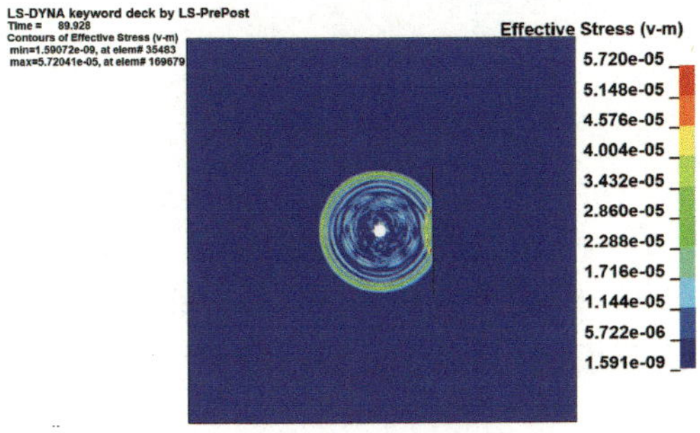

(c) 90 μs

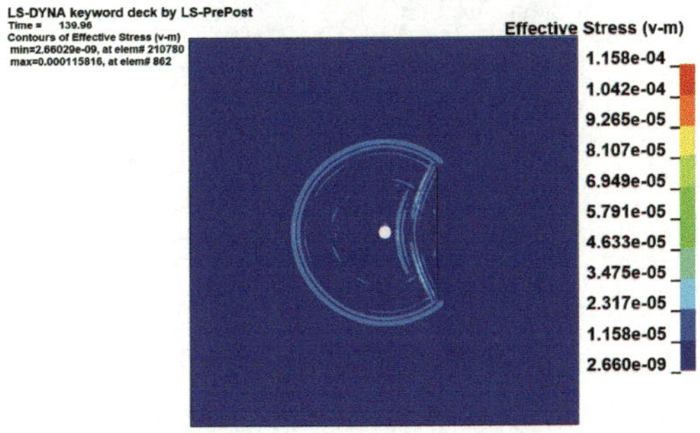

(d) 140 μs

图 4-45　节理岩体不同时刻的应力分布

在孔内炸药起爆后，应力波以圆形波阵面向外传播，尚未波及节理面；在起爆 80 μs 后，爆炸应力波传播至节理处，节理阻碍了应力波继续传播并使应力波发生反射；在起爆 90 μs 后，由节理面反射的拉伸应力波朝向炮孔方向反向传播，与入射压缩应力波产生交互作用；在起爆 140 μs 后，应力波携带能量消耗殆尽，仅显见最外圈波阵面，说明节理面对应力波传播具有明显的阻隔作用。

为定量分析节理岩体应力变化规律，在节理面两侧布置应力监测点（图 4-41），提取出应力监测点数据并绘制时程曲线，如图 4-46 所示。

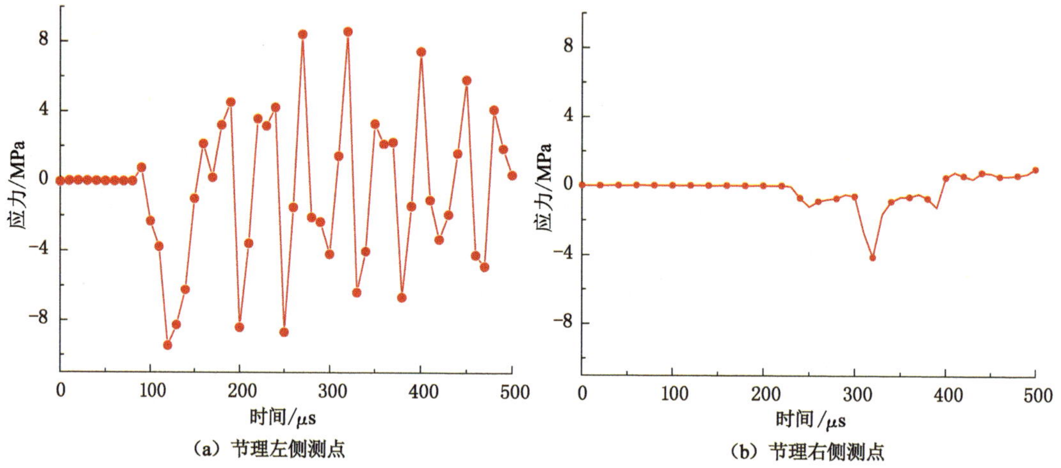

图 4-46　节理两侧应力分布

由图 4-46 可以看出，节理左侧测点受炮孔及节理面的压缩波和反射拉伸波的反复作用，监测点应力呈现振荡分布的特征，并由于压缩和拉伸效应产生的应力叠加作用，炮孔和节理面间岩体形成了复杂缝网；反观节理右侧测点应力分布则较为稳定，说明受爆炸应力波传播影响不明显，仅在炸药起爆 220 μs 后，测点应力有所波动，但振幅较小，仅为 4 MPa 左右。这说明节理面对于应力波的传播具有明显的阻隔作用。

4.4　多孔重复爆破应力演化及裂纹扩展

4.4.1　双孔重复爆破应力演化及裂纹扩展

建立不同孔间距数值计算模型，如图 4-47 所示。最小孔间距设置为 1.2 m，最大孔间距设置为 2.0 m。模型尺寸为 4.0 m×3.0 m×0.02 m，炮孔直径为 90 mm，液体炸药耦合装药。通过初始体积分数法定义炸药模型，避免炸药模型网格划分；空气模型尺寸与岩体保持一致，网格以单层实体映射形式划分。

在岩体初次爆破条件下，应力波传播规律相似，提取岩体试块在不同时刻的应力云图，如图 4-48 所示。

由图 4-48 可以看出，在孔内炸药起爆后，爆轰波直接作用于孔壁围岩，激发应力波向岩体深部传播；在起爆 40 μs 后，最外层应力波以圆形波阵面向外传播，但双孔应力波并未发

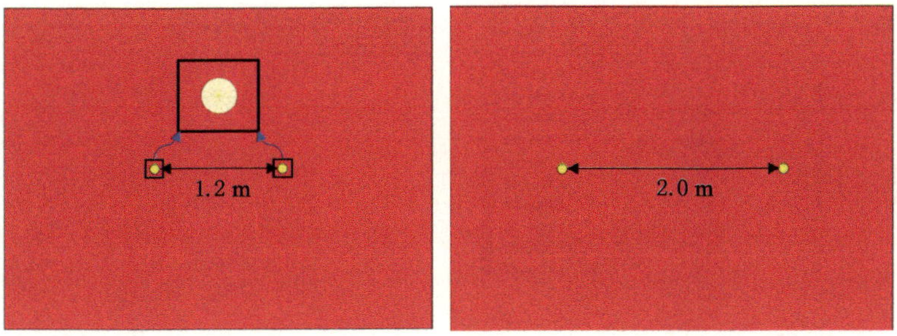

(a) (b)

图 4-47 双孔计算模型

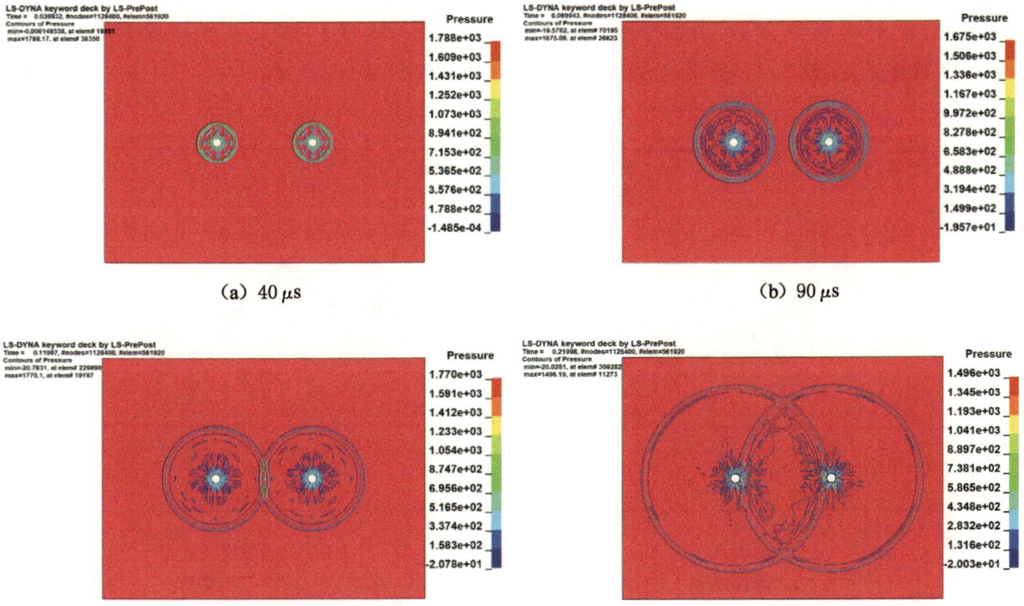

(a) 40 μs (b) 90 μs

(c) 120 μs (d) 220 μs

图 4-48 双孔初次爆破不同时刻应力云图

生交互作用;在起爆 90 μs 后,外层波阵面继续传播,但携带的能量有所减弱,内层应力波波阵面基本成形,但应力集中程度不高;在起爆 120 μs 后,双孔应力波相遇叠加,在炮孔连线中心位置形成应力增高区;在起爆 220 μs 后,双孔应力波分别传播至相邻炮孔位置,波阵面形状未发生明显改变,仍以圆形波阵面继续传播,但波阵面应力幅值相对较小。

在岩体双孔初次爆破计算模型基础上,开展双孔二次爆破作业,得到双孔岩体应力分布特征,如图 4-49 所示。

由图 4-49 可以看出,模型试块在二次爆破条件下的应力传播方式与初次起爆情况明显不同。试块经历初次爆破,孔壁围岩受到不同程度的损伤破坏,形成大量微裂纹,在二次爆破动载扰动下,初始裂缝尖端率先产生应力集中,导致孔壁围岩应力迅速传播,且主要集中于初始裂缝近区。在试块二次起爆 20 μs 后,应力波传播至模型边缘;在起爆70 μs 后,应力波分布于整个模型试块中,在炮孔中心连线区域岩体应力集中程度较高,从而会诱发孔间裂

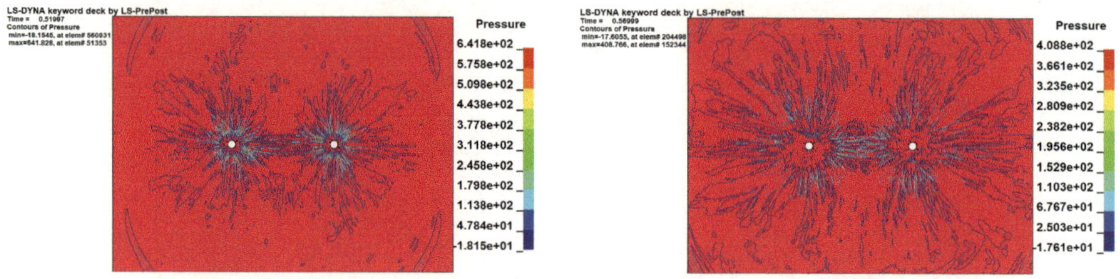

(a) 20 μs　　(b) 70 μs

图 4-49　双孔二次爆破不同时刻应力云图

纹发育扩展。在二次爆破条件下，孔壁围岩发生粉碎性破坏，难以连续传载，导致孔壁围岩近区的应力集中现象消失。同时，为便于量化分析，探索爆破次数及孔间距变化对应力传播的影响，提取炮孔连线中心单元上的应力演化特征，如图 4-50 所示。

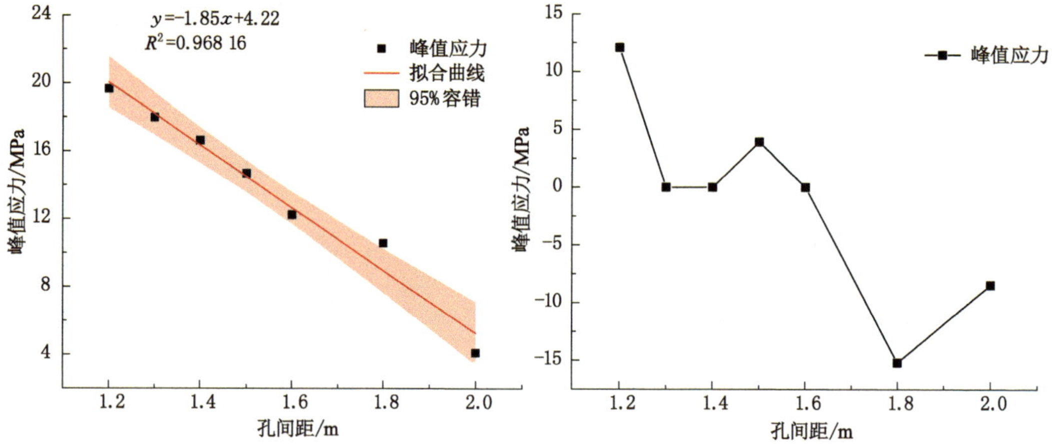

(a) 初次爆破　　(b) 二次爆破

图 4-50　爆破次数及孔间距对应力传播的影响

图 4-50(a)为初次爆破条件下，炮孔连线中心单元应力随孔间距变化的演化特征。当孔间距为 1.2 m 时，中心单元应力峰值为 19.7 MPa。随着孔间距的增加，炮孔连线中心单元应力峰值线性衰减，衰减函数为 $y=-1.85x+4.42$。当孔间距达到 2.0 m 时，对应的应力峰值仅为 4.1 MPa。由此可见，在初次爆破条件下，孔内炸药起爆后应力波携带能量迅速衰减，并以线性衰减方式传播至炮孔连线中心位置。相反，在二次爆破条件下，炮孔连线中心单元经历初次爆破影响，中心单元近区围岩连续性受到破坏，导致二次爆破应力波扰动条件下的中心单元受力并不规则。

同理，分析得到模型试块爆破次数及孔间距变化对岩体爆破损伤的影响，如图 4-51 所示。

研究表明，岩体爆破损伤系数在 0.5～0.6 范围内，能够较好地表征拉伸裂纹特征，为此设置岩体爆破损伤系数阈值为 0.5。由图 4-51(a)可知，在炮孔间距为 1.2 m 条件下，初次爆破在孔间区域将形成密集裂纹，二次爆破作用下孔间裂纹损伤程度进一步增强，孔间岩石

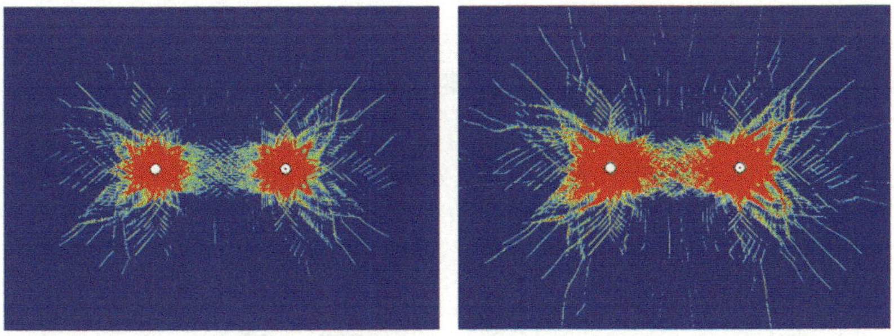

(a) 1.2 m

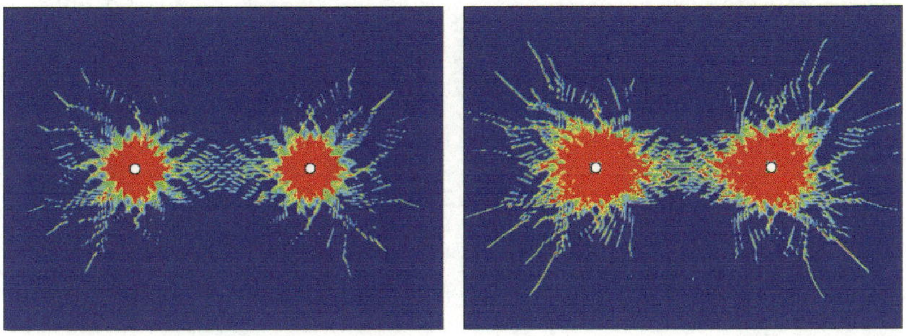

(b) 1.6 m

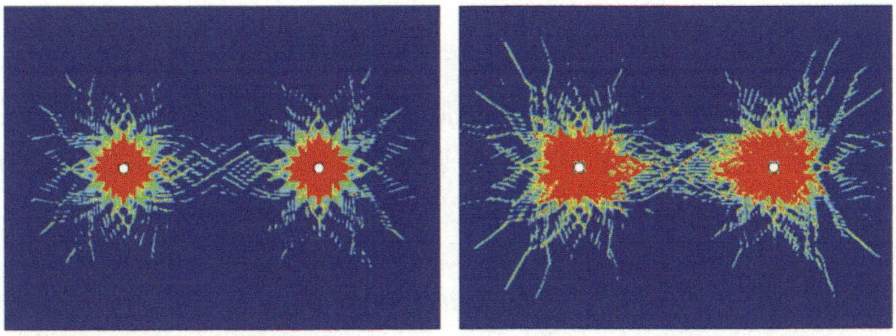

(c) 1.8 m

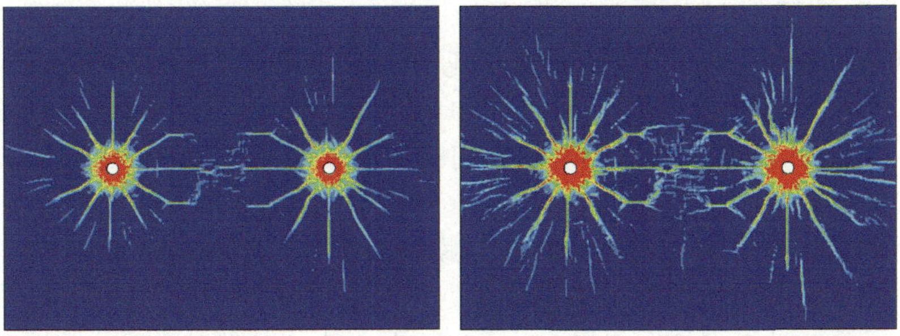

(d) 2.0 m

图 4-51　岩体爆破损伤云图(左侧为初次爆破,右侧为二次爆破)

发生粉碎性破坏；当孔间距增加至 1.6 m 时，孔间裂纹明显减少，裂纹连续性减弱，二次爆破条件下孔间裂纹明显贯通，粉碎区面积扩大；当孔间距达到 2.0 m 时，初次爆破孔壁围岩裂纹发育明显，孔间裂纹基本未贯通，待到岩体开展二次爆破作业，孔间连线方向裂纹逐渐产生交互作用。

提取炮孔连线中心单元的损伤数据，量化分析在不同爆破次数条件下围岩的损伤演化规律，如图 4-52 所示。

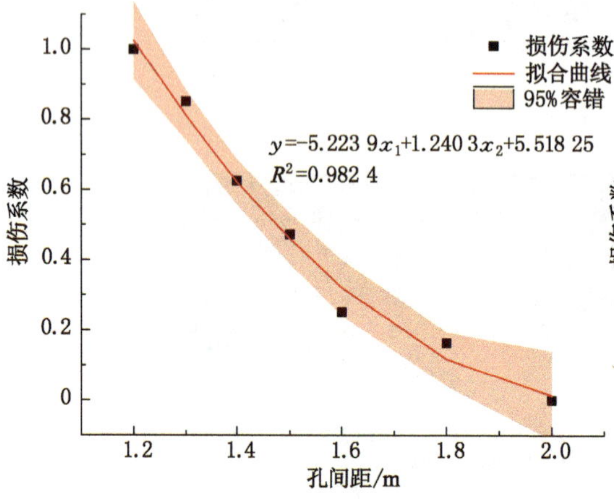

(a) 初次爆破

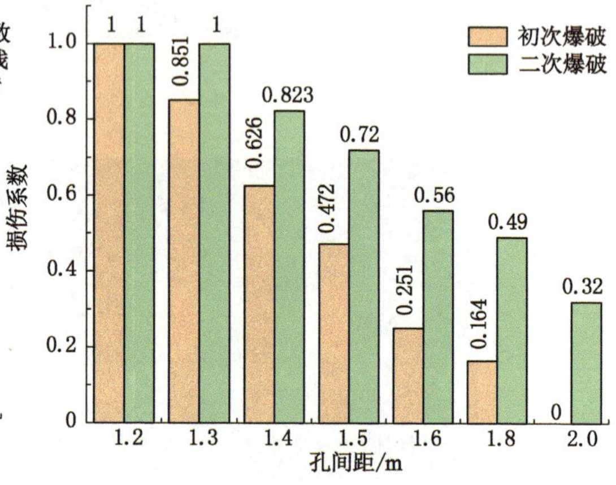

(b) 不同爆破次数损伤对比

图 4-52　炮孔连线中心单元损伤系数

图 4-52(a)为模型试块经历初次爆破后，炮孔连线中心单元的损伤系数。随着炮孔间距的增大，中心单元损伤系数呈线性减小趋势。原因在于，炮孔间距增大，中心单元距炮孔距离也有所增大，爆炸应力波传播至该区域时的衰减程度增大，其损伤系数降低趋势与应力衰减规律基本一致。图 4-52(b)给出了两次爆破作用下的炮孔连线中心单元损伤系数变化情况。当孔间距为 2.0 m 时，炮孔连线中心单元的损伤系数由 0 直接增加至 0.32。由此可见，岩体二次爆破作业能够显著提高围岩损伤率，增大硬岩预裂效果，延展爆破裂缝扩展长度。

4.4.2　多孔重复爆破应力演化及裂纹扩展

工程实践中一般会进行多孔组合爆破作业，为此开展模型试块多孔重复爆破作用下的应力演化及裂纹扩展研究。建立尺寸为 3.0 m×3.0 m×0.01 m 的数值计算模型，如图 4-53 所示。模型试块设置五孔，对称炮孔间距为 1.8 m，相邻炮孔间距为 1.3 m，炮孔直径为 90 mm，液体炸药耦合装药。

多孔应力传播过程与双孔爆破条件相似，模拟分析得到的模型试块在两次爆破条件下多孔起爆应力波传播过程如图 4-54 所示。

内含五孔的模型试块在初次起爆 120 μs 后，中心孔与四个对称孔应力波相遇，产生应力集中现象；待起爆 160 μs 后，对称孔应力波相遇叠加，并于中心孔近区汇聚，连同中心孔应力波的联合作用，导致该区域岩体应力升高，更容易产生损伤破坏。模型试块在二次爆破条件下，经受初次爆破裂纹及岩体损伤影响，应力波传播衰减较快，应力波强度明显减弱，但

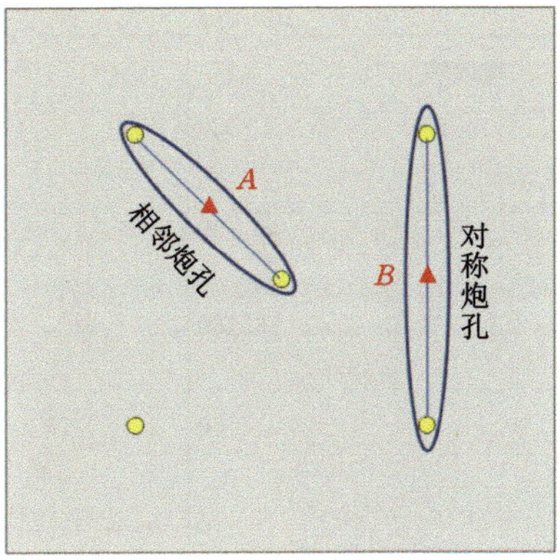

图 4-53 多孔计算模型

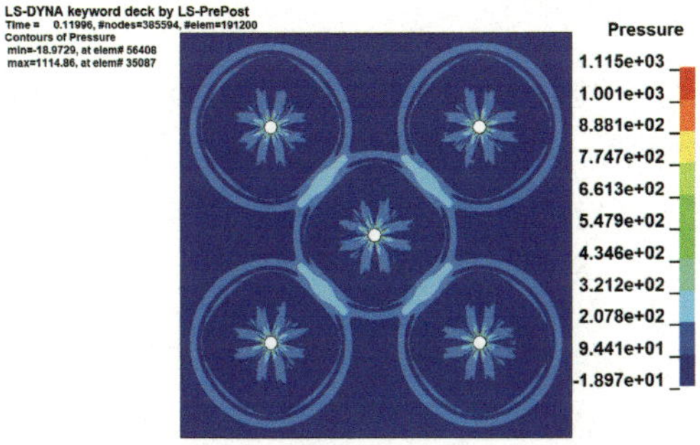

120 μs

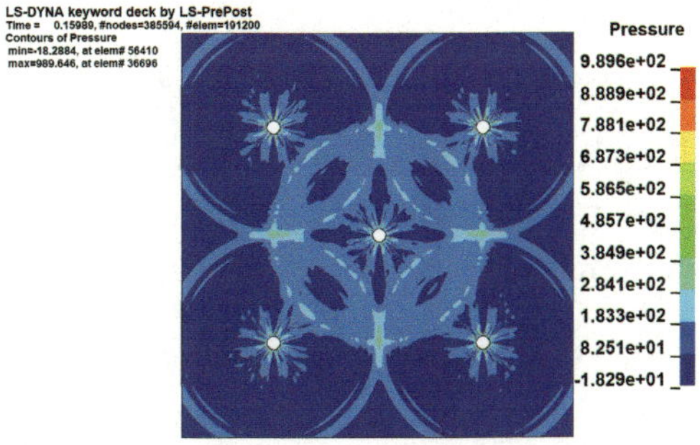

160 μs

(a) 初次爆破应力云图

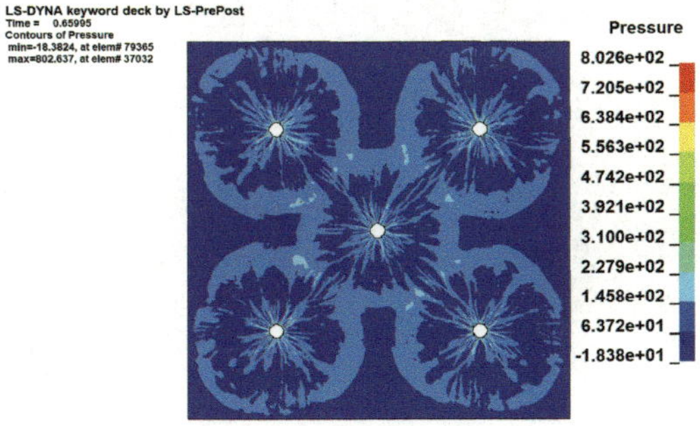

160 μs

185 μs

(b) 二次爆破应力云图

图 4-54 两次爆破试块应力波传播过程

于爆生裂纹尖端位置普遍产生应力集中现象。

同样，模拟分析得到五孔模型试块测点 A、B 在不同爆破次数条件下的压力时程曲线，如图 4-55 所示。

由图 4-55 可以看出，测点 A、B 位置上的应力变化基本一致。在初次爆破条件下，测点 A 距两孔较近，炸药起爆后测点应力迅速达到峰值，测点 B 位置较远，应力峰值到达时间相

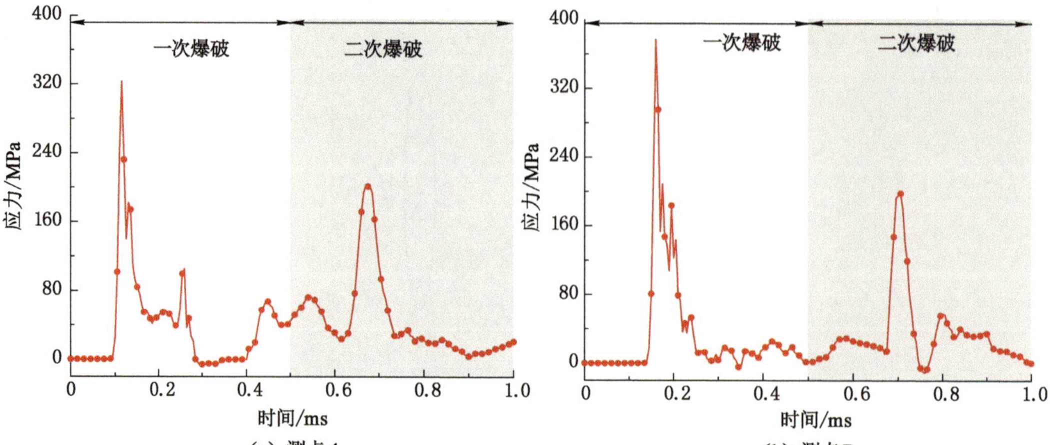

(a) 测点A　　(b) 测点B

图 4-55　不同爆破次数时程曲线

对较晚，但应力峰值相对较大。其原因在于，测点 B 位置应力是五孔爆炸应力波相互作用的结果。在二次爆破条件下，两测点应力值迅速降低，但变化趋势趋于一致。测点 A、B 位置上的应力峰值分别为 323.2 MPa、377.2 MPa。假定岩体爆破损伤系数阈值为 0.5，得到的岩体损伤特征如图 4-56 所示。

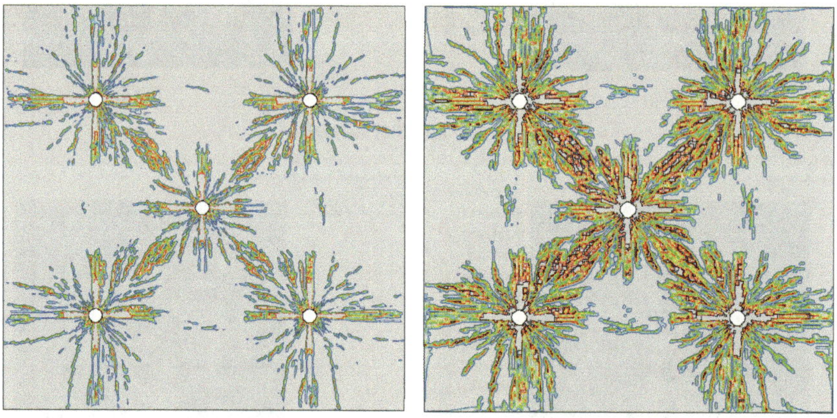

(a) 初次爆破　　(b) 二次爆破

图 4-56　不同爆破次数损伤云图

模型试块在初次爆破条件下，中心炮孔与对称炮孔裂纹贯通，但贯通裂纹密度相对较小，四角对称炮孔间尚未发生明显交互作用；在二次爆破条件下，中心炮孔与对称炮孔间的裂纹密度明显提高，孔间相互作用趋势更加明显。这说明模型试块经历孔内二次爆破能够显著提高岩体预裂效果。

5 煤矿液体炸药研发及测试分析

液体炸药具有良好的流动性，采用泵注方式可以显著提升装药效率，使大角度超深孔机械化装药成为可能，在井下深孔爆破作业中具有广阔的应用及推广前景。液体炸药作为煤矿含水炸药，性能稳定、感度低，便于安全运输和保存。

5.1 煤矿液体炸药组分配比

工业炸药按其组分可分为单质炸药和混合炸药。单质炸药主要有硝基系列(如 TNT)、硝铵系列(如黑索金、奥克托金和特屈儿)及硝酸酯系列(如太安和硝化甘油)等。混合炸药则分为军用混合炸药和民用混合炸药，其中民用混合炸药也称为工业炸药。煤矿常见工业炸药主要包括硝铵炸药、浆状炸药、水胶炸药及乳化炸药等。

5.1.1 煤矿炸药类别

(1) 煤矿硝铵炸药

硝铵炸药是发展最早、应用最广泛的工业炸药之一，其主要成分为硝酸铵，辅以木粉作为可燃剂、材料油或 TNT 作为敏化剂。常见的煤矿硝铵炸药主要有铵梯炸药、膨化硝铵炸药及铵油炸药。

煤矿铵梯炸药主要由硝酸铵、TNT、木粉及消焰剂组成，具有原料来源广、成本低、工艺简单、安全系数高、爆轰感度高且爆炸威力大等优点，同时爆压和爆温较低。但其缺点是易吸湿结块、不易保存，且 TNT 具有毒性。我国常见的煤矿粉状铵梯炸药配方及爆炸性能参数见表 5-1。

表 5-1 煤矿粉状铵梯炸药配方及爆炸性能参数

配方和性能		2 号非抗水型煤矿粉状铵梯炸药	2 号抗水型煤矿粉状铵梯炸药
配方/%	硝酸铵	71±1.5	72±1.5
	TNT	10±0.5	10±0.5
	木粉	4±0.5	2.2±0.5
	消焰剂	15±1.0	15±1.0
	沥青、石蜡(1∶1)	0	0.8
爆炸性能	密度/(g/cm^3)	0.95～1.10	0.95～1.10
	爆速/(km/s)	≥2.60	≥2.60
	爆力/cm^3	≥250	≥250

表 5-1(续)

配方和性能		2 号非抗水型煤矿粉状铵梯炸药	2 号抗水型煤矿粉状铵梯炸药
爆炸性能	猛度/mm	≥10	≥10
	殉爆距离/cm	≥5	≥3(浸水后)
	有效期/月	4	4
	有效期内水分/%	≤0.5	≥0.5

煤矿膨化硝铵炸药是一种新型无梯粉状硝铵工业炸药，主要由膨化硝酸铵、复合燃料油、木粉及氯化钠组成，其特点是威力高、成本低、易制备，燃料油在一定程度上可降低硝酸铵的吸湿性，且绿色安全，但其在炸药流散性及抗水性等方面性能较差。我国常用的煤矿膨化硝铵炸药配方及爆炸性能参数见表 5-2。

表 5-2 煤矿膨化硝铵炸药配方及爆炸性能参数

配方和性能		煤矿膨化硝铵炸药	
		2 号	3 号
配方/%	硝酸铵	86±2.0	83±2.0
	木粉	3.5±0.5	3.5±0.5
	燃料油	3.5±0.5	3.5±0.5
	氯化钠	7±1.0	10±1.0
物理性能	密度/(g/cm^3)	0.88～1.00	0.88～1.00
	水分/%	≤0.3	≤0.3
	储存期/月	≥6	≤0.3
爆炸性能	爆速/(km/s)		≥5.00
	爆热/(kJ/kg)	3 062	2 288
	爆温/K	2 486	2 207

煤矿铵油炸药也称为“廉价炸药”，主要由硝酸铵、燃料油、木粉及氯化钠组成，分为粉状和多孔粒状两种。其特点是原料来源广泛、成本低廉、使用安全、结块率低，但抗水性较差、易产生静电、贮存稳定性差。铵油炸药主要应用于露天煤矿及无煤尘爆炸危险的矿井中。我国常用的煤矿铵油炸药配方及爆炸性能参数见表 5-3。

表 5-3 煤矿铵油炸药配方及爆炸性能参数

配方和性能		2 号煤矿铵油炸药
配方/%	硝酸铵	78.2
	木粉	3.4
	柴油	3.4
	氯化钠	15.0

表 5-3(续)

配方和爆炸性能		2 号煤矿铵油炸药
爆炸性能	殉爆距离/cm	3
	猛度/mm	11.0
	爆力/cm^3	234
	爆速/(km/s)	3.30

(2) 煤矿浆状/水胶炸药

浆状炸药的分散相为油状敏化剂,连续相为硝酸铵、硝酸钠等盐溶液,属于"水包油"型含水炸药。其主要成分包括硝酸铵和硝酸钠的水溶液、TNT、铝粉或脂肪胺的硝酸盐、植物胶或纤维素、硼砂或重铬酸钾。与硝铵炸药相比,浆状炸药具有防水性强、机械感度低、安全性能高等优点,爆炸后产生的有毒有害气体显著减少,对冲击、摩擦及火焰的安全性显著提高,且爆炸威力大。但其生产技术要求较高、不易于储存,且不适合在低温环境中使用。

水胶炸药是含水炸药的一种,在组成成分、配置工艺、爆炸性能及成胶机制等方面和浆状炸药相同,均属于"水包油"型。水胶炸药和浆状炸药主要区别在于其采用硝酸甲胺的水溶液作为敏化剂。与浆状炸药的固体敏化剂相比,硝酸甲胺溶液为液态,分子间距离小,和硝酸铵以及硝酸钠等氧化剂混合后形成的混合溶液密度均匀且稳定,有利于爆轰波在溶液中的激发和传播,因此其爆轰感度优于浆状炸药。我国常见的煤矿水胶炸药型号及爆炸性能参数见表 5-4。

表 5-4 煤矿水胶炸药型号及爆炸性能参数

性能	SHJ-L1	SHJ-L2	SHJ-M102	SHJ-M202	SHJ-M302
密度/(g/cm^3)	1.05～1.25	1.05～1.25	1.05～1.25	0.95～1.25	0.95～1.25
殉爆距离/cm	5	3	5	3	2
爆速/(km/s)	3.20	3.20	3.00	2.60	2.50
猛度/mm	12	12	12	10	10
爆力/cm^3	270	270	280	230	220
有效储存期/月	6	6	6	6	6
适用范围	中硬岩石露天爆破	露天松动爆破	低瓦斯矿井	高瓦斯矿井	煤与瓦斯突出矿井

(3) 煤矿乳化炸药

乳化炸药与浆状炸药和水胶炸药的主要区别在于分散相为氧化剂水溶液的微细液滴,连续相为其余组分混合而成的非溶液型油状液体,属于"油包水"型含水炸药。其主要成分包括硝酸盐或高氯酸盐作为氧化剂,煤粉、油、铝粉、蜡等作为可燃剂,以及表面活性剂、消焰剂及密度调节剂等。乳胶炸药具有原料来源广、无毒无害、生产工艺成熟、机械感度及热感度低、安全性及稳定性好、抗水性能较强等优点,但不易装填成卷,保存期较短,且做功能力低于硝铵炸药。我国煤矿常用的乳化炸药配方及爆炸性能参数见表 5-5。

表 5-5 煤矿乳化炸药配方及爆炸性能参数

配方和性能		阜新十二厂	马鞍山矿院	长沙矿冶院	
		煤矿乳化炸药	MD-1(煤)	AE-HLC(岩石)	AE-HLC(煤)
配方/%	硝酸铵	55～65	60～70	70～83	62～82
	硝酸钠	10～25	10～20	0～10	5～10
	水	8～13	9～14	8～11	8～11
	乳化剂	0.8～1.2	1～2.5	1.5～2.5	1.5～2.5
	稳定剂	0.8～1.2	1～2.5		
	油	3～5	0.5～2		
	蜡		2～4	4～5	4～5
	铝粉	1～5	0～1		
	消焰剂	5～10	适量		1～9
性能	密度/(g/cm^3)	1.00～1.20	1.00～1.25	0.95～1.35	0.95～1.35
	爆速/(km/s)	4.7～5.8	4.5～5.1	4.0～5.6	3.5～5.3
	殉爆距离/cm	5～10	7～8	>5	>4
	临界直径/mm	12～16	20	12～16	15～18
	猛度/mm	18～20	10～12	16～23	12～20
	有效储存期/月	3	3	12～24	6～12

综上所述，煤矿工业炸药主要分为硝铵炸药和含水炸药两类。在性状方面，硝铵炸药为固体状或固体粉末状，具有做功能力大、原料来源广泛、成本低廉等优点，但硝酸铵易吸湿结块、不易保存、抗水性能较差，且存在间隙效应，易引爆煤尘；浆状炸药、水胶炸药及乳化炸药等含水炸药属于胶体，通过加入胶凝剂和交联剂形成可保持一定形状的弹性半固体，具有可减少间隙效应、抗水性强、安全性好、成分无毒无害等优点，但该类胶状含水炸药不易装填成药卷，炮孔利用率低。

(4) 液体炸药组分配比

液体炸药呈液态，可以通过泵送实现先封孔后装药的工艺；全耦合装药可提高炸药的能量利用率，同时其抗水性能、爆炸性能和稳定性均较好。因此，结合传统煤矿许用炸药的优缺点以及液体炸药在爆炸性能、安全性能及理化性质等方面的优势，笔者研发了一种改进型煤矿液体炸药。

液体炸药可分为单质液体炸药和混合液体炸药。常见的单质液体炸药包括硝化甘油和硝基甲烷；常见的混合液体炸药则主要包括硝酸类和硝基甲烷类等。单质液体炸药的机械感度和摩擦感度较高，不易输送和保存，且爆炸性能不稳定；混合液体炸药则具有爆炸特性稳定、爆炸性能良好、来源广、易加工、可分别装送及起爆方式简单易操作等优点，克服了单质液体炸药综合性能差、机械感度高以及不易储存等缺点。常见的混合液体炸药配方组分见表 5-6。

表 5-6　不同类型的液体炸药配方

炸药类型	硝酸类	硝基甲烷类	高氯酸盐类	硝酸酯类	硝酸肼类	过氧化氢类
配方一	硝酸、硝基苯、水	硝基甲烷、二乙烯三胺、肼	高氯酸钡、硝基甲烷、甲醇、甲酰胺	硝酸甲酯、甲醇	硝酸肼、水合肼	过氧化氢、乙醇
配方二	浓硝酸、乙氰	硝基甲烷、乙二胺、甲醇	高氯酸盐、丙烷、乙二醇、丁醇、甲酰胺	硝酸甲酯、硝基苯	硝酸肼、单乙醇胺、水	过氧化氢、苯磺酸/甲苯磺酸
配方三	硝酸、二甲醚、水	硝基甲烷、乙二胺		硝酸甲酯、苯、煤粉、硝酸钙、铝粉		

液体炸药在井工矿深孔爆破领域具有广阔的开发利用前景。基于此，研发了煤矿液体炸药泵注装药新工艺。针对液体炸药浓度调配、泵源选择、注药压力及管径匹配等方面进行了研究。以三级煤矿许用水胶炸药配方为基础，通过除去炸药组分中的胶凝剂与交联剂，并调整硝酸甲胺、硝酸铵、硝酸钠等成分的比例，使药液性能稳定、感度低，且具有良好的流动性能。炸药调配完成后，对其进行理化性能测试，得到煤矿液体炸药爆炸性能参数，见表 5-7。液体炸药调配过程如图 5-1 所示。

表 5-7　液体炸药爆炸性能参数

参　　数	数　　值
炸药密度/(g/cm^3)	1.12
实际爆速/(m/s)	3 852.00
理论爆热/(kJ/kg)	2 602.62
理论爆温/℃	1 834.91
理论爆容/(L/kg)	990.98
理论爆压/GPa	5.54

(a) 炸药调配　　(b) 黏度测试　　(c) 炸药最终成品

图 5-1　液体炸药调配过程

工业炸药主要由氧化剂和可燃剂组成，其爆炸过程的实质是氧化剂和可燃剂之间发生剧烈的氧化还原反应，生成CO_2、H_2O、CO等气体并释放大量热量。实践表明，当可燃元素生成最稳定氧化物时，释放的能量最大，且生成的有毒气体量最少。其中，零氧平衡的炸药氧化剂能够完全氧化可燃元素或可燃组分，生成对应的稳定氧化物。因此，在工业炸药配方设计中，需保证炸药体系处于零氧平衡或接近零氧平衡的状态。

在混合炸药体系中，通过外加添加剂可提高炸药的适用性，但在具体的添加过程中还需综合考虑炸药成本及对应的后续配制工艺难度。工业炸药的选型需结合其爆炸性能及具体的爆破目标，在满足施工要求的同时，确保经济效益最大化。工业炸药的配方设计应综合考虑爆炸性能、成本及工艺三者的平衡。同时，考虑"绿色"是当今社会发展的主题，在工业炸药配方设计中，炸药组分原料的选取应避免对工作人员及环境产生毒害作用，并将爆炸有害气体生成量控制在合理范围内。

工业炸药的配方设计应结合当前炸药成熟的配制技术。炸药的配制过程直接影响生产工艺流程，合理的配方决定炸药爆炸性能，并能保障生产工艺的安全性。例如，在水胶炸药生产中，硝酸铵和硝酸甲胺的混合过程存在异常引爆的风险，通常，硝酸甲胺溶液的浓度低于86%时不易引爆，因此其浓度一般控制在80%左右。

基于煤矿井下的特殊生产条件，煤矿液体炸药的爆炸性能及安全性能有特定要求，主要从以下三方面进行约束：爆炸性能中的爆热、爆温，安全性能中的撞击感度、摩擦感度、热感度以及爆炸产物中的有毒有害气体生成量。

① 爆炸性能

煤矿液体炸药爆炸力学性能主要参考三级煤矿许用水胶炸药。依据《乳化炸药技术条件》(MT/T 66—2008)，三级煤矿许用乳化炸药的爆炸性能参数要求见表5-8。

表5-8　三级煤矿许用乳化炸药爆炸性能参数

爆轰参数	爆速/(m/s)	猛度/mm	殉爆距离/cm	爆力/mL
标准	≥2 800	≥8	≥2	≥210

除了表5-8中列出的爆炸性能参数要求外，三级煤矿许用乳化炸药的理论爆热为2 804.378 kJ/kg，理论爆温为2 384.573 K，爆温的要求范围为2 000～2 500 ℃。

② 安全性能

依据《乳化炸药技术条件》，三级煤矿许用乳化炸药安全性能要求见表5-9。

表5-9　三级煤矿许用乳化炸药安全性能参数

安全参数	撞击感度	热感度	摩擦感度	保质期
标准	爆炸概率≤8%	不燃烧、不爆炸	爆炸概率≤8%	≥120 d

煤矿液体炸药组分中不能包含有毒有害或易引起煤矿瓦斯爆炸的金属颗粒，如铝粉、镁粉，且炸药组分在添加过程中不能产生粉尘和排放废水等污染物。

③ 爆炸产物

爆炸产物中的有毒有害气体主要为 NO_x 和 CO。根据炸药爆炸化学反应的布伦克尔-威尔逊(B-W)准则可知：当反应为负氧平衡时，氧元素不能完全氧化 C 元素，从而生成 CO 等有毒有害气体；当反应为正氧平衡时，剩余的氧将反应生成的 N_2 进一步氧化为 NO、NO_2 等氮氧化物。

根据《乳化炸药技术条件》，三级煤矿许用乳化炸药爆炸后有毒气体含量应小于或等于 80 L/kg。因此，煤矿液体炸药爆炸反应的氧平衡率应趋近零氧平衡或微负氧平衡(−2%～−4%)，以保证爆炸后的有毒气体含量小于或等于 80 L/kg。

综上所述，基于传统工业炸药的适用性，并结合煤矿液体炸药配方设计原则，确定煤矿液体炸药各组分的选取标准及配方设计方案：原料易获取且成本低；无毒无害，废弃物易处理且无污染；具有较好的安全性和稳定性；不会形成"热点"而导致炸药反应局部温度过高。

5.1.2　炸药组分类型

(1) 氧化剂

工业炸药中常见的氧化剂主要包括氮氧化物、硝酸盐、过氧化氢等类型。

① 氮氧化物类氧化剂：N_2O_4 是常用的氮氧化物类氧化剂，为无色气体或液体，具有毒性和腐蚀性，熔点为−11.2 ℃，沸点为 21.2 ℃，密度为 1.45 g/cm^3。其稳定性差，和氨混合后易爆炸，与水反应生成硝酸和亚硝酸等化合物，亚硝酸随着温度的升高会分解成硝酸和一氧化氮。

② 硝酸盐类氧化剂：NH_4NO_3 和 $NaNO_3$ 是典型的硝酸盐类氧化剂。NH_4NO_3 来源广、成本低、易溶于有机溶剂，可与有机溶液共存，且稳定性较好，属于钝感炸药，爆生产物均为气体，做功能力优于 $NaNO_3$。$NaNO_3$ 含氧量高、无爆炸性、安全性高，与 NH_4NO_3 混合后可形成"共沸"混合物，从而降低硝酸铵溶液的熔沸点及析晶点。NH_4NO_3 及 $NaNO_3$ 的物理化学性质参数见表 5-10。

表 5-10　硝酸盐类氧化剂的物理化学性质参数

理化性质	硝酸钠	硝酸铵
分子式	$NaNO_3$	NH_4NO_3
摩尔质量/(g/mol)	84.994 7	80
氧平衡/%	+47.1	+20
标准生成焓/(kJ/mol)	−424.8	−353.46
沸点/℃	380，分解	169.6
溶解性	易溶于水，难溶于丙酮等有机溶剂	易溶于水，以及液氨、丙酮等溶剂
储存	阴凉、通风、远离热源，相对湿度低于 80%	阴凉、通风、远离热源，相对湿度低于 80%
含量对爆热的影响	随着硝酸钠在液体炸药中比例的增大，液体炸药的爆热值也会相应增大	随着硝酸铵在液体炸药中比例的增大，液体炸药的爆热值会降低

③ 过氧化氢类氧化剂：H_2O_2 是具有低毒性和腐蚀性的淡蓝色稠状液体，熔点为－0.43 ℃，沸点为 158 ℃，密度为 1.13 g/mL，与水以任意比例互溶可形成无色透明液体。H_2O_2 稳定性较差，与可燃物反应放热生成氧气；与有机溶剂混合后形成具有爆炸性的物质，受外界力作用后可发生剧烈爆炸，释放大量热量并生成 O_2 和 H_2O 等气体。

根据煤矿液体炸药的组分比例，确定其氧平衡参数，见表 5-11。

表 5-11 煤矿液体炸药氧平衡参数

组分	硝酸甲胺	硝酸铵	硝酸钠	瓜尔胶	水	亚硝酸钠	促进剂
含量/%	37.20	34.48	9.00	0.80	18.25	0.15	0.12
氧平衡/(g/g)	－0.337	＋0.20	＋0.471	－0.966 4	0	＋0.348	—

根据爆炸反应方程式可以确定爆生产物中含有少量 CO，混合炸药体系处于负氧平衡（约为－0.021 2 g/g），满足煤矿对于液体炸药氧平衡的要求。

基于液体炸药的氧平衡计算结果及配方要求，其组分配比主要针对氧平衡及安全性进行优化。通过外加消焰剂氯化钠，可提高煤矿液体炸药的安全性，降低其可燃气安全度，防止爆破时孔口产生火焰；同时，适当降低硝酸甲胺含量并增加硝酸铵及硝酸钠含量，使混合炸药体系趋于零氧平衡或微负氧平衡。

（2）可燃剂

可燃剂是工业炸药组分中的主要成分，常见的可燃剂包括碳氢化合物和金属单质。煤矿工业炸药的可燃剂主要为碳氢化合物及其衍生物。

① 无机类碳氢化合物：此类可燃剂的主要优点是碳氢元素含量高、密度小、孔隙多、材料来源广且成本低，可作为敏化剂和吸湿剂，提高炸药的爆炸性能及稳定性。常见的无机类碳氢化合物可燃剂包括木粉、煤粉、木炭等。

② 有机类碳氢化合物及其衍生物：常用的有机类碳氢化合物可燃剂主要有苯、柴油和石蜡等，其衍生物可燃剂主要为硝基甲烷。苯是一种无色透明易燃液体，具有毒性、挥发性和芳香味，不溶于水，微溶于乙醇、丙酮等有机溶剂，氧平衡为－3.90%；燃料油原料来源广、成本较低，广泛应用于硝铵炸药及乳化炸药。硝基甲烷常作为混合液体炸药的主体成分兼可燃剂，具有来源广、起爆性能及爆轰性能好及安全性高等优点，其理化性质参数见表 5-12。

表 5-12 硝基甲烷理化性质参数

理化性质	参　数
相对密度/(g/cm^3)	1.137 6
性状	挥发性的无色透明油状液体
摩尔质量/(g/mol)	61.04
燃烧热/(kJ/mol)	－708.4

表 5-12(续)

理化性质	参　数
标准生成焓/(kJ/mol)	−113.1
氧平衡/%	−39.50
沸点(101.3 kPa)/℃	101.2
溶解性	与有机溶剂互溶,可以溶解醋酸纤维素
有害燃烧产物	CO、CO_2、NO
储存	阴凉、通风、远离热源;保持容器密封;与氧化剂、还原剂、酸类、碱类等分开存放,配合防静电仪器使用

(3) 敏化剂

与高能炸药相比,工业炸药主要由非爆炸性或低爆炸性的物质组成,感度较低,不易引爆,通常需要通过添加敏化剂提高其爆轰感度。

绝大多数单质高爆炸性能含能材料(如硝铵类中的黑索金和奥克托今、硝酸酯类中的硝化甘油和太安、硝基类中的苦味酸以及硝酸盐类化合物中的硝酸甲胺等)可与混合炸药形成敏感性物质,提高炸药体系的起爆感度。非爆炸性的敏化剂主要包括膨胀珍珠岩、活性炭、金属粉等。

硝酸盐类化合物中的硝酸甲胺水溶液稳定性较好,常温下不易分解,易于保存和运输,常用作水胶炸药的敏化剂;乙二胺和硝基甲烷反应易生成敏感性物质,可作为硝基甲烷的液态敏化剂。乙二胺和硝酸甲胺的理化性质见表 5-13。

表 5-13　常见敏化剂的物理化学性质参数

理化性质	乙二胺	硝酸甲胺
分子式	$C_2H_8N_2$	$CH_3NH_2 \cdot HNO_3$
摩尔质量/(g/mol)	60.10	95.08
性状	无色或微黄色黏稠液体	无色、无臭的棱柱状晶体
溶解性	溶于水、乙醇,能溶解多种有机物	易溶于水,常用水溶液作为混合炸药组分
氧平衡/%	−2.13	−34
密度/(g/cm³)	0.90	1.42
燃烧热/(kJ/mol)	1 891.90	
有害燃烧产物	CO、CO_2、NO	
储存	阴凉、通风、远离热源、温度低于 30 ℃	阴凉、通风、远离热源
稳定性	易和空气中的水和二氧化碳反应,溶于水放热,溶液呈碱性,与无机酸生成结晶性、水溶性的盐	不含水时可以用雷管直接起爆。当温度≤95 ℃时,浓度低于 86%的甲胺硝酸盐水溶液用雷管不能起爆

(4) 胶凝剂

胶凝剂能够增加混合炸药体系的黏稠度，提高炸药混合溶液的稳定性。常见的胶凝剂包括田箐胶、瓜尔胶、醋酸纤维素等。硝基甲烷可作为醋酸纤维素的溶剂，且醋酸纤维素原料来源广、绿色安全，适合作为硝基甲烷基液体炸药的胶凝剂。瓜尔胶是一种天然植物成分，可溶于水、无毒无害，原料来源丰富、成本低，胶凝效果好。瓜尔胶及醋酸纤维素的理化性质见表 5-14。

表 5-14　常见胶凝剂的理化性质参数

胶凝剂	瓜尔胶	醋酸纤维素
分子式	$C_xH_yO_z$	$[C_6H_7O_2(OH)_{3-m}(OOCCH_3)_m]$，$m=0\sim3$
溶解性	易溶于水，生成水溶性亲水基；不溶于有机溶剂	不溶于水，易溶于丙酮和其他有机溶剂，如硝基甲烷等
作用机理	和交联剂同时作用，形成三维网状结构，使混合炸药体系具有一定的黏弹性，防止体系出现分层、减少流变性、增强抗水性能	属于改性的天然高分子，溶于硝基甲烷后和硝基甲烷分子间形成短程有序凝胶网络结构

(5) 消焰剂

为避免在煤矿井下爆破过程中引燃瓦斯等易燃易爆气体，需在液体炸药中添加消焰剂，常见的消焰剂有 NaCl、KCl。

氯化物具有较高的热容，汽化后可吸收部分爆炸反应热量；同时，氯化物还能起到稀释的作用，可以减少爆炸反应过程中灼热固体颗粒的数量，起到消焰作用。NaCl 及 KCl 的理化性质见表 5-15。

表 5-15　氯化钠和氯化钾理化性质参数

消焰剂	氯化钠	氯化钾
分子式	NaCl	KCl
性状	固体粉末状	白色粉状结晶小颗粒
熔点/℃	801	770
沸点/℃	1 465	1 420
溶解性	易溶于水，微溶于丙酮(30 g/100 g)	水溶解性：342 g/L(20 ℃)
摩尔质量/(g/mol)	58.44	74.55
标准生成焓(s/l/g)/(kJ/mol)	−411.2/−385.92/−181.42	−436.68
储存	阴凉、通风、远离热源，与氧化剂分开存放	阴凉、通风、远离火种与热源，与氧化剂分开存放

5.2　液体炸药研发及性能测试

以煤矿许用水胶炸药为基础，通过优化水胶炸药混合体系中的交联剂，研发新型煤矿液体炸药，并对其析晶点、密度及爆炸性能进行测试分析，确定煤矿液体炸药具体配方及关键性能参数。基础炸药配方组分及比例见表 5-16。

表 5-16 煤矿许用水胶炸药配方

组分	硝酸甲胺	硝酸铵	硝酸钠	铝粉	水
比例/%	X	Y	Z	M	N

5.2.1 液体炸药组分设计

液体炸药组分配比试验器具包括恒温水浴锅、电子秤(精度为 0.1 g)、500 mL 及 1 000 mL 的烧杯若干、搅拌器、pH 酸碱度/温度测量仪、玻璃搅拌棒、密度计、数位温度计(感量 0.1 ℃)、负压真空装置,部分仪器如图 5-2 所示。

(a) 搅拌器　(b) 烧杯、玻璃搅拌棒　(c) 负压真空装置

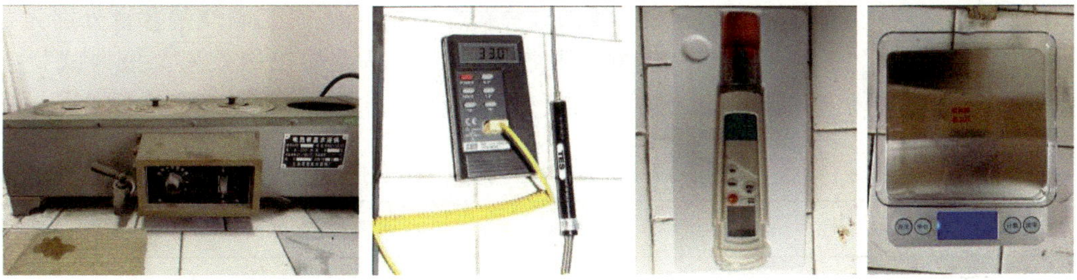

(d) 恒温水浴锅　(e) 数位温度计　(f) pH计　(g) 电子秤

图 5-2 试验仪器

液体炸药组分配比试验材料包括质量分数为 86%的硝酸甲胺溶液、硝酸铵固体、硝酸钠固体、硝酸钙晶体、瓜尔胶、珍珠岩、亚硝酸钠及表面活性剂十二烷基苯磺酸钠,部分材料如图 5-3 所示。

(a) 硝酸甲胺溶液　(b) 硝酸铵固体　(c) 硝酸钠固体

图 5-3 试验原材料

(d) 瓜尔胶　　(e) 珍珠岩　　(f) 表面活性剂

图 5-3(续)

水胶炸药析晶点的控制方法主要有两种:一是加入硝酸钠或硝酸钙与硝酸铵形成低沸共溶混合物,降低硝酸铵溶液的析晶点;二是加入表面活性剂十二烷基苯磺酸钠,与硝酸铵溶液中的弱酸根反应生成硝酸钠,从而降低硝酸铵溶液的析晶点。

基于析晶点控制原理,以 1 kg 炸药量为基准,研究不同含量的硝酸钠、硝酸钙及表面活性剂对析晶点的控制效果,确定液体炸药析晶点控制物质及其含量。两组析晶试验方案设计思路,如图 5-4 和图 5-5 所示。

假设表 5-17 中 $10Z$(单位为 g)的硝酸钠含量对应 100%,现研究硝酸钠含量分别为 $3Z$、$5Z$、$6.5Z$、$7.5Z$、$10Z$ 时,对硝酸铵和硝酸甲胺混合溶液析晶点的控制效果。根据试验方案一,不同质量分数的硝酸钠析晶过程可分为三组子试验。

表 5-17　各编号对应混合溶液组分

编　　号	混合溶液组分物质
1-1、2-2、3-3	硝酸甲胺、硝酸铵、足量水
1-2、2-3	硝酸甲胺、足量水
1-3	硝酸甲胺
3-1-1	硝酸甲胺、硝酸铵、足量水、50%硝酸钠
3-1-2	硝酸甲胺、硝酸铵、足量水、100%硝酸钠
3-2-1	硝酸甲胺、硝酸铵、足量水、30%硝酸钠
3-2-2	硝酸甲胺、硝酸铵、足量水、65%硝酸钠
3-2-3	硝酸甲胺、硝酸铵、足量水、75%硝酸钠
4-4-1	硝酸甲胺、硝酸铵、足量水、50%硝酸钙
4-5-1	硝酸甲胺、硝酸铵、足量水、65%硝酸钙、10 g 表面活性剂

(1) 第一组试验内容:确定不同含水量条件下对应的硝酸甲胺溶液的析晶点以及 1 kg 炸药配方中 $10X$ 硝酸甲胺、$10Y$ 硝酸铵、$10N$ 水形成的混合溶液的析晶点。

① 量取过量质量分数为 86%的硝酸甲胺溶液,加热搅拌至溶液中的硝酸甲胺完全溶解

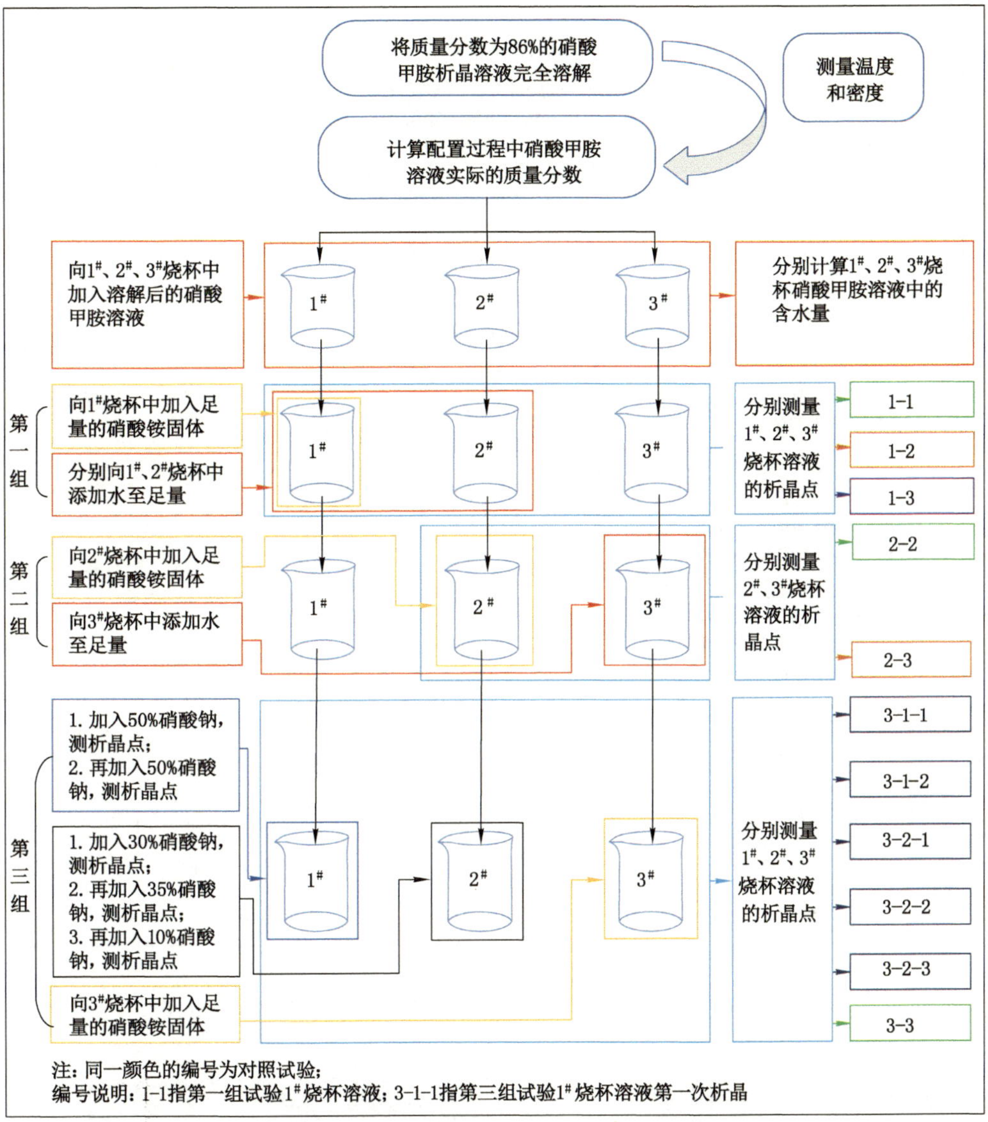

图 5-4　不同含量硝酸钠析晶效果试验方案设计思路

(图 5-6)，静置后测量此时溶液的温度和密度，分别为 57 ℃、1.241 g/cm^3(图 5-7)。

② 根据硝酸甲胺溶液在不同温度下的浓度和密度关系曲线，确定其浓度为 83.3%。由表 5-17 可知硝酸甲胺质量为 10X，计算所需硝酸甲胺溶液的质量为 10X_1。

③ 量取三组质量为 10X_1 的硝酸甲胺完全溶解的硝酸甲胺溶液，分别倒入编号为 1#、2#、3# 的烧杯中，搅拌后置于恒温水浴锅内，如图 5-8 和图 5-9 所示。

④ 根据浓度计算公式，计算出 1#、2#、3# 烧杯中浓度为 83.3%的硝酸甲胺溶液的含水量，为 74.6 g。量取两组质量为(10N−74.6)g 的水，分别加入 1#、2# 烧杯中，搅拌后静置，如图 5-10 和图 5-11 所示。

⑤ 称取质量为 10Y 的硝酸铵，倒入 1# 烧杯溶液中，搅拌至完全溶解，此时溶液呈透明

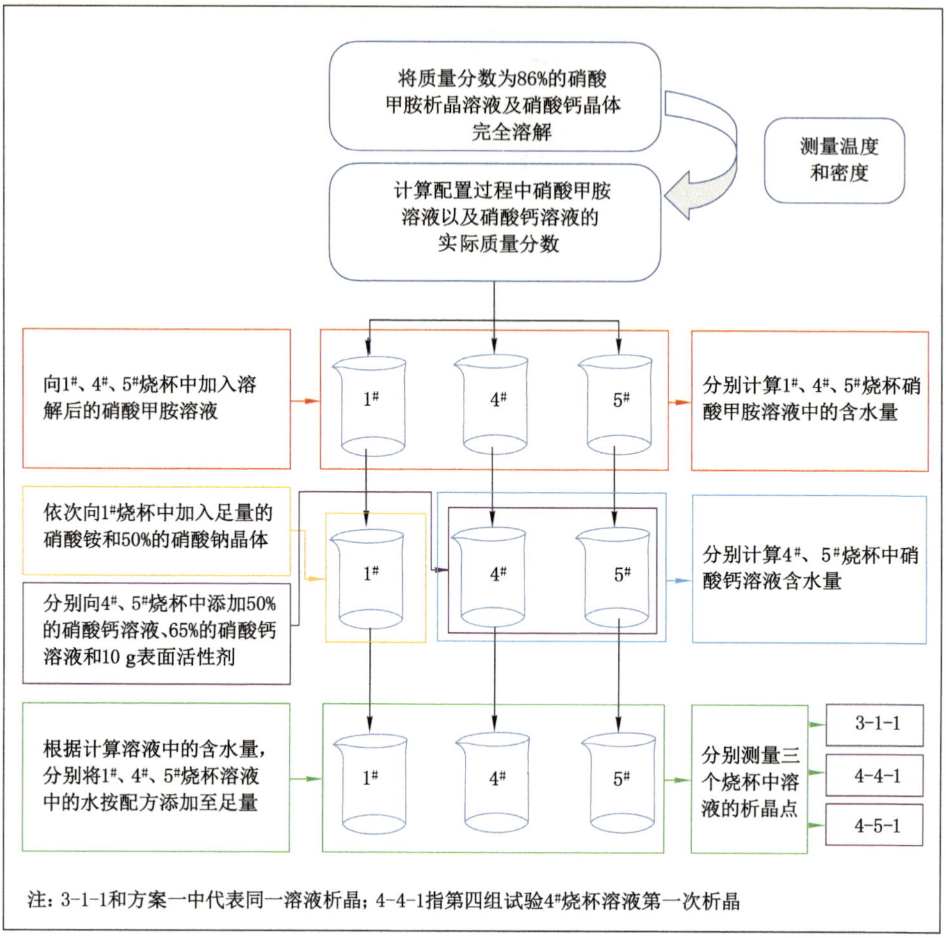

图 5-5　硝酸钠、硝酸钙、表面活性剂析晶效果试验方案设计思路

图 5-6　搅拌溶解

图 5-7　测量硝酸甲胺溶液的密度及温度

图 5-8　溶解后的硝酸甲胺溶液

图 5-9　溶解后硝酸甲胺溶液恒温保存

图 5-10　量取小剂量的水

图 5-11　搅拌

状，如图 5-12 所示。

(a)　(b)

图 5-12　硝酸铵搅拌溶解示意图

⑥ 静置后，3 个烧杯中溶液的温度逐渐降低，当溶液出现析晶时（图 5-13），测量此时溶液的温度，即析晶点，分别记为 1-1、1-2、1-3。

第一组试验过程及测试结果见表 5-18。

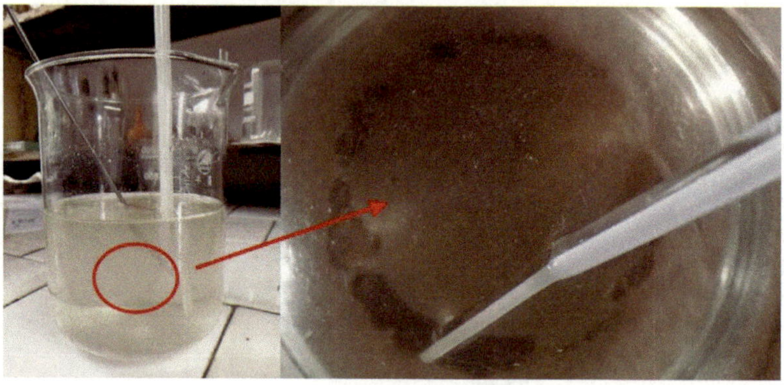

图 5-13　混合溶液析晶时的状态

表 5-18　第一组试验过程及测试结果

参数	1# 烧杯	2# 烧杯	3# 烧杯
硝酸甲胺质量/g	10X	10X	10X
含水量/g	74.6	74.6	74.6
添水量/g	10N－74.6	10N－74.6	
硝酸铵质量/g	10Y		
数据编号	1-1	1-2	1-3
析晶点/℃	19.4	15.2	34.4

由表 5-18 可知，10X 硝酸甲胺、10Y 硝酸铵、10N 水组成的混合溶液析晶点为 19.4 ℃；含水量为 74.6 g 的硝酸甲胺溶液析晶点为 34.4 ℃，当含水量增加至 10N 时，溶液的析晶点降至 15.2 ℃。

(2) 第二组试验内容：测量质量为 10X 硝酸甲胺、10Y 硝酸铵及 10N 水组成的混合溶液的析晶点，与第一组试验 1-1 形成重复试验；测量水质量为 10N 时硝酸甲胺溶液的析晶点，重复第一组试验 1-2 的试验步骤；通过提高试验可靠性，确定煤矿液体炸药配方中硝酸甲胺、硝酸铵及水的质量。

① 在第一组试验基础上，继续称量质量为 10Y 的硝酸铵，倒入 2# 烧杯溶液中，搅拌至完全溶解。

② 量取质量为(10N－74.6)g 的水，倒入 3# 烧杯溶液中，搅拌，如图 5-14 所示。

图 5-14　硝酸铵称量及搅拌溶解

③ 静置后，分别测量 2# 、3# 烧杯中溶液的析晶点，记为 2-2、2-3。

第二组试验过程及测试结果见表 5-19。

表 5-19 第二组试验过程及测试结果

参数	1#烧杯	2#烧杯	3#烧杯
硝酸甲胺质量/g	10X	10X	10X
含水量/g	74.6	74.6	74.6
添水量/g	10N−74.6	10N−74.6	+(10N−74.6)
硝酸铵质量/g	10Y	+10Y	
数据编号	1-1	2-2	(1-2)2-3
析晶点/℃	19.4	19.3	14.8

对比表 5-18 和表 5-19 中重复组的试验数据，质量为 10X 硝酸甲胺、10Y 硝酸铵及 10N 水组成的混合溶液析晶点为 19.3 ℃，误差为 0.1 ℃；当水质量为 10N 时，硝酸甲胺溶液析晶点为 14.8 ℃，误差为 0.4 ℃。

(3) 第三组试验内容：在前两组试验基础上，研究加入不同质量硝酸钠后混合溶液的析晶点；测量质量为 10X 硝酸甲胺、10Y 硝酸铵及 10N 水组成的混合溶液析晶点，重复前述 1-1、2-2 试验步骤。

① 在第二组试验基础上，称量质量为 5Z 硝酸钠，加入 1# 烧杯溶液中，搅拌至完全溶解，测量溶液的析晶点，记为 3-1-1。

② 将 1# 烧杯中已析晶的混合溶液加热搅拌至无晶体析出，继续称量质量为 5Z 硝酸钠加入 1# 烧杯，测量 1# 烧杯溶液的析晶点，记为 3-1-2。

③ 同理，按照步骤①、②的方法，在 2# 烧杯溶液中分别逐次加入质量为 3Z、3.5Z、Z 的硝酸钠，逐次测量 3 次不同含量硝酸钠溶液的析晶点，记为 3-2-1、3-2-2、3-2-3。不同含量硝酸钠混合溶液析晶如图 5-15 所示。

图 5-15 不同含量硝酸钠混合溶液析晶

④ 称取质量为 10Y 的硝酸铵，加入 3# 烧杯溶液中，搅拌至完全溶解，测量此时溶液的析晶点，记为 3-3。

第三组试验过程及测试结果见表 5-20。

表 5-20　第三组试验过程及测试结果

参数	1#烧杯	2#烧杯	3#烧杯
硝酸甲胺质量/g	10X	10X	10X
含水量/g	74.6	74.6	74.6
添水量/g	10N—74.6	10N—74.6	10N—74.6
硝酸铵质量/g	10Y	10Y	+10Y
硝酸钠质量/g	+5Z(50%)	+3Z(30%)	
	+5Z(100%)	+3.5Z(65%)	
		+Z(75%)	
数据编号	3-1-1	3-2-1	(1-1/2-2)3-3
	3-1-2	3-2-2	
		3-2-3	
析晶点/℃	16.9	15.0	19.5
	38.4	36.0	
		37.1	

对比表 5-18 至表 5-20 可知，不同含量硝酸钠溶液的析晶试验结论如下：

① 当硝酸甲胺∶硝酸铵∶水＝X∶Y∶N(质量比)时，混合溶液的析晶点为(19.4±0.1) ℃，含水量的增加可显著降低硝酸甲胺溶液的析晶点，变化量约为－19.2～－19.6 ℃，如图 5-16(a)所示。

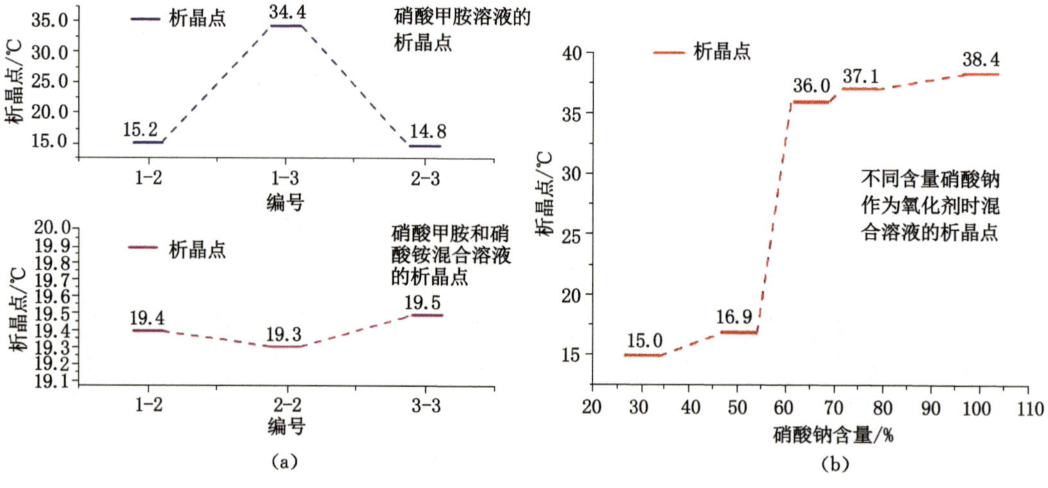

图 5-16　不同溶质混合溶液析晶点变化规律

② 硝酸钠含量对混合溶液析晶点的影响规律如图 5-16(b)所示。对比硝酸甲胺和硝酸铵混合溶液的析晶点可以看出，随着硝酸钠含量的增加，混合溶液的析晶点呈现先降低后升高的变化趋势：当硝酸钠含量≤50%时，混合溶液的析晶点≤16.9 ℃；当硝酸钠含量≥65%时，混合溶液的析晶点≥30 ℃。

③ 当含水量为 10N 时，在质量为 10X 的硝酸甲胺溶液中，只有同时加入硝酸铵和硝酸

钠，才可以降低溶液的析晶点，变化量约为−4～−6 ℃，如图 5-17 所示。

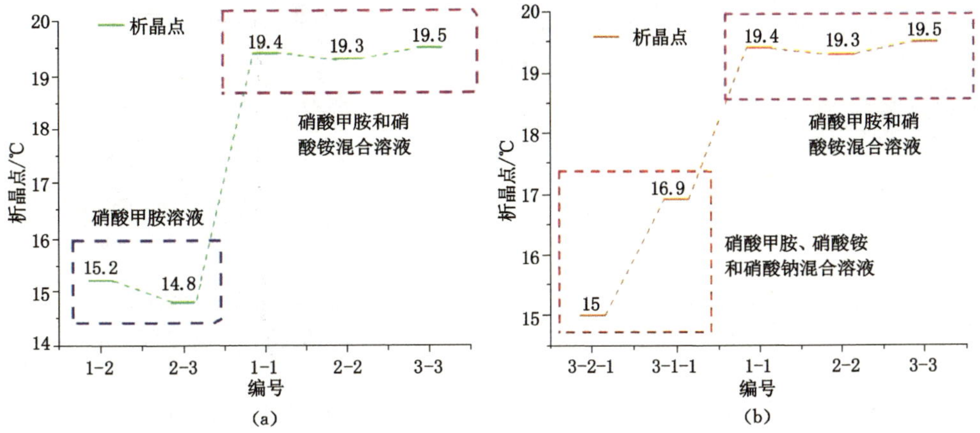

图 5-17　硝酸盐对混合溶液析晶点的影响规律

综上所述，当 1 kg 混合炸药体系中仅含有 10N 水、10Y 硝酸铵及 10X 硝酸甲胺时，混合炸药体系的析晶点为 19～20 ℃；当加入硝酸钠且其含量≤50%（即质量≤5Z）时，混合溶液的析晶点≤16.9 ℃。

实验室选用材料为硝酸钙晶体，化学式为 $Ca(NO_3)_2 \cdot 4H_2O$，在溶解的过程中，会析出部分水。$Ca(NO_3)_2$ 的氧平衡为 0.488，$NaNO_3$ 的氧平衡为 0.47。以零氧平衡为原则，将表 5-17 配方中 $NaNO_3$ 换为 $Ca(NO_3)_2$，计算可得 $Ca(NO_3)_2$ 的质量为 Z_1。$Ca(NO_3)_2 \cdot 4H_2O$ 中，$Ca(NO_3)_2$ 的质量分数为 69.5%，H_2O 的质量分数为 30.5%。根据质量守恒定律，求得对应的 $Ca(NO_3)_2 \cdot 4H_2O$ 的质量为 1.44Z_1。

以 1 kg 炸药为标准，将 $Ca(NO_3)_2 \cdot 4H_2O$ 对应的质量 14.4Z_1 记为 100%，结合表 5-17，测试析晶点调节剂为 50%$NaNO_3$、50%$Ca(NO_3)_2$、65%$Ca(NO_3)_2$ 及 10 g 表面活性剂时的混合溶液析晶点，具体试验步骤如下：

① 重复试验方案一中第一组试验步骤①、②。

② 称量两组质量为 10X_1 的硝酸甲胺溶液及 10Y 的硝酸铵固体，分别倒入 4#、5# 烧杯中搅拌至完全溶解。

③ 分别称量质量为 0.72Z_1、0.936Z_1 的 $Ca(NO_3)_2 \cdot 4H_2O$ 及 10 g 表面活性剂，分别置于闲置烧杯中。

④ 根据测量的浓度，计算出第①步中硝酸甲胺晶体完全溶解后的硝酸甲胺溶液、0.72Z_1 $Ca(NO_3)_2 \cdot 4H_2O$ 的溶液、0.936Z_1 $Ca(NO_3)_2 \cdot 4H_2O$ 的溶液含水量分别为 74.6 g、36.3 g、47.2 g。根据配方中水组分的含量为 10N，计算出 4#、5# 烧杯中所需要添加的水的质量分别为(10N−74.6−36.3) g 及(10N−74.6−47.2) g。

⑤ 量取质量为(10N−74.6−36.3) g 的水，将其与称量好的质量为 0.72Z_1 的 $Ca(NO_3)_2 \cdot 4H_2O$ 混合后一起加入 4# 烧杯中，搅拌至完全溶解。如图 5-18 和图 5-19 所示。

⑥ 量取质量为(10N−74.6−47.2) g 的水，将其与称量好的质量为 0.936Z_1 的 $Ca(NO_3)_2$ 及 10 g 表面活性剂混合均匀，再缓慢加入 5# 烧杯中，搅拌至完全溶解。如图 5-20 和图 5-21 所示。

图 5-18　加入硝酸钙后的混合溶液

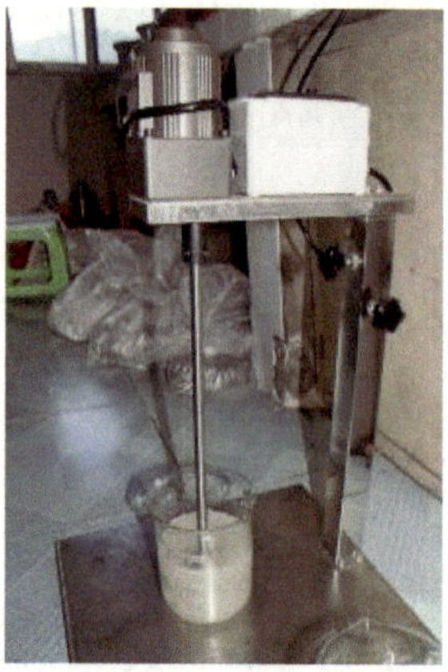

图 5-19　硝酸钙混合溶液搅拌溶解

图 5-20　硝酸钠、硝酸钙、表面活性剂溶液

图 5-21　加入表面活性剂后的混合溶液

⑦ 静置后，分别测量 4#、5# 烧杯中溶液的析晶点，记为 4-4-1、4-5-1。

根据上述试验步骤，结合方案一中 50%$NaNO_3$ 对应的溶液析晶点，得到不同种类硝酸盐混合溶液对应的析晶点，见表 5-21。

表 5-21　不同种类硝酸盐混合溶液的析晶点

编号	3-1-1	4-4-1	4-5-1
析晶点控制方式	50%$NaNO_3$	50%$Ca(NO_3)_2$	65%$Ca(NO_3)_2$+10 g 表面活性剂
析晶点/℃	16.9	33.6	18.8

由表 5-21 可知，以 $Ca(NO_3)_2$ 作为析晶点调节剂的混合溶液，当 $Ca(NO_3)_2$ 含量由 50%增加到 65%并加入表面活性剂后，对应的混合溶液析晶点由 33.6 ℃降至 18.8 ℃。当表面活性剂纯度≤100%时，对混合溶液析晶点的观测和测量有一定的影响，如图 5-21 所示。试验结果表明，50%$NaNO_3$ 的析晶效果优于 65%$Ca(NO_3)_2$ 及表面活性剂和 50%$Ca(NO_3)_2$。

综上分析，确定液体炸药的基本组分为硝酸甲胺、硝酸铵和水，液体炸药基础配方中 $NaNO_3$ 含量控制在 0～50%，对应的混合炸药溶液析晶点为 15～16.9 ℃。

同理，开展液体炸药密度测试试验工作，采用物理（珍珠岩）和化学（亚硝酸钠）两种方法进行试验对比分析。

① 重复试验方案一中第一组试验步骤①、②。

② 称量两组质量为 $10X_1$ 的硝酸甲胺完全溶解后的硝酸甲胺溶液，将其置于恒温水浴锅内，分别记为 4#、5#。

③ 计算出两组硝酸甲胺溶液中的含水量为 74.6 g，根据配方中的含水量计算出需添加的水的质量为（$10N-74.6$）g，称量两组质量为（$10N-74.6$）g 的水，分别加入 4#、5# 烧杯中。

④ 根据配方量取质量为 $10Y$ 的硝酸铵、$5Z$ 的硝酸钠及 6 g 瓜尔胶，分别加入 4#、5# 烧杯中，搅拌至完全溶解。

⑤ 根据配方，量取适量珍珠岩和亚硝酸钠，分别加入 4#、5# 烧杯中，搅拌均匀后静置，如图 5-22 所示。

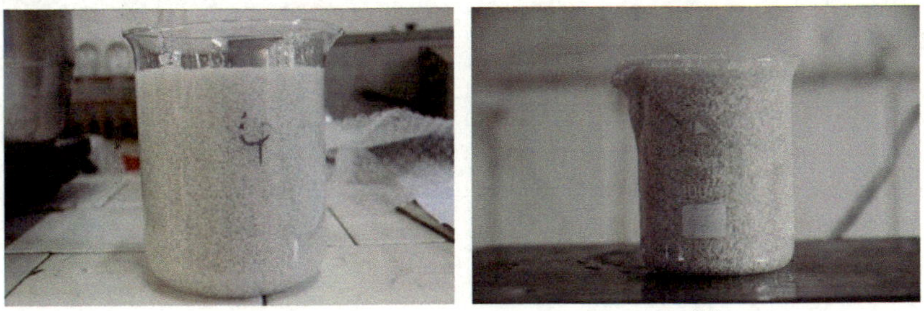

(a)　　　　(b)

图 5-22　待测密度混合溶液

⑥ 用 100 mL 小烧杯称取满杯的混合溶液，擦掉烧杯边缘残留液体，静置于电子秤上，读取质量后计算混合溶液的密度。

根据上述试验步骤及密度测量结果，对炸药各组分含量进行调节，确定其对应范围，见表 5-22。

表 5-22　不同配方混合溶液的密度及析晶点

配方	炸药组分含量/%	密度/(g/cm³)	析晶点/℃
硝酸甲胺/硝酸铵/硝酸钠/水/瓜尔胶/亚硝酸钠/促进剂	(35～40)：(30～35)：9：(15～20)：(0.5～1.05)：0.15：0.12	1.12	17.0
	(35～40)：(30～35)：9：(15～20)：(0.5～1.05)：0.20：0.16	0.96	16.9
硝酸甲胺/硝酸铵/硝酸钠/水/瓜尔胶/珍珠岩	(35～40)：(30～35)：9：(15～20)：(0.5～1.05)：1.72	1.14	16.7
	(35～40)：(30～35)：9：(15～20)：(0.5～1.05)：1.55	1.16	17.2

由表 5-22 可知，通过物理和化学两种调节方式，液体炸药密度可以控制在 0.9～1.2 g/cm³。对比保存周期和稳定性，确定选用亚硝酸钠作为炸药密度调节剂。

5.2.2　水胶液体炸药爆速测试

根据水胶液体炸药不同密度调节方式的配方，测量不同密度条件下的炸药爆速，以确定药液密度最终调节方式。参考《工业炸药爆速测定方法》(GB/T 13228—2015)，炸药爆速测试原理如下：制作液体炸药爆速测试药卷(图 5-23)，用两根漆包圆铜线并行缠绕作为传感元件，用小刀在卷装的药卷封皮上割开两个小口，将靶线安装到炸药中，通过缠绕固定后静置于特定位置。利用爆轰化学反应区使靶线两端电阻瞬间变小的特性，测量稳定爆轰波在一定长度(L)炸药中传播所用的时间(t)，计算测量段中炸药的平均爆速(D)。

$$D_i = \frac{L}{t_i} \times 10^3 \tag{5-1}$$

式中 D_i——第 i 次试验的爆速；

L——测量段的长度；

t_i——第 i 次试验测量时间。

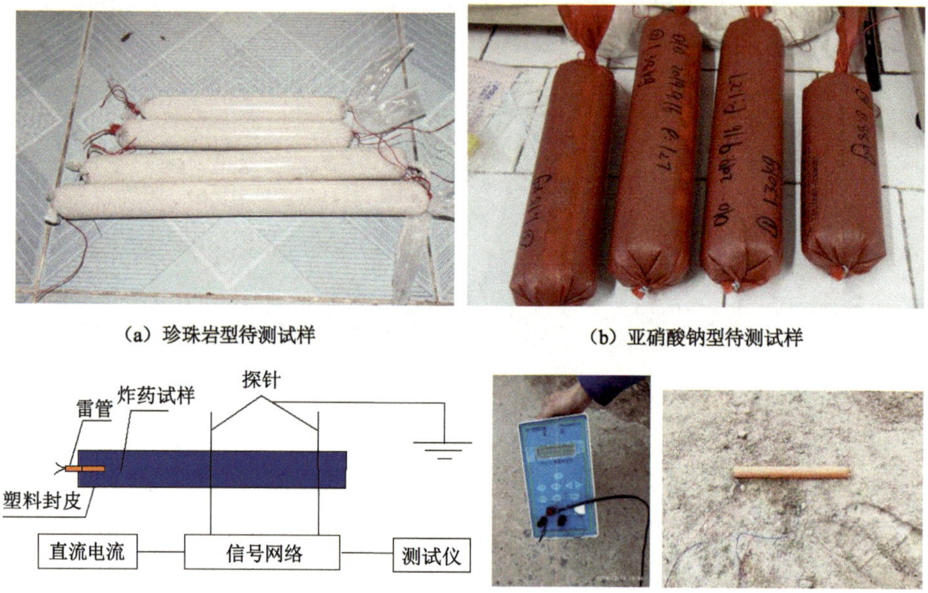

(a) 珍珠岩型待测试样　(b) 亚硝酸钠型待测试样

(c) 爆速测量原理图　(d) 爆速测试仪　(e) 爆速测试现场

图 5-23　液体炸药爆速测试

根据炸药密度调控试验结果，结合炸药的氧平衡值，调节液体炸药组分配比，对四种不同配方条件下的炸药爆速进行测试分析，组分比例及爆速实测结果见表 5-23。

表 5-23　两种密度调节方式液相化水胶炸药爆速测试数据

配　方		爆速(m/s)		
		第 1 次测量结果	第 2 次测量结果	平均值
硝酸甲胺/硝酸铵/硝酸钠/水/瓜尔胶/亚硝酸钠/促进剂	配方一：37.20/34.48/9.00/18.25/0.80/0.15/0.12	4 400	4 500	4 450
	配方二：36.20/34.26/9.00/19.38/0.80/0.20/0.16	3 600	3 700	3 650
硝酸甲胺/硝酸铵/硝酸钠/水/瓜尔胶/珍珠岩	配方三：37.20/30.80/8.59/18.16/0.60/1.55	3 156	3 316	3 236
	配方四：37.20/30.80/8.58/17.65/0.60/1.72	3 104	3 186	3 145

由表 5-23 可知，不同密度调节方式的爆速范围相差不大，珍珠岩对应的液相化水胶炸药的爆速范围为 3 145～3 236 m/s，亚硝酸钠对应的液相化水胶炸药的爆速范围为 3 650～4 450 m/s。两种调节方式对应的液体炸药爆速均大于《乳化炸药技术条件》(MT/T 66—2008)中对三级煤矿许用乳化炸药的爆速要求(2 800 m/s)，符合煤矿对液体炸药爆速的要求，最终确定选用亚硝酸钠作为液体炸药的密度调节剂。

5.2.3 液体炸药性能理论分析

分析煤矿液体炸药的爆炸性能，需确定爆炸反应化学方程式及反应物中各元素的含量。由于促进剂属于酸性混合物，主要用于促进气泡生成和调节密度，并不参与爆炸反应过程，在计算过程中不考虑促进剂的影响。

根据煤矿液体炸药的组分配比，以 1 kg 炸药化学反应为基准，其分子式中的元素组成见表 5-24。

表 5-24 1 kg 炸药反应物元素组成

组分	分子式	分子量	含量/%	1 kg 炸药中组分的物质的量/mol	1 kg 炸药中元素的物质的量/mol				
					C	H	O	N	Na
硝酸甲胺	$CH_6N_2O_3$	95	37.2	372/95=3.92	3.92	23.52	11.76	7.84	0
			36.2	362/95=3.81	3.81	22.86	11.43	7.62	0
硝酸铵	NH_4NO_3	80	34.48	344.8/80=4.31	0	17.24	12.93	8.62	0
			34.26	342.6/80=4.28	0	17.12	12.84	8.56	0
硝酸钠	$NaNO_3$	85	9	90/85=1.06	0	0	3.18	1.06	1.06
			9	90/85=1.06	0	0	3.18	1.06	1.06
水	H_2O	18	18.25	182.5/18=10.14	0	20.28	10.14	0	0
			19.38	193.8/18=10.77	0	21.54	10.77	0	0
瓜尔胶	$C_{3.18}H_{5.9}O_{3.27}N_{0.059}$	97	0.8	8/97=0.08	0.25	0.47	0.26	0.005	0
			0.8	8/97=0.08	0.25	0.47	0.26	0.005	0
亚硝酸钠	$NaNO_2$	69	0.15	1.5/69=0.02	0	0	0.04	0.02	0.02
			0.20	2/69=0.03	0	0	0.06	0.03	0.03
1 kg 炸药中元素的物质的量合计					4.17	61.51	38.31	17.55	1.08
					4.06	61.99	38.54	17.28	1.09

由表 5-24 可得，煤矿液体炸药在两种配方条件下的试验分子式分别为 $C_{4.17}H_{61.51}O_{38.31}N_{17.55}Na_{1.08}$ 和 $C_{4.06}H_{61.99}O_{38.54}N_{17.28}Na_{1.09}$。

对于含有金属元素的爆炸化学反应，通常先使金属完全氧化生成对应的氧化物，再按照 B-W 规则进行氧化：首先将炸药体系中的 H 氧化为 H_2O，然后剩余氧将 C 氧化为 CO，随后氧元素若有剩余则继续将 CO 氧化为 CO_2，N 则以元素态析出，不参与反应。

通过计算各组分氧平衡，上述试验方程式的爆炸化学反应均为负氧平衡，产物为 H_2O、CO_2、CO、N_2，不同试验方程式对应的爆炸反应分别为：

$$C_{4.17}H_{61.51}O_{38.31}N_{17.55}Na_{1.08} \longrightarrow 0.54Na_2O(g)+30.755H_2O(g)+1.325CO(g)+$$

$$C_{4.06}H_{61.99}O_{38.54}N_{17.28}Na_{1.09} \longrightarrow \begin{array}{l} 2.845CO_2(g)+8.775N_2(g) \\ 0.545Na_2O(g)+30.995H_2O(g)+1.12CO(g)+ \\ 2.94CO_2(g)+8.64N_2(g) \end{array}$$

煤矿液体炸药对煤岩体的做功能力取决于其爆炸性能。炸药的爆炸性能主要包括爆热、爆温、爆压、爆容、爆速、猛度、做功能力等。以配方一为例，对液体炸药的爆炸性能参数进行理论计算。

(1) 爆热

爆热指 1 kg 炸药在一定温度和压强下起爆后所释放的热量，单位为 kJ/kg 或 kJ/mol，由盖斯定律“$\Delta H_{爆热}=\Delta H_{生成物}-\Delta H_{反应物}$”可知，液体炸药爆炸反应放出的热量和反应的途径无关，仅取决于参与爆炸反应物质的始末状态。工业炸药爆热的主要影响因素包括炸药组分中的添加剂种类、密度、氧平衡及装药外壳。基于煤矿液体炸药的性状，不考虑装药外壳对爆热的影响。

液体炸药按照组分主要由氧化剂、可燃剂及添加剂组成。根据具体使用条件，可加入不同的添加剂来改变炸药的适用性。微观上，炸药组分中加入可燃元素含氧官能团可以增加炸药的生成热，从而降低液体炸药的爆热；惰性液体可以选择水介质，通过汽化吸收部分热量。

密度对炸药爆热的影响主要与氧平衡有关。当炸药为正氧平衡时，其爆热受密度的影响较小；对于负氧平衡，可向其中加入盐类水溶液填充分子之间的空隙，随着密度的增大，爆热逐渐增大。

液体炸药的配方不同，其中的 H 和 O 两种元素在和可燃元素进行键的形成与破坏时吸收和放出的热量也不同。H 含量较多的炸药，放热量相对较大；与可燃元素直接作用的 O 元素含量越少，炸药的生成热则越小。

由盖斯定律可知，爆热的大小仅由反应的始末决定，在数值上等于爆炸产物的生成热减去爆炸物本身的生成热。

炸药各组分的生成热为：

$CH_3N_2O_3$	$3.92\times81.11=317.95$ (kcal)
NH_4NO_3	$4.31\times84.56=364.45$ (kcal)
$NaNO_3$	$1.06\times110.59=117.23$ (kcal)
$H_2O(l)$	$10.14\times67.43=683.74$ (kcal)
$NaNO_2$	$0.02\times87.04=1.74$ (kcal)
$C_{3.18}H_{5.9}O_{3.27}N_{0.059}$	$0.08\times159.86=17.79$ (kcal)

爆炸产物的生成热为：

Na_2O	$0.54\times99.18=53.56$ (kcal)
$H_2O(g)$	$30.755\times57.5=1\,768.41$ (kcal)
CO	$1.325\times26.72=35.40$ (kcal)
CO_2	$2.845\times94.05=267.57$ (kcal)
N_2	$8.775\times0=0$ (kcal)

按照上述计算方法，求得液体炸药爆热：

$$Q_v=2\,124.94\ \text{kcal/kg}—1\,502.9\ \text{kcal/kg}$$

$=622.04\ \text{kcal/kg}=2\ 602.62\ \text{kJ/kg}$

(2) 爆温

爆温指炸药在爆炸反应后释放的热量将爆生产物加热到的最高温度。影响爆温的主要因素包括爆热及爆炸反应的生成物。爆温与爆热的关系为：

$$Q_v = C_v T \tag{5-2}$$

式中 C_v——液体炸药全部爆炸产物在 0 ℃到 t ℃间平均的热容之和；

T——液体炸药的爆温。

C_v 为温度的线性函数，用 $C_v=a+bT$ 来表示，代入式(5-2)可得：

$$T = \frac{-a+\sqrt{a^2+4bQ_v}}{2b} \tag{5-3}$$

式中 a、b——不定常数。

具体参数见表 5-25。

表 5-25 爆温计算中各物质经验常数

物质	双原子气体	水蒸气	三原子气体	氧化钠
a	4.8	4.0	9.0	17.1
$b/(\times10^{-4})$	4.5	21.5	5.8	0

将表 5-25 中的数据代入式 $C_v=a+bT$ 中可得爆炸反应后生成物的热容：

H_2O：$C_v=30.755\times(4.0+21.5\times10^{-4}T)=123.02+0.066\ 1T$

CO_2：$C_v=2.845\times(9.0+5.8\times10^{-4}T)=25.605+0.001\ 65T$

N_2：$C_v=8.775\times(4.8+4.5\times10^{-4}T)=42.12+0.003\ 95T$

Na_2O：$C_v=0.54\times17.1=9.234$

CO：$C_v=1.325\times(4.8+4.5\times10^{-4}T)=6.36+0.000\ 60t$

$$\sum C_v = 206.339+0.072\ 3T$$

将 $Q_{v1}=2\ 602.62\ \text{kJ/kg}=622.04\ \text{kcal/kg}$ 代入式(5-3)可得理论爆温：

$$T_1=\frac{-206.339+\sqrt{206.339^2+4\times0.072\ 3\times622.04\times1\ 000}}{2\times0.072\ 3}=1\ 834.91\ (℃)$$

即

$$T_1 = 1\ 834.91+273 = 2\ 107.91\ (\text{K})$$

(3) 爆容

爆容指 1 kg 炸药在 0.1 MPa、0 ℃的条件下释放的气体体积。炸药的爆容可以通过阿伏伽德罗定律计算：

$$V = \frac{22.4\sum n}{m} \tag{5-4}$$

式中 V——液体炸药的爆容；

n——液体炸药在爆炸过程中释放气体成分的物质的量；

m——液体炸药的质量。

将数据代入式(5-4)可得：

$$V_1 = \frac{22.4\sum n}{m} = 990.98\ (\text{L/kg})$$

可以看出，液体炸药的爆容主要由爆炸反应产生的气体体积决定，爆生气体体积越大，爆容越大。液体炸药混合越均匀，稳定性越高，各组分间接触面积越大，爆炸反应越完全，生成的气体体积越大，爆容越大；不同氧平衡对应的爆生气体种类不同，爆容大小也不同。

(4) 爆压

爆压指炸药在密闭容器中爆炸后产生的气体产物对周围直接接触面的垂直作用力，即爆轰压力。根据 C-J 爆轰理论，爆压和炸药装药密度及爆速的平方成正比：

$$P = k\rho_0 v_D^2 \tag{5-5}$$

式中 P——爆炸气体产物的理论爆压；

k——经验常数，通常为 0.25；

ρ_0——液体炸药的装药密度；

v_D——设计的煤矿液体炸药的理论爆速。

代入数据得：

$$P = 5.5447 \times 10^9\ \text{Pa}$$

(5) 做功能力

炸药爆炸后会生成高温、高热的气体，气体迅速膨胀对周围介质做功，产生变形、破坏及飞散等现象，统称为炸药的威力及做功能力。炸药做功能力的经验计算通常采用特性乘积法。炸药的能量主要由爆热 Q_v 决定，而做功能力与爆炸产生的气体体积 $V_{气体}$ 有关。爆热和爆生气体体积的乘积称为特性乘积，炸药做功能力与爆热、爆生气体体积关系为：

$$A = \Phi Q_v V_{气体} \tag{5-6}$$

式中 Φ——试验常数，取 3.65×10^{-4}；

$V_{气体}$——液体炸药爆生气体体积；

Q_v——液体炸药理论定容爆热；

A——炸药的理论做功能力。

根据反应方程式及计算的理论定容爆热可得：

$$A = 0.9414\ \text{kJ/g}$$

可以看出，炸药做功能力主要由炸药的爆热及做功效率决定。此外，影响炸药做功能力的因素还包括炸药的密度、含水量等。

炸药密度对做功能力的影响规律主要与敏化剂种类有关。对于通过单质猛炸药敏化的混合炸药，随着炸药密度的增大，做功能力和最大密度相适应，不会出现明显下降。

对于煤矿液体炸药，敏化剂主要为硝酸甲胺溶液，随着密度的增加，做功能力首先升高；当混合溶液的密度增至一定程度时，敏化剂气泡相对减少，可能导致不完全爆轰，做功能力呈现下降趋势。

煤矿液体炸药组分中的水介质作为溶剂，溶解硝酸铵、硝酸钠等固体，保持组分间理化性质的稳定，增强炸药体系稳定性，促进爆炸反应，提高做功能力。但在爆炸反应过程中，水蒸发吸收大量的热，会降低炸药的做功能力。

(6) 猛度

猛度指炸药爆炸瞬间，爆轰波和爆生气体产物对直接接触的固体介质局部进行破碎的能力。根据猛度和爆压的线性关系，结合爆压、爆速及装药密度的关系，猛度用单位面积上的冲量（比冲量）来表示：

$$I = \frac{8}{27}h\rho D \tag{5-7}$$

式中 h——测量试样的长度。

假设药卷在爆破过程中无侧向飞散，即作用在目标上的产物质量为整个装药量，试样尺寸为 20 mm×80 mm，代入数据可得：

$$I = \frac{8}{27} \times 0.08 \times 1\ 120 \times 4\ 450 = 1.181\ 4 \times 10^5 [\text{kg}/(\text{m} \cdot \text{s})]$$

同理，按照相同方法计算炸药配方二的爆轰参数，最终得到两种配方条件下的炸药爆炸性能参数，见表 5-26。

表 5-26 两种配方条件下的炸药爆炸性能参数

爆炸性能参数	取值（配方一）	取值（配方二）
密度/(g/cm^3)	1.12	0.96
实际爆速/(m/s)	4 450	3 650
理论爆热/(kJ/kg)	2 602.62	1 337.84
理论爆温/℃	1 834.91	1 236.87
理论爆容/(L/kg)	990.98	862.96
理论爆压/Pa	$5.544\ 7\times10^9$	$3.197\ 4\times10^9$
理论做功能力/(kJ/g)	0.941 4	0.358 4
理论猛度/[kg/(m·s)]	$1.181\ 4\times10^5$	$0.830\ 5\times10^5$

由表 5-26 可知，两种配方条件下的炸药爆温均低于 2 000 ℃，对比爆速、爆容及做功能力等参数，最终确定选取配方一作为煤矿液体炸药的基本组分。

（7）爆速

爆速指炸药反应后爆轰波波阵面的传播速度。凝聚态炸药爆速主要受药柱直径、装药密度及装药外壳等因素的影响。爆速通常与炸药密度成正比，但当密度增至一定程度时，分子表面的自由空间减少，反而会导致炸药反应速率降低，爆速呈下降趋势，当炸药密度超过极限密度时，则会出现非理想爆轰甚至炸药被压死的现象。

若不考虑炸药直径效应，爆速随装药直径的增加而增大，当装药直径超过极限直径时，理想爆速和装药密度的关系为：

$$D = a + b\rho_0 \tag{5-8}$$

式中 a、b——爆轰过程中和能量释放相关的参数。

以硝铵炸药为例，爆速与装药密度关系如图 5-24 所示。

由图 5-24 可知，降低装药密度在一定程度上虽可提高传爆感度，但易引起爆燃；增大装药密度则有利于减小爆燃倾向，但可能导致拒爆或残爆。

除装药密度外，根据爆速的经验公式：

$$D = \sqrt{2(\lambda^2 - 1)Q_v} \tag{5-9}$$

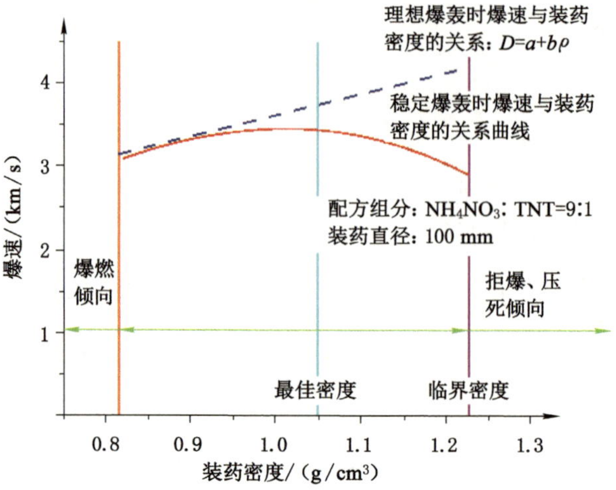

图 5-24　硝铵炸药爆速与装药密度关系

式中　λ——爆生气体产物的绝热指数；

Q_v——液体炸药的定容爆热。

可以看出，爆速还受到爆热和爆压的影响，随着炸药爆热或爆压的增加，爆速也相应地呈增大的变化趋势。

5.3　液体炸药泵注性能测试分析

通过析晶点、密度控制以及爆炸性能测试分析，确定了煤矿液体炸药基本组分及配比。与三级煤矿许用乳化炸药性能参数对比，改进研发的液体炸药满足煤矿爆破的能量需求。为便于液体炸药的井下泵注输送，进一步试验分析了炸药黏度对其流动性的影响。

5.3.1　液体炸药黏度调节

为实现液体炸药的井下泵注目标，对液体炸药各组分含量进行优化。主要通过控制增稠剂（田菁粉）的含量，在不影响炸药爆炸性能的前提下，调节液体炸药整体黏度，使其泵注流量满足工程应用需求。改进研发的液体炸药组分，见表 5-27。

表 5-27　液体炸药组分

组分	含量/%	组分	含量/%
86%硝酸甲胺溶液	40.12	80%硝酸铵溶液	46.25
硝酸钠	10.5	田菁粉（增稠剂）	0.1～0.4
水	2.13	促进剂	0.12
亚硝酸钠（发泡剂）	0.1	泡沫稳定剂	0.1

在 60 ℃恒温水浴的调制器中进行液体炸药调配工作。依次向调制器中加入定量的硝酸甲胺溶液（86%）、硝酸铵溶液（80%）及水；待调制器组分晶体颗粒完全溶解后，关闭水浴

系统；将药液自然冷却至 42 ℃，加入硝酸钠与田菁粉的混合粉末，并使用药匙对药液充分搅拌；依次加入促进剂、发泡剂与泡沫稳定剂，充分搅拌混合，观察药液状态；直至药液内部无杂质且呈现良好的均质性，即完成液体炸药的配置工作。用于黏度调节的液体炸药配置原料，如图 5-25 所示。

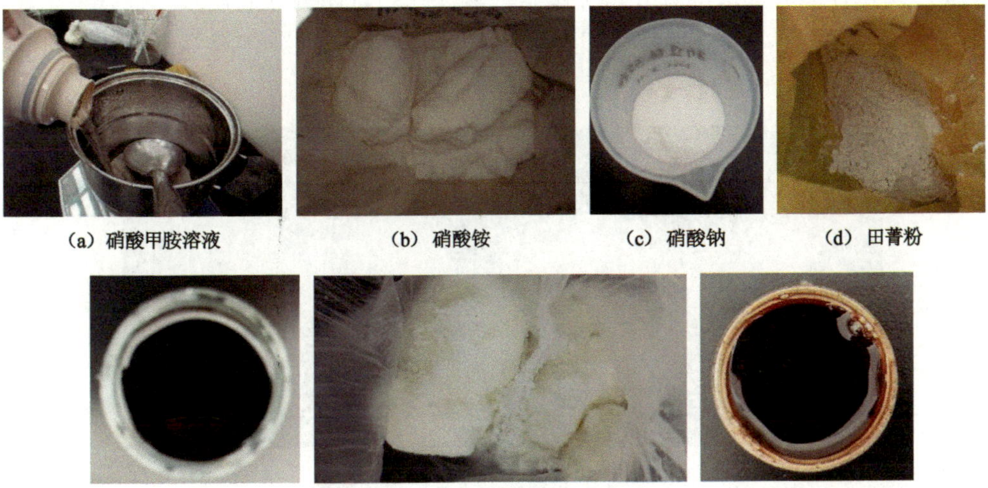

(a) 硝酸甲胺溶液　(b) 硝酸铵　(c) 硝酸钠　(d) 田菁粉

(e) 促进剂　(f) 发泡剂原料　(g) 泡沫稳定剂

图 5-25　液体炸药配置原料

为保证液体炸药在运输和储存过程中始终保持稳定，并拥有良好的气泡裹挟能力，原炸药配方中田菁粉的设计使用量较高，达到了 0.6%。按照上述步骤配置液体炸药后，使用 NDJ-55 型数显旋转黏度计对配置完成的液体炸药进行黏度测试，选择 3 号转子、转速 12 r/min(即量程 10 000 MPa · s)，测得 0.6%田菁粉液体炸药黏度为 3 523 MPa · s。液体炸药配置成品及黏度测试如图 5-26 所示。

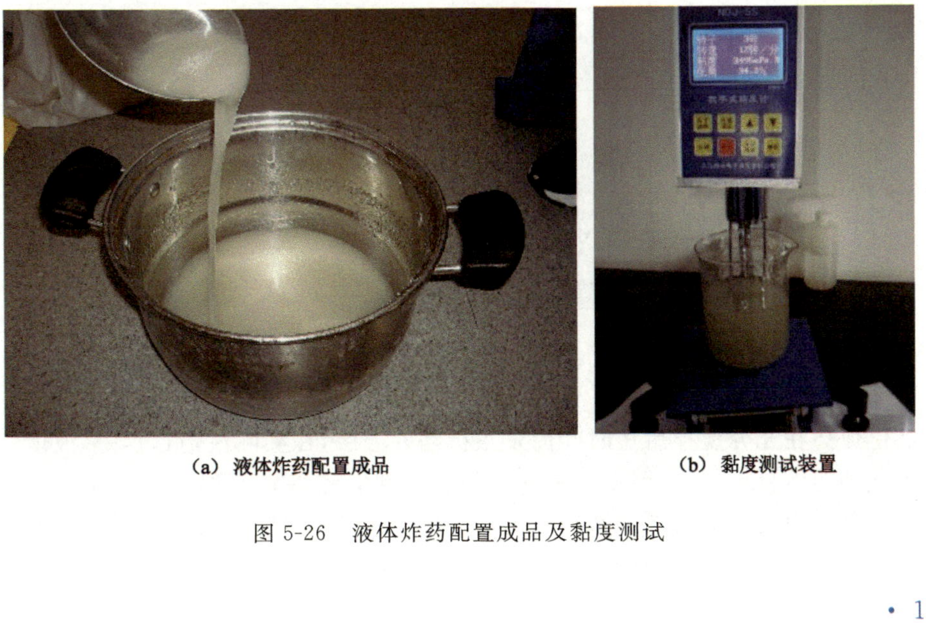

(a) 液体炸药配置成品　(b) 黏度测试装置

图 5-26　液体炸药配置成品及黏度测试

随着时间的延长，液体炸药中的田菁粉会进一步发生水合作用，液体炸药黏度继续增加。将配置完成的液体炸药放置于阴凉、不透风处 24 h 后，再次进行黏度测试，测得液体炸药黏度为 8 149 MPa·s。根据后续液体炸药泵送试验结果，该黏度参数不利于液体炸药的井下泵送。

采用现场搅拌混入气泡的方式可大幅降低液体炸药对增稠剂的需求。综合考虑液体炸药的稳定性同时降低黏度，分别配置田菁粉含量为 0.1%、0.2%、0.3%和 0.4%的液体炸药，如图 5-27 所示。

图 5-27　不同增稠剂含量的液体炸药

田菁粉含量不同，药液黏度也存在显著差异。通过对配置完成的药液进行黏度测试，得到不同增稠剂含量条件下的药液黏度分别为 303 MPa·s、591 MPa·s、689 MPa·s 和 784 MPa·s；放置 24 h 后，再次测得的药液黏度分别为 762 MPa·s、1 805 MPa·s、2 015 MPa·s 和3 621 MPa·s；随时间继续延长，测量的药液黏度基本无增长，甚至略有降低。其原因在于，配置完成的液体炸药在不同程度上出现了析晶现象，药液黏度降低，如图 5-28 所示。例如，将前述配置完成的药液静置 7 d 后，测得 4 种液体炸药黏度分别为 470 MPa·s、1 131 MPa·s、1 651 MPa·s 和 3 592 MPa·s。

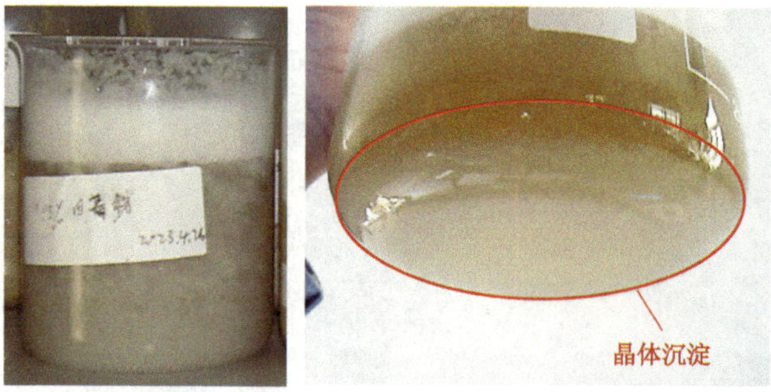

图 5-28　低黏度药液析晶现象

若液体炸药在充分搅拌后短时间内发生析晶并分层，在实际注药过程中，液体炸药基液将不具备起爆能力且易滤失，严重影响炸药的起爆性能和爆破致裂效果。观察 4 种液体炸药的分层现象：0.4%田菁粉液体炸药 7 d 后无明显分层；0.1%、0.2%、0.3%田菁粉液体炸药经搅拌至析晶分层，所用的时间分别为 15 min、12 h 和 72 h。

液体炸药配置完成后，静置一定时间会出现发泡和分层现象，炸药起爆感度会有所降低。为保证液体炸药的可靠起爆，在使用前应充分搅拌，使气泡重新均匀混入药液中，对应的药液整体呈乳白色，并采用电雷管对气泡混合药液进行起爆性能测试，如图 5-29 所示。

(a) 气泡药液分离　(b) 气泡药液混合　(c) 药液起爆测试

图 5-29 气泡药液分离和混合状态及起爆测试

通过对液体炸药黏度、裹挟气泡能力及药液稳定性等的试验研究，最终确定煤矿液体炸药中的田菁粉用量为 0.25%、黏度稳定在 1 000 MPa·s 左右，可保障药液在 15 h 内基本无析晶现象，4 h 后药液才会发生泡沫分层现象，满足工程应用需求。

煤矿液体炸药基于煤矿许用水胶炸药配方改进研发，其安全性能介于二级和三级煤矿许用炸药之间。参照二级煤矿许用水胶炸药安全性能，见表 5-28。

表 5-28 二级煤矿许用水胶炸药安全性能

项　目	指　标
主装药密度/(g/cm^3)	0.90～1.25
可燃气安全度/g	≥500
煤尘-可燃气安全度/g	≥250
抗爆燃性	合格
炸药爆炸后有毒气体含量/(L/kg)	≤50
撞击感度	爆炸概率≤2%
摩擦感度	爆炸概率≤2%
热感度	不燃烧、不爆炸
使用保证期/d	120

液体炸药配方中的硝酸铵、硝酸甲胺、硝酸钠在混合前不具爆炸性，安全性能好且稳定性高。不同组分混合后具有一定的稳定性，可在 17 ℃的低温条件下保存 2 个月。炸药在配

置、运输及使用过程中可以实现分装分运、现配现用，也可在井下提前安置容器，通过泵送装置将药液泵送到固定位置进行灌装。药液挥发性较低，运输和储存过程中不会产生有毒气体污染环境。选用亚硝酸钠作为密度调节剂，含量为 0.15%～0.20%时，对应的炸药体系密度控制在 0.96～1.12 g/cm^3。

综上所述，测试分析得到的煤矿液体炸药物理性质包括性状、黏度、密度、溶解性、抗水性、储存期及析晶点。相应的物理参数见表 5-29。

表 5-29　煤矿液体炸药物理性质

理化性质	煤矿液体炸药	马达油
性状	无味白色的熔融状	无味淡黄色至褐色的油状液体
绝对黏度/cP	5 400(未加凝胶剂)	2 500
相对密度	1.12	<1
溶解性	可溶于水	不溶于水
抗水性	相对的抗水性	良好的抗水性
储存期/月	>2	>36
析晶点/℃	<16.9	—

5.3.2　液体炸药泵注测试

为便于煤矿液体炸药的井下泵送，选用矿井最常用的 BQG150/0.2 型矿用隔膜泵作为压力源(图 5-30)，开展液体炸药的泵送试验。隔膜泵相关参数见表 5-30。

(a) 隔膜泵　　(b) 异径三通接头

图 5-30　隔膜泵及快速接头

表 5-30 BQG150/0.2 型矿用隔膜泵性能参数

型号	流量/(L/min)	出口压力/MPa	耗气量/(m^3/min)	额定风压/MPa
BQG150/0.2	150	0.3	0.5～0.6	0.6

为探索气源压力、管径以及液体炸药自身黏度对药液泵送流量的影响，采用瓜尔胶水溶液作为药液泵送流量测试的流体，通过调节瓜尔胶与蒸馏水的比例来控制流体黏度，调配出黏度分别为 273 MPa·s、1 080 MPa·s 及 26 624 MPa·s 的测试流体，如图 5-31 所示。

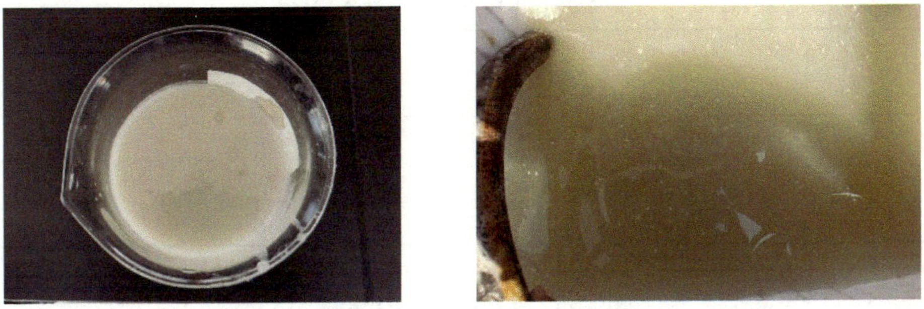

(a) 液体炸药　　(b) 瓜尔胶溶液

图 5-31 液体炸药与瓜尔胶溶液

待测试的试验流体黏度与液体炸药相同。鉴于 BQG150/0.2 型矿用隔膜泵的工作气源压力为 0.2～0.6 MPa，试验测试分别设置泵源压力为 0.2 MPa、0.4 MPa 及 0.6 MPa。选择内径分别为 10 mm、12 mm 与 16 mm 的 3 种注药管径(长度均为 5 m)进行测试，通过异径三通接头与隔膜泵连接，如图 5-32 所示。

图 5-32 隔膜泵与管路连接

将隔膜泵进料管与测试流体容器连接，出料口通过快速接头(异径三通接头)连接注药管，连接气源后向具有刻度的容器中泵送测试流体，使用秒表记录泵送时间并计算相应的泵送流量，测试结果见表 5-31 至表 5-33。

表 5-31　高黏度流体泵送流量

黏度/(MPa・s)	气压/MPa	泵送流量/(L/min)		
		管内径 10 mm	管内径 12 mm	管内径 16 mm
26 624	0.2	0.395	1.716	4.688
	0.4	1.300	4.525	10.952
	0.6	2.557	6.824	16.631

表 5-32　中黏度流体泵送流量

黏度/(MPa・s)	气压/MPa	泵送流量/(L/min)		
		管内径 10 mm	管内径 12 mm	管内径 16 mm
1 080	0.2	3.040	6.456	15.441
	0.4	5.173	10.870	23.430
	0.6	7.361	15.954	29.412

表 5-33　低黏度流体泵送流量

黏度/(MPa・s)	气压/MPa	泵送流量/(L/min)		
		管内径 10 mm	管内径 12 mm	管内径 16 mm
273	0.2	5.837	11.196	25.000
	0.4	11.111	19.732	36.603
	0.6	14.697	25.000	46.904

试验测试表明,高黏度流体泵送效果不理想。0.6 MPa 的气源压力配合 16 mm 的注药管,泵送流量仅为 16.6 L/min。实际应用中,注药管较长,采用高黏度药液泵注作业难以满足快速注药需求。相反,低黏度流体泵送流量显著高于高黏度流体,相同条件下的泵送流量可以达 46.9 L/min。由此可见,降低液体炸药中的增稠剂瓜尔胶含量可以有效提升药液泵注效率。

液体炸药中加入增稠剂瓜尔胶可提升药液对气泡的裹挟能力,以确保液体炸药长时间存储后仍保持良好的起爆性能。实际使用中,药液中的气泡易离析并浮于药液上方,可通过现场搅拌促使气泡再度溶解混合,以保证炸药在正常引爆的基础上减少瓜尔胶用量,降低炸药黏度并提高药液泵送流量。

煤矿深孔液爆压裂作业过程中,先封孔后注药,注药管要穿过封孔段,长度较大,高黏度流体流动阻力大;同时,还需在密闭钻孔内设置排气管,药液泵注过程中应及时排出孔内气体,以提高泵注效率。

为研究液体炸药现场泵注效果,采用大直径塑胶管开展煤矿仰孔和俯孔条件下的泵注模拟试验。在 0.6 MPa 气源压力、16 mm 注药管内径条件下,将注药管长度增至 40 m,使用直径为 110 mm、长度为 10 m 的密闭塑胶管模拟井下炮孔,在塑胶管的一端插入注药管与直径为 10 mm 的排气管。由于仰孔和俯孔排气管的铺设方法不同,分别开展仰孔、俯孔模拟条件下的两次泵注试验,如图 5-33 所示。选择低黏度流体(273 MPa・s)进行测试,打开气源向塑胶管内泵送药液，采用秒表记录注药时间并分析计算流体泵注流量。

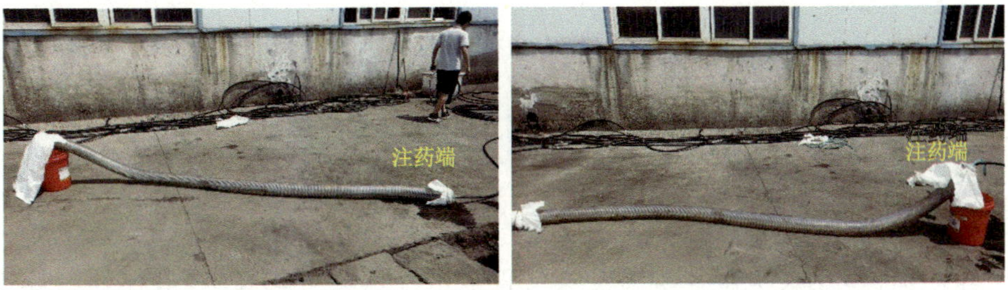

(a) (b)

图 5-33 液体炸药泵注模拟试验

试验结果表明，仰孔、俯孔泵注装药过程中排气管排气顺畅。当塑胶管内药液注满时均及时出现了返液现象。试验测得隔膜泵气源压力为 0.6 MPa，注药管内径为 16 mm、长度为 40 m，排气管直径为 10 mm，当流体黏度为 273 MPa·s 时，仰孔模拟条件下的药液泵注流量为 20.93 L/mim，俯孔模拟条件下的药液泵注流量为 22.16 L/mim，借助药液自身重力作用，俯孔泵注流量相对较高。

6 深孔液爆压裂技术实践

基于煤矿切顶卸压、深孔爆破机理以及液体炸药研发测试效果，液体炸药爆破（液爆压裂技术）逐步在煤矿现场实践中推广应用。在山西大同云岗煤矿、淮南顾桥煤矿及淮北临涣煤矿等矿井分别开展了液体炸药井下深孔爆破技术实践，取得了较好的煤岩深孔预裂效果。

6.1 云岗煤矿深孔预裂测试

为避免新型炸药首次爆破对矿井生产造成影响，液体炸药深孔爆破试验在大同矿区云岗煤矿 12# 煤层 406 盘区新 408 轨道巷内开展。该巷属于硬岩废弃巷道，重新开启后巷道变形不明显，围岩壁面几乎无破损，支护结构完整，如图 6-1 所示。

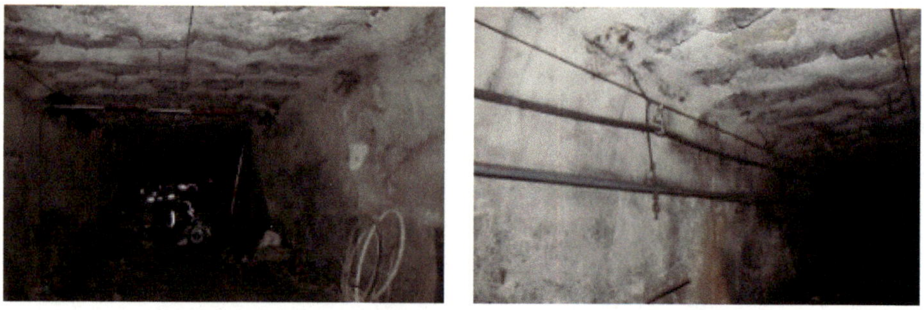

(a) 巷道断面支护情况　　(b) 巷内管线重新布置

图 6-1　重新开启的新 408 轨道巷

新 408 轨道巷爆破试验段对应矿井 406 盘区 8414 工作面停采煤柱保护段。巷道宽度为 5.4 m，高度为 3.3 m，巷道顶底板以砂质岩性为主，上覆厚度约 28.5 m 的中粒砂岩和粗粒砂岩，岩层结构完整，岩性坚硬致密，如图 6-2 所示。

6.1.1 液体炸药起爆性能测试

现场测试装备包括地质钻机、矿用导爆索、煤矿许用工业雷管、钻孔窥视仪、煤矿液体炸药试样及水泥药卷封孔材料等，如图 6-3 所示。

根据试验巷道条件，炮孔布置方案及间距如图 6-4 所示。

选用地质钻机在距 8413 工作面一侧 20 cm 处钻设 3 个钻孔，记为 1#—3# 钻孔，钻孔间距分别为 550 mm、300 mm，钻孔长度为 2.5 m，孔径为 65 mm，仰角为 85°。其中 2# 钻孔为爆破孔，1# 和 3# 钻孔为对比观测孔。对 2# 钻孔进行起爆前孔壁完整性观测，如图 6-5 所示。

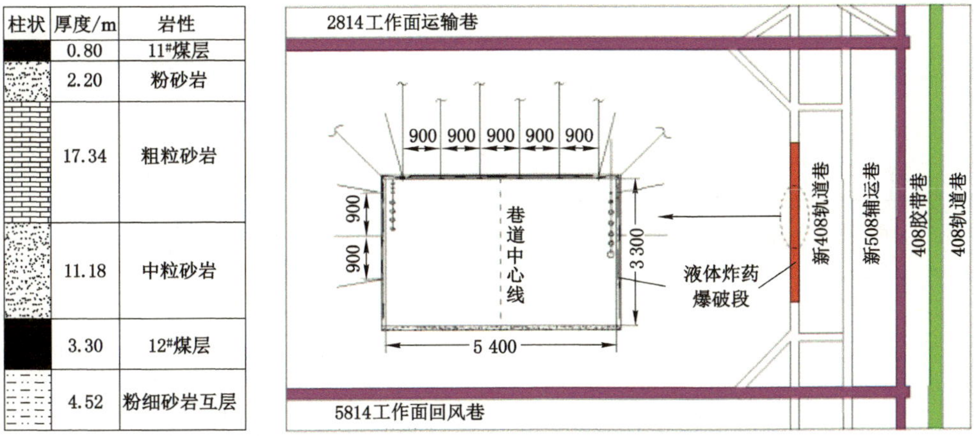

（a）地质柱状　　（b）爆破测试地点

图 6-2　液体炸药现场测试条件

（a）地质钻机　　（b）导爆索

（c）雷管　　（d）钻孔窥视仪

（e）卷装的液体炸药　　（f）水泥药卷封孔材料

图 6-3　试验设备与材料

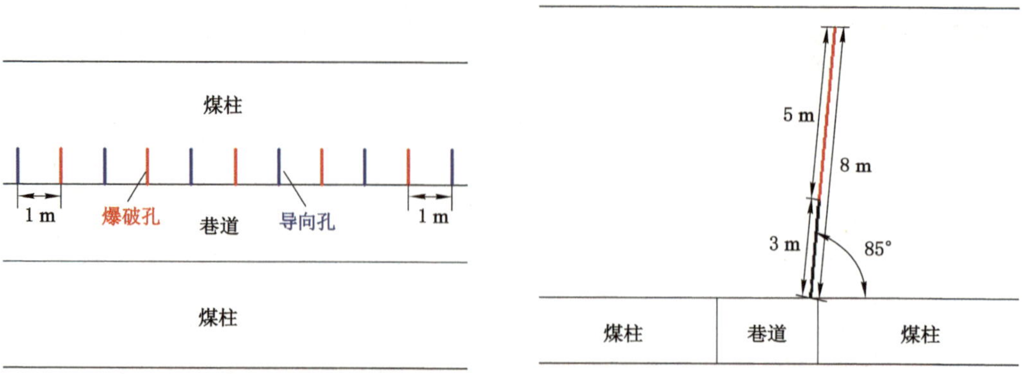

(a) 钻孔平面布置　　(b) 钻孔剖面布置

图 6-4　液体炸药性能测试炮孔布置

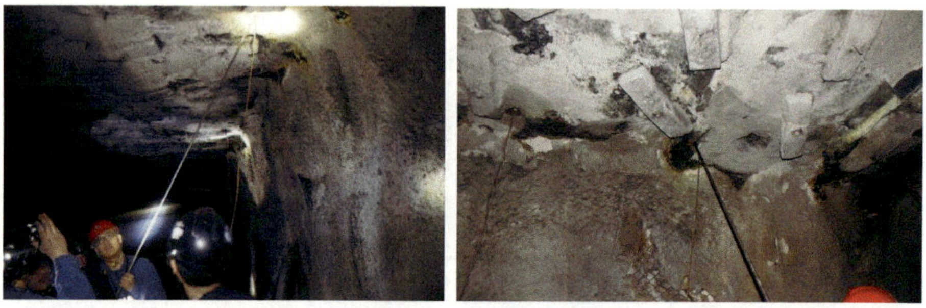

(a)　　(b)

图 6-5　起爆前炮孔完整性观测

取两卷卷装的液体炸药，每卷炸药长度为 40 cm，质量为 0.7 kg。将液体炸药捆绑导爆索后塞入 2# 钻孔内，装药长度为 0.8 m，如图 6-6 所示。

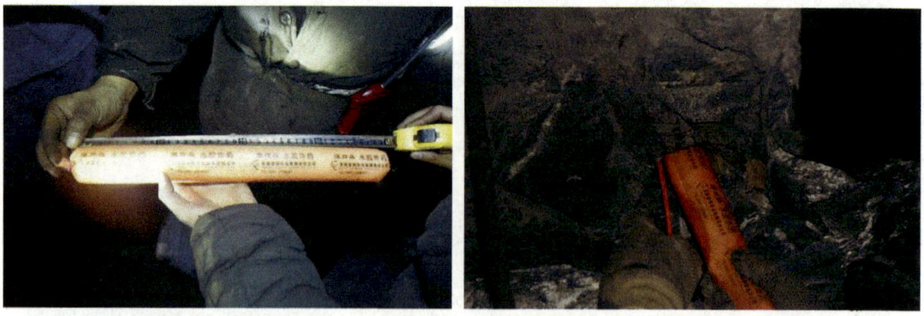

(a)　　(b)

图 6-6　煤矿液体炸药装药现场图

选用水泥药卷封孔材料，浸水 1～3 min 后取出，将 5 卷水泥药卷置入炮孔内进行封孔，封孔长度为 1 m，孔口预留 0.5 m 空间。

将矿用 8# 雷管与导爆索捆绑塞入孔内，引出雷管脚线，人员撤离。爆破工确认安全后，利用起爆器将液体炸药引爆。

液体炸药起爆瞬间，巷道内产生震动，爆生有害气体等指标正常。相关人员进入试验地点，观测孔口壁面完整性，如图 6-7 所示。

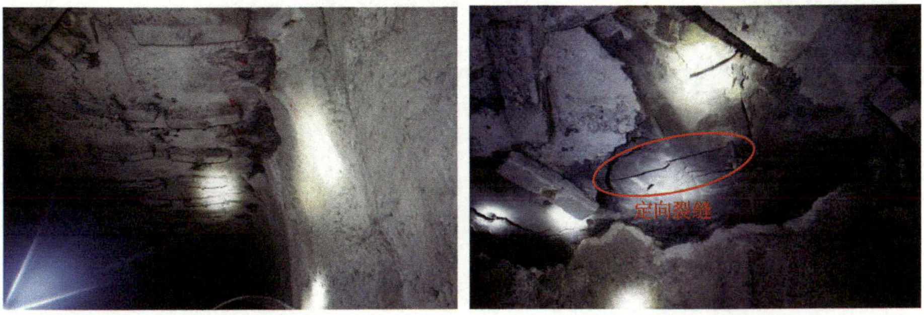

(a) 起爆前顶板情况　　(b) 起爆后顶板破坏情况

图 6-7　爆破前后顶板破坏情况

现场试验表明，煤矿液体炸药通过导爆索正常引爆，威力较大。采用钻孔窥视仪观测炮孔孔壁围岩破裂情况，如图 6-8 所示。

2# 钻孔为爆破测试孔，3# 钻孔为邻近观测孔。炮孔装药前，孔壁完整性较好，孔壁围岩无可见缝隙。在炮孔内炸药起爆后，水力冲孔拔除封孔材料，观测孔壁围岩破坏情况。钻孔

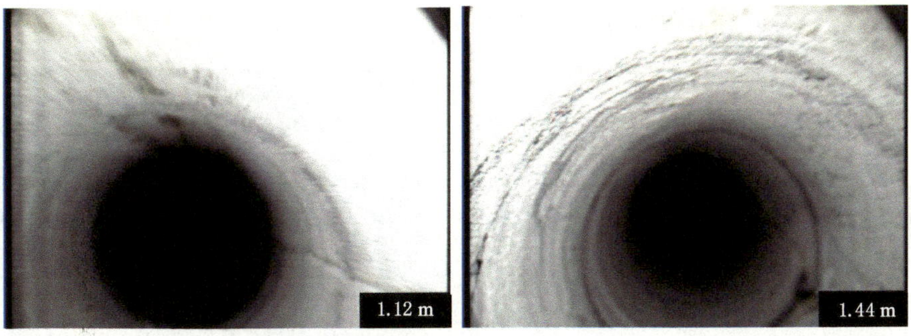

(a) 2#炮孔爆破前的孔壁情况

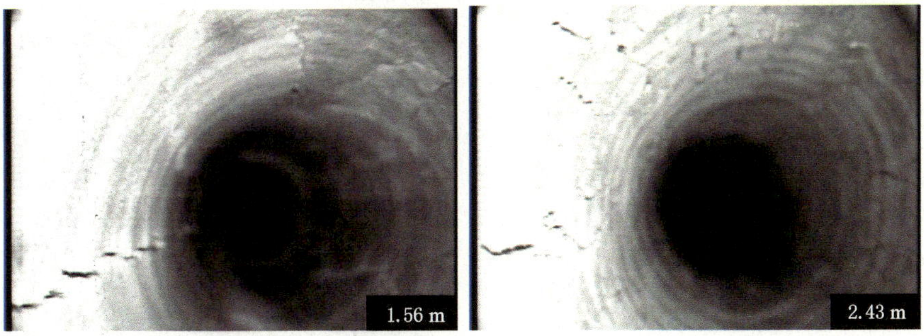

(b) 2#炮孔爆破后的孔壁破裂情况

图 6-8　炮孔起爆前后的孔壁破裂情况

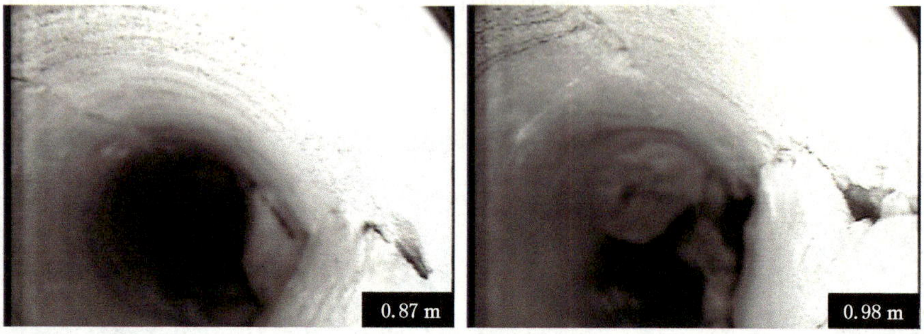

(c) 邻近3#钻孔孔壁破裂情况

图 6-8(续)

窥视结果表明,装药段孔壁围岩破裂明显,裂缝发育密度较大,裂缝发育条数较多,并呈辐射状发育。对应 2# 炮孔装药段,3# 钻孔孔壁围岩出现明显裂缝,孔壁围岩完整性遭到破坏,但裂缝发育条数较少,沿炮孔连线方向发育 2 条主裂缝。由此可见,液体炸药在孔内爆炸威力较大,1.4 kg 的煤矿液体炸药就能贯穿 300 mm 孔间距的砂质硬岩。

6.1.2 液体炸药爆炸性能测试

采用三级煤矿许用水胶炸药和三级煤矿许用乳化炸药开展同步测试,对比分析煤矿液体炸药爆炸性能。炮孔布置方案及孔间距如图 6-9 所示。

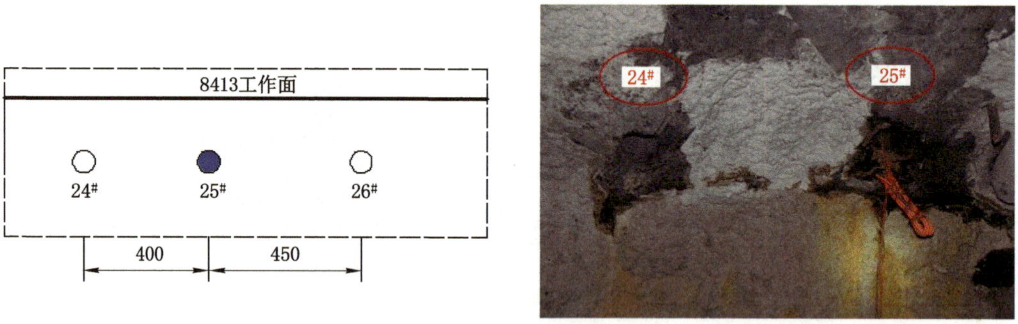

(a) 5 kg煤矿液体炸药炮孔布置方式

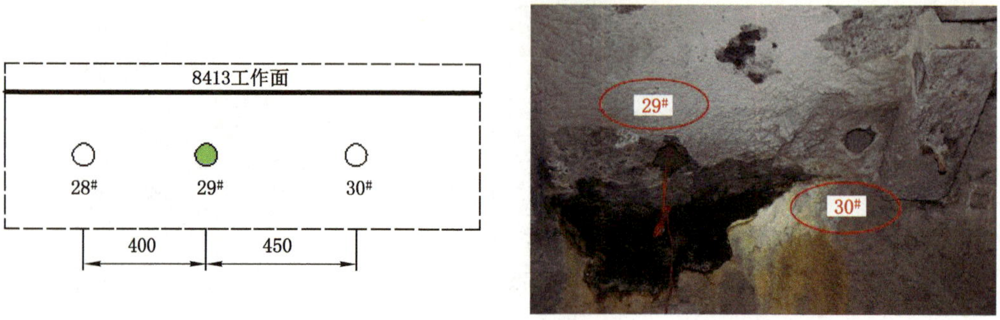

(b) 5 kg乳化炸药炮孔布置方式

图 6-9 不同种类炸药爆破炮孔布置

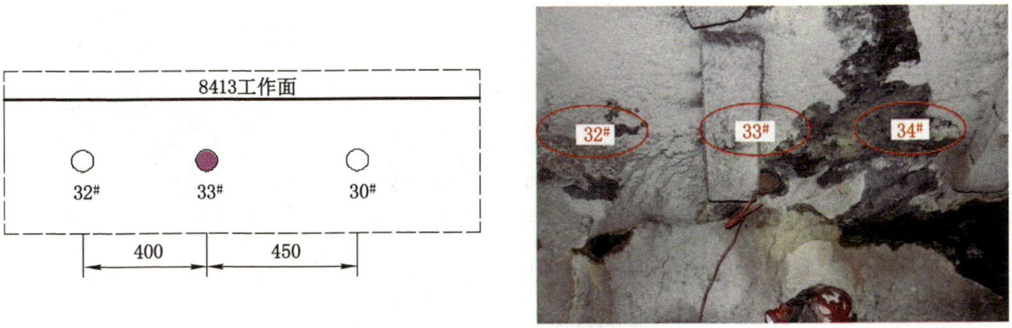

(c) 5 kg水胶炸药炮孔布置方式

图 6-9(续)

煤矿水胶炸药直径为 65 mm，炮孔直径设计为 70 mm，钻孔长度为 8 m，共 9 个钻孔，其中 $25^{\#}$、$29^{\#}$、$33^{\#}$ 钻孔为爆破测试孔，其余为邻近观测孔。煤矿液体炸药采用同等直径的 PVC 管辅助装药。将乳化炸药两卷并一卷塞入 PVC 管。三种药柱制作完成后，分别捆绑导爆索塞入孔内，装药量均为 5 kg，装药长度为 3 m。采用封孔材料分别封孔，封孔长度为 3 m。将雷管绑缚于导爆索末端并回塞孔内，使用起爆器一次引爆。

孔内装药一次全部起爆，巷道围岩震感较明显。在炮孔起爆 30 min 后，观测炮孔孔壁围岩及表面裂缝发育情况，如图 6-10 所示。

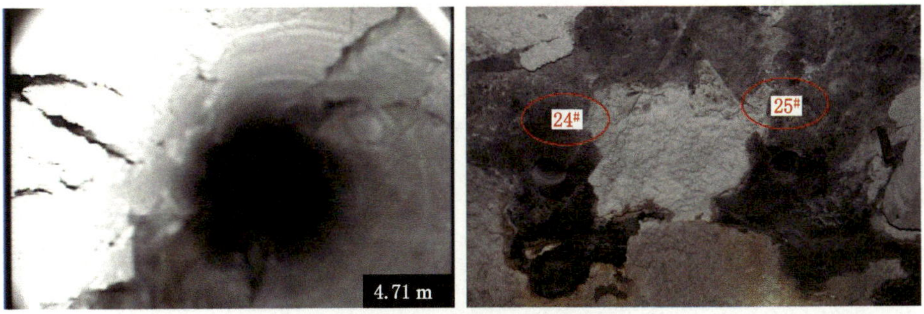

(a) 煤矿液体炸药爆破钻孔内外破坏情况

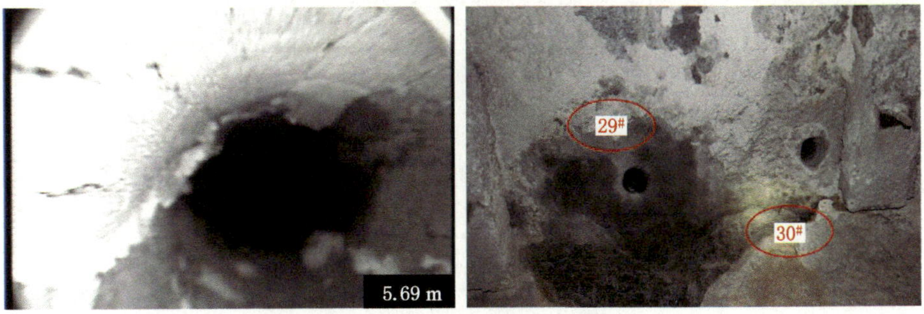

(b) 煤矿乳化炸药爆破钻孔内外破坏情况

图 6-10 三种炸药爆破破岩效果

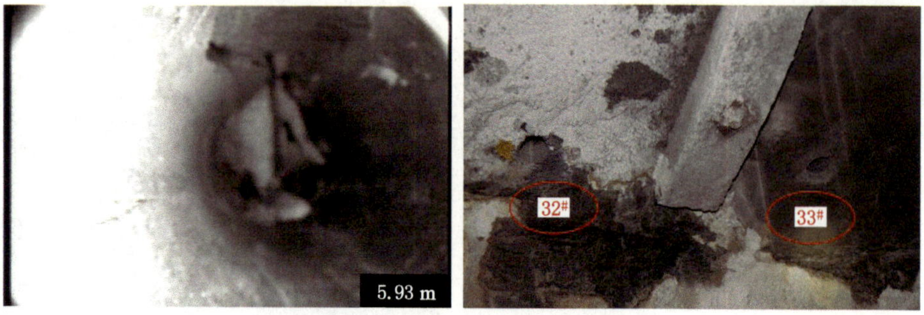

(c) 煤矿水胶炸药爆破钻孔内外破坏情况

图 6-10(续)

在孔内装药量相同情况下,对比孔壁围岩破坏情况,发现三种炸药的破岩效果基本一致,孔壁围岩裂隙发育较为明显。由此可见,煤矿液体炸药能够满足三级煤矿许用炸药爆炸性能需求。

6.2 顾桥煤矿覆岩切顶爆破作业

顾桥煤矿1311(1)工作面位于北二采区,西近北二采区11-2煤层防水煤柱线,东到北二采区系统大巷,南邻F_{87}断层,北为已回采完毕的1312(1)工作面。工作面回采标高为$-549.1\sim-741.6$ m,走向长1 240/550 m,倾斜宽280/135 m。工作面11-2煤层赋存稳定,煤层结构复杂,局部含1层泥岩夹矸。工作面轨巷道、运输巷及开切眼揭露11-2煤层厚度范围为1.5~3.4 m,煤层平均厚度为2.8 m,煤层平均倾角为5°,受地质构造影响,煤层倾角变化较大。顾桥煤矿1311(1)工作面平面布置如图6-11所示。

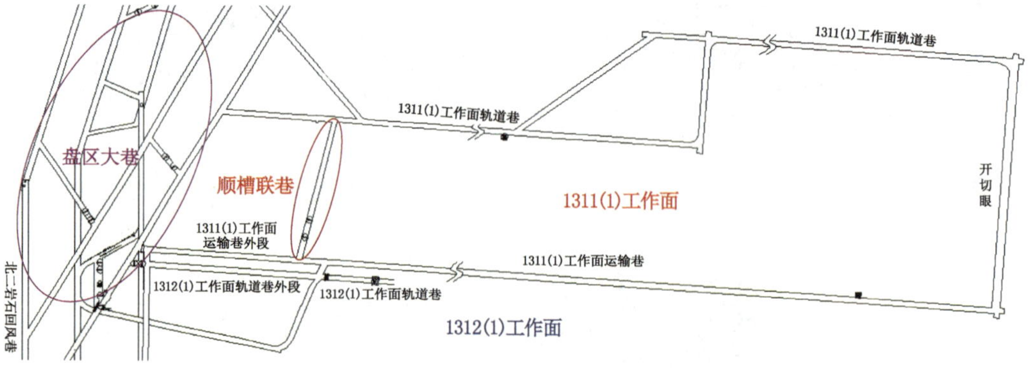

图 6-11　1311(1)工作面平面布置

11-2煤层顶板发育11-3煤层,平均煤厚为0.30 m,呈黑色块状,与11-2煤层层间距为1.9~9.8 m,平均为7.0 m,局部层间距受构造应力及煤岩层赋存影响而变小。11-2煤层底板的11-1煤层距11-2煤层距离平均为4.0 m,平均煤厚为0.30 m,以黑色块状为主,含少量粉末状。

工作面停采后对应的预保护北二采区系统巷道包括：北二 11-2 盘区顶板瓦斯治理巷、北二 13-1 盘区煤层回风巷、北二 13-1 盘区底板轨道巷、北二 13-1 盘区底板回风大巷、北二 11-2 煤层回风大巷 5 条工作面上方巷道以及北二 11-2 盘区底板轨道巷、北二 11-2 盘区轨胶一联巷及北二 11-2 盘区底板带式输送机巷 3 条工作面下方巷道，如图 6-12 所示。预保护大巷群标高为－685～－788 m，距离 1311(1)工作面预计停采线 180 m 左右。

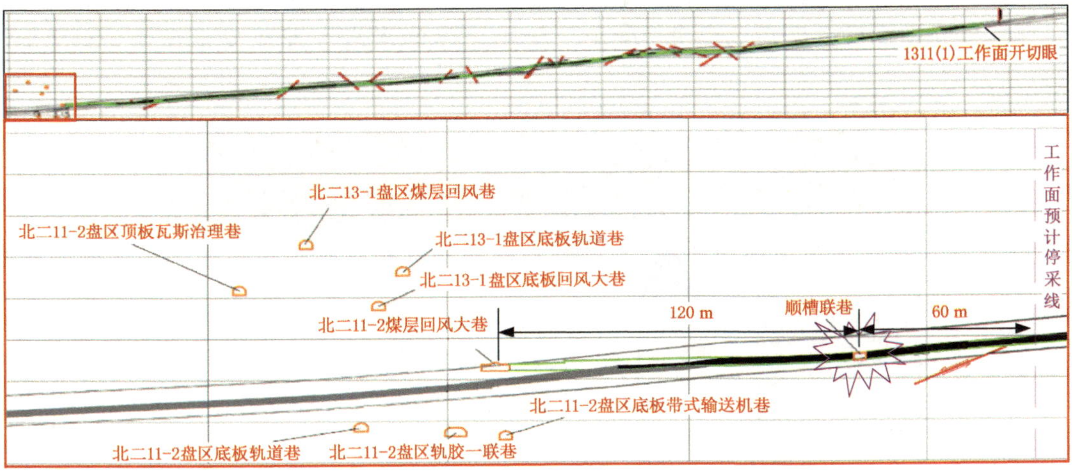

图 6-12 保护大巷与 1311(1)工作面空间关系

收作面倾向长度为 135 m，若在工作面回采巷道内钻设卸压钻孔，工程量较大且不利于后续的深孔爆破施工。因此，提出在顺槽联巷内开展深孔切顶卸压工作，隔离工作面采动应力传载路径，保护北二采区系统大巷。

考虑采空区冒落矸石的后期压实效应，工作面停采一段时间后，覆岩断裂扰动范围继续增加。采空区矸石残余碎胀系数一般为 1.05～1.10，因此工作面停采后的顶板扰动高度为 28～56 m。当顶板岩石硬度普遍较小时，冒落矸石残余碎胀系数偏小，覆岩扰动范围更大。距煤层上方 35 m 处有一层巨厚砂质硬岩，当工作面覆岩扰动波及该层位时，顶板滞后断裂对工作面采场矿压存在一定影响，这也是工作面停采后系统大巷持续高应力承载产生大变形的主要原因。

6.2.1 收作面切顶卸压原理

顾桥煤矿 1312(1)工作面与 1311(1)工作面相邻，目前已开采完毕，工作面停采线距最近的回风巷约为 200 m。矿压实测结果表明，对应 1312(1)工作面倾向长度范围内的北二采区联巷受力变形严重，顶底板变形量普遍超过 1.0 m，严重影响巷道的正常使用。影响区段范围内的巷道支护方式普遍失效，需二次刷大断面并重新确定支护方式。

根据邻近 1312(1)工作面开采情况，工作面停采线距离北二采区系统大巷距离虽在 200 m 左右，但大巷变形量依然很大，围岩变形量普遍超过 1.0 m，严重影响了大巷的正常使用。工作面停采位置处的巷道变形以底鼓为主，接顶距离最小达到 0.5 m；巷道顶板相对完整，变形不明显；巷帮局部产生大变形，两帮相对移近量最大达到 0.8 m 左右。

通过分析矿井工作面的地质赋存及开采技术条件，认为工作面停采后系统大巷的受力主要来源于3个方面：① 覆岩自身重力(含地应力)；② 采空区平衡拱支承压力；③ 覆岩悬板弯矩。

① 随着工作面的推进，工作面覆岩自重始终存在。在工作面停采前，北二采区大巷围岩并未产生大的变形，由此可以确定工作面覆岩自重并非影响大巷变形的主要因素。

② 工作面开采后，采空区覆岩自然垮落、断裂形成平衡拱结构。受采空区矸石承载时滞效应影响，靠近工作面采场的矸石压实度不高，工作面煤壁及其覆岩作为采空区平衡拱结构的拱脚，承载着采空区覆岩的重力，在平衡拱边界的煤岩中形成支承压力，如图6-13所示。

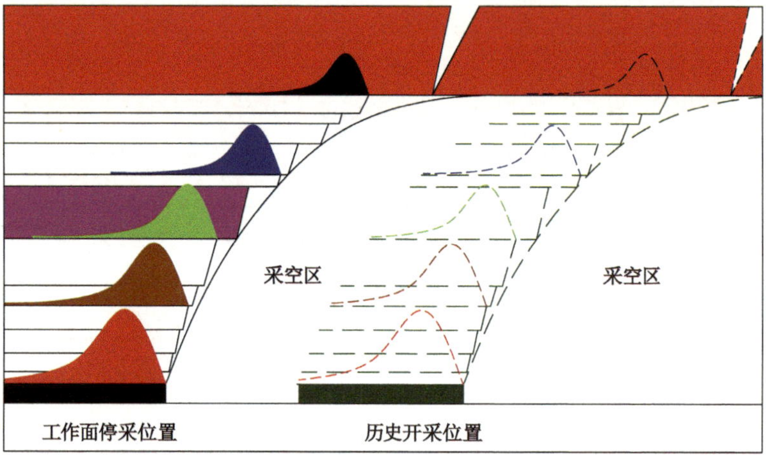

图6-13　覆岩平衡拱支承压力

随着工作面的推进，采空区平衡拱结构始终存在，并处于动态运移过程中，直至工作面停采位置。由于工作面煤层开采厚度及覆岩地质条件基本不变，覆岩平衡拱结构的几何尺寸也不变，在工作面开采过程中，处于拱脚位置的煤岩支承压力分布形式始终保持一致。

③ 工作面停采后，自工作面煤壁向上作一条垂线，以该垂线为界，靠近采空区侧的覆岩平衡拱拱脚顶板分层始终保持悬露状态，如图6-14所示。

在力学平衡方面，由于拱脚顶板分层向采空区悬露，必然会产生附加弯矩载荷，由工作面实体煤岩承担，带来附加作用力的影响。工作面实体煤岩作为支点，承载着覆岩悬板诱发的高应力。

综上所述，影响工作面停采位置实体煤岩受力的三个因素中，煤岩自重属于次要影响因素，而采空区平衡拱拱脚支承压力及拱脚采空侧覆岩悬板的弯矩作用，则是工作面停采位置实体煤岩高应力显现的重要影响因素。其中，覆岩拱脚支承压力主要分布在工作面采空侧的覆岩分层悬板上，结合悬板自身的弯矩作用，可形成复合高应力共同作用于工作面停采位置近区的实体煤岩中，如图6-15所示。煤岩复合高应力传载范围广，对远区大巷存在潜在影响。

由图6-15可知，影响工作面实体煤岩承载的复合应力是采空区拱脚分层悬板弯矩及分层支承压力的复合函数，可以表示为：

$$f = f(k_i\sigma_i, M_i) \tag{6-1}$$

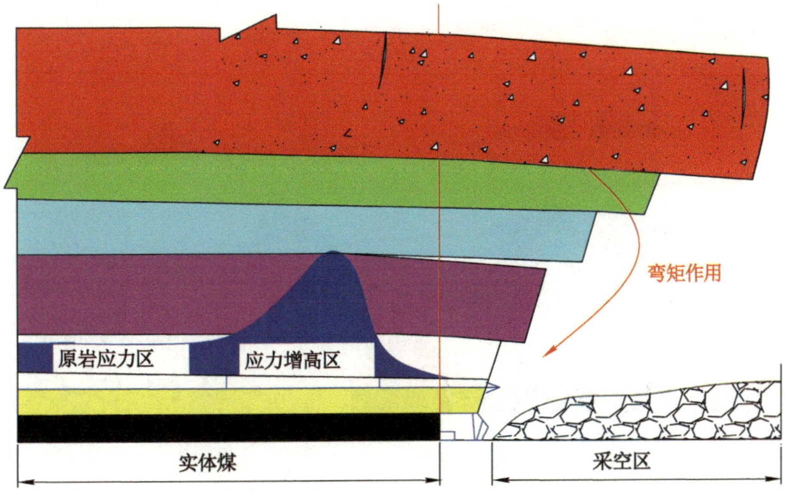

图 6-14 采场覆岩悬板弯矩影响

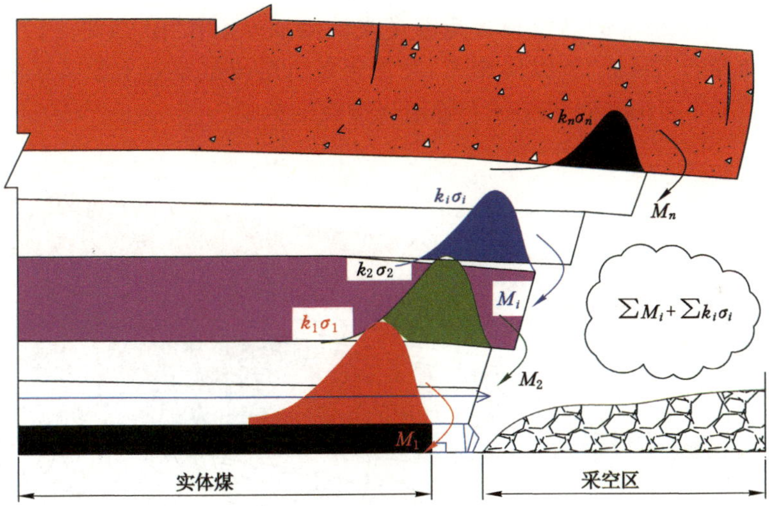

图 6-15 复合高应力

式中 f——实体煤岩承受的复合应力；

M_i——第 i 分层悬板弯矩；

k_i——拱脚支承压力的应力集中系数；

σ_i——第 i 分层原岩应力。

根据前述分析，采空区覆岩悬板作用复合平衡拱拱脚支承压力，是形成工作面实体煤岩高应力的主要原因。高应力传载影响范围广，及时有效地切断高应力传载路径，对远区大巷的保护具有积极作用，如图 6-16 所示。

为了减少在 1131(1)工作面回采过程中对系统大巷的采动影响，通过在工作面顺槽联巷内实施爆破切顶，隔离工作面采动应力传载路径，以保护北二采区系统大巷。一方面，基

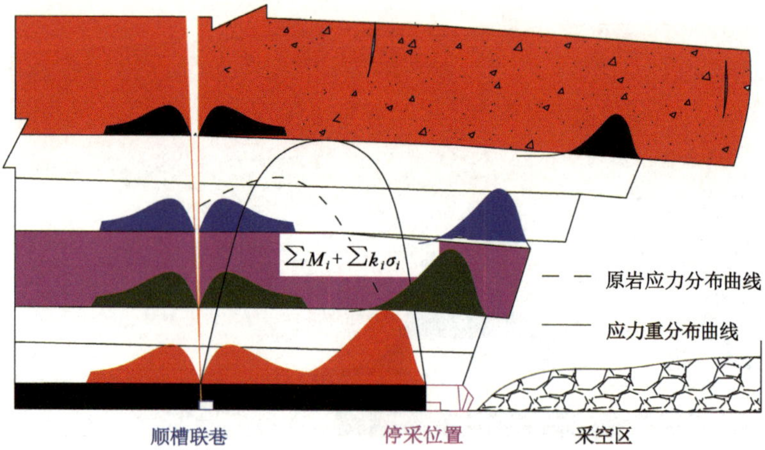

图 6-16　切顶实现实体煤岩高应力阻隔

于顺槽联巷本身的卸压作用，可以充分发挥卸压巷道大空间卸压功能，改善采场低位岩层的受力环境；另一方面，通过在顺槽联巷内充分实施覆岩深孔爆破切顶，切断覆岩高应力传载路径，以阻隔煤层开采引起的高位顶板运移带来的附加牵引作用，如图 6-17 所示。此举实现了工作面采动覆岩“高-低”位纵向卸压，并在顶板岩层传载路径上取得了横向阻断效果，最大限度降低了工作面采动对预保护大巷围岩造成的影响。

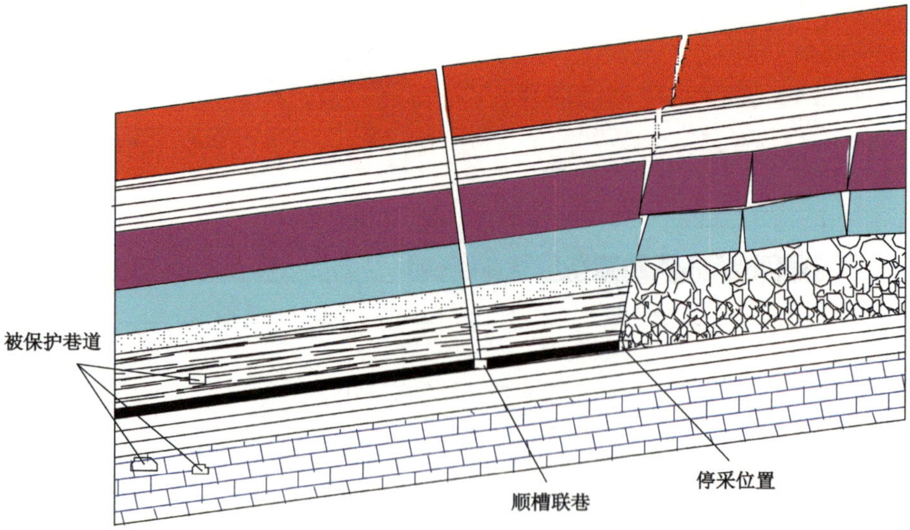

图 6-17　工作面系统大巷保护措施

1131(1)工作面煤层开采厚度为 2.8 m，在软弱直接顶赋存条件下，采空区垮落矸石碎胀系数一般为 1.2～1.3，据此得到采空区正常垮落高度为 9～14 m，如图 6-18 所示。根据综合柱状图岩性赋存情况，确定 6.37 m 厚的上覆细砂岩层为关键层，其断裂运移对工作面实体煤岩受力具有直接影响。

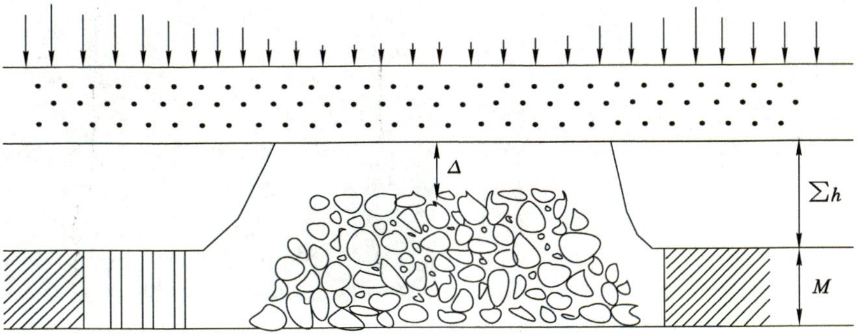

图 6-18 采空区矸石碎胀影响示意图

若直接顶岩层厚度为$\sum h$，则垮落后的堆积高度为$K\sum h$，采空区垮落矸石完全填充煤层采后空间的几何关系满足：

$$\sum h + M = K\sum h \tag{6-2}$$

式中 $\sum h$——直接顶岩层厚度；

M——煤层厚度；

K——矸石碎胀系数。

根据式(6-2)，得到采空区完全充实条件下的覆岩垮落高度为：

$$\sum h = \frac{M}{K-1} \tag{6-3}$$

考虑工作面采空区垮落矸石的残余碎胀系数影响，当工作面停采一段时间后，采空区矸石逐渐被压实，残余碎胀系数一般为1.05～1.10，据此得到的顶板扰动高度为28～56 m，即在工作面停采一段时间后，工作面覆岩断裂高度有所增加，此时有可能波及距煤层约35 m的巨厚砂质硬岩层。巨厚砂质硬岩层断裂运移将形成更大范围的应力传载影响区，从而影响远区被保护系统大巷。因此，从应力源阻隔的角度，工作面切顶高度至少应延伸至上覆约11 m厚的致密坚硬细砂岩内，对应的顶板致裂目标层高度约为46 m。

6.2.2 深孔爆破切顶工艺实施

工作面顶板深孔爆破选取三级煤矿许用高性能水胶炸药，具有三级煤矿炸药的安全性及二级煤矿炸药的爆炸威力，密度为1.2 g/cm^3，适用于矿井深孔爆破，能有效克服深孔应力夹持影响。煤矿液体水胶炸药物理状态如图6-19所示。

覆岩切顶作业旨在实现炮孔间充分贯通。为减少孔内炸药能量的环形耗散，提高孔壁围岩定向致裂能量利用率，需配套采用聚能管装置，如图6-20所示。药柱管壳外径为63 mm，每根长度为1 m，两端自带连接扣，现装现用，方便快捷，药柱延米质量为3 kg。

覆岩深孔爆破装药器材建议选择自带聚能装置的大直径水胶药柱。实践过程中，受限于当地炸药等火工品采购条件，最终选用管壳外径63 mm、圆形截面、管壁无聚能效应的药柱，但其内置煤矿导爆索，单根长度为1.0 m，两端自带连接扣，现装现用，方便快捷，药柱延米质量为3 kg。顺槽联巷深孔爆破用重型药柱如图6-21所示。

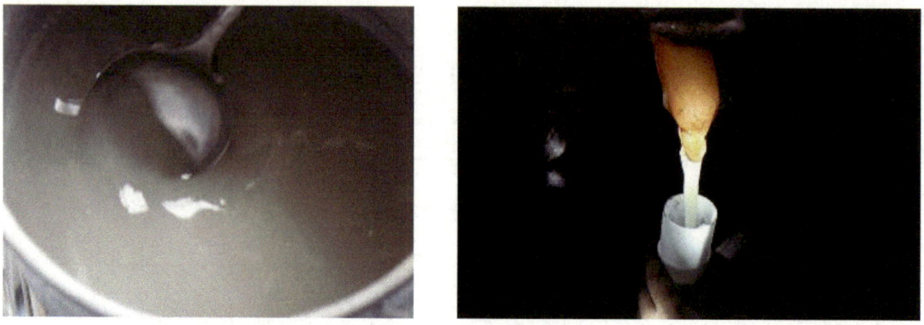

(a) 炸药物理形态　　(b) 配合聚能管使用

图 6-19　高性能水胶炸药

图 6-20　矿用聚能管

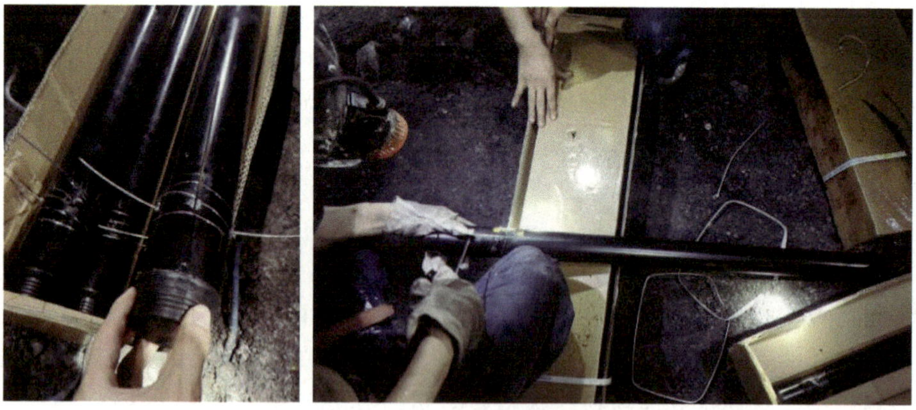

(a) 防滑装置制作　　(b) 起爆药柱制作

图 6-21　实际采用的煤矿重型药柱

为解决深孔拒爆问题，建议采用煤矿安全导爆索全长起爆方式。导爆索药芯主要为钝化的黑索金，起爆能量较高；将导爆索提前内置于水胶药柱内，能够强化炸药爆轰完全反应，提高孔内爆炸能量利用率，以确保药柱的可靠起爆。但是，由于煤矿安全导爆索在淮南地区独立销售受限，仅能采用药柱与煤矿导爆索耦合装配集成销售。现场工艺实践过程中，采取煤矿电雷管（双根、双股、双保险）起爆方式，并使用表皮强度较高的电缆线作为爆破连线。

深孔爆破封孔长度至少为炮孔长度的 1/3，为解决长距离高效封孔问题，保证封孔质量及封孔强度，同时有效降低封孔作业劳动强度，应采用注浆囊袋封孔工艺。选取的囊袋封孔器如图 6-22 所示。

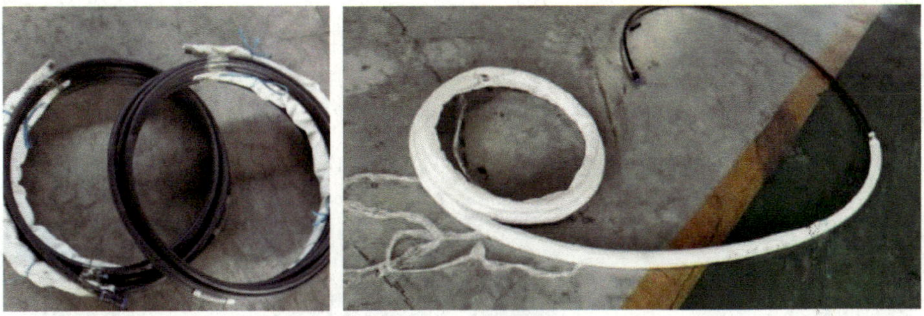

(a) 两堵一注囊袋封孔器　　(b) 全长囊袋封孔器

图 6-22　矿用囊袋封孔器

现场实际操作过程中，待深孔装药工序完成后，采用“两堵一注”快速封孔工艺进行注浆封孔作业，选用专用注浆封孔装置配合快硬水泥浆液，以提供较大的摩擦阻力。

由于深孔爆破装药量大，爆破动载作用明显，为降低孔内装药爆炸冲击影响，提高炮孔封孔质量，需对封孔材料进行严格选型和强度测试。选取的封孔材料主要为强度等级为 42.5 的水泥，并添加适量的速凝剂。为保证封孔效果，在实验室进行矿用封孔注浆材料的基本力学性能测试。将注浆材料封堵浇注成标准试件，并在养护箱内进行养护，测试不同龄期的力学性能，如图 6-23 所示。

(a) 试件浇注　　(b) 试件养护　　(c) 力学试验

图 6-23　注浆材料力学性能测试

试验结果表明，当水泥、水及速凝剂的配比为 70∶30∶3 时，封孔材料凝固时间较快，初凝时间小于 30 min；凝固时间达 12 h 后，材料强度约为 2.7 MPa；凝固时间达 24 h 后，材料强度可达 5.4 MPa，膨胀率为 5%～10%。

煤矿现场注浆封孔中，首先将囊袋展开并固定于注浆管，利用安装管将头部囊袋安装至孔深 15 m 的对应位置，尾部囊袋置于孔口；然后将注浆压力控制在 1 MPa 左右，进行连续带压注浆，等待 24 h 后浆液完全凝固。

煤矿深孔爆破条件特殊，深孔应力夹持明显且煤矿炸药威力有限，需采用大直径、大装药量爆破方式。这对深孔爆破工艺提出了特殊要求，包括实现深孔快速装药、孔内炸药安全起爆以及大孔径炮孔可靠封堵。

具体操作步骤如下：① 采用连续安装管（PE 管）进行透孔，保证孔内顺畅，便于后续大直径药柱装药。② 以 2～3 根药柱为一组，相互拧接后由连续安装管送入孔内。需要说明的是，药柱壁面上应穿插防滑倒爪，以防止药柱在孔内滑落。③ 按此方式，顺序装药，待装药至最后一根时，专门制作起爆药柱并塞回孔内，确保孔内药柱充分接触。顺槽联巷内的深孔爆破快速装药过程，如图 6-24 所示。④ 开展快速注浆封孔作业，采用"两堵一注"注浆封孔器，配合改性的封孔材料，实现炮孔长距离自动化封孔。

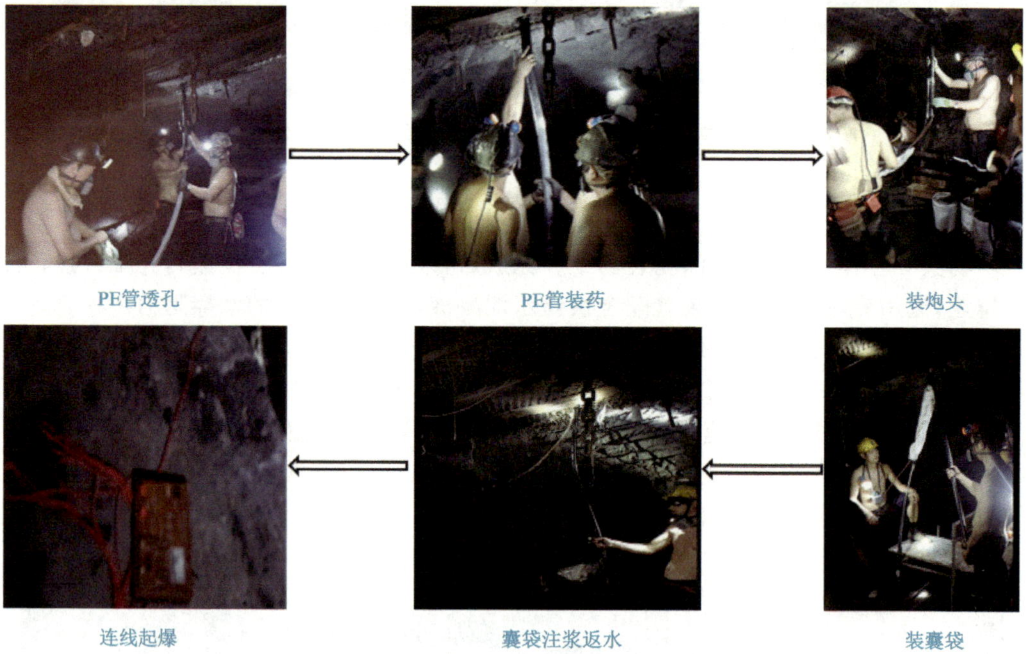

图 6-24　深孔爆破装药及封孔过程

在装药过程中，采用连续安装管顺序将重型药柱送至孔内，重复这一过程直至最后一根药柱，将 2 发同段电雷管与钻孔中最后一根药柱绑缚在一起，并通过连续安装管送至孔内对应位置，完成整个装药过程。形成的炮孔装药结构如图 6-25 所示。

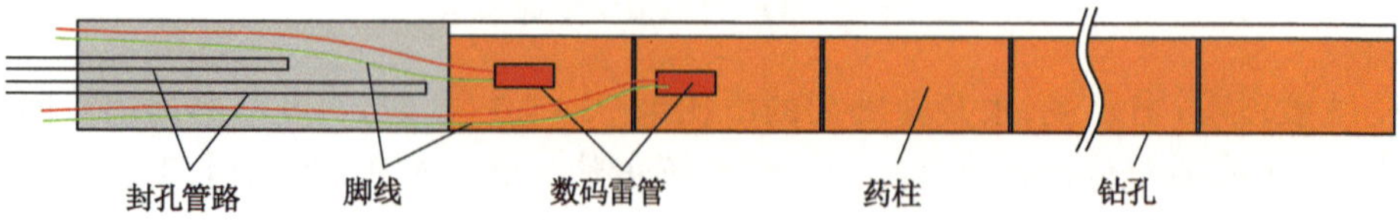

图 6-25　深孔爆破装药结构

淮南地区无法正常采购煤矿安全导爆索，只能采取传统的煤矿电雷管起爆方式。因此，这里特别说明起爆药柱的制作流程如下(图 6-26)：① 测量电雷管导通情况，将筒装药柱底盖取下打孔，将爆破母线穿入打结，防止装药过程中电雷管脱落影响起爆；② 将电雷管并联于药柱内的导爆索，插入药体中；③ 将雷管脚线与爆破母线连接后塞回药筒中，将底盖扣上并利用防水胶带缠紧密封。

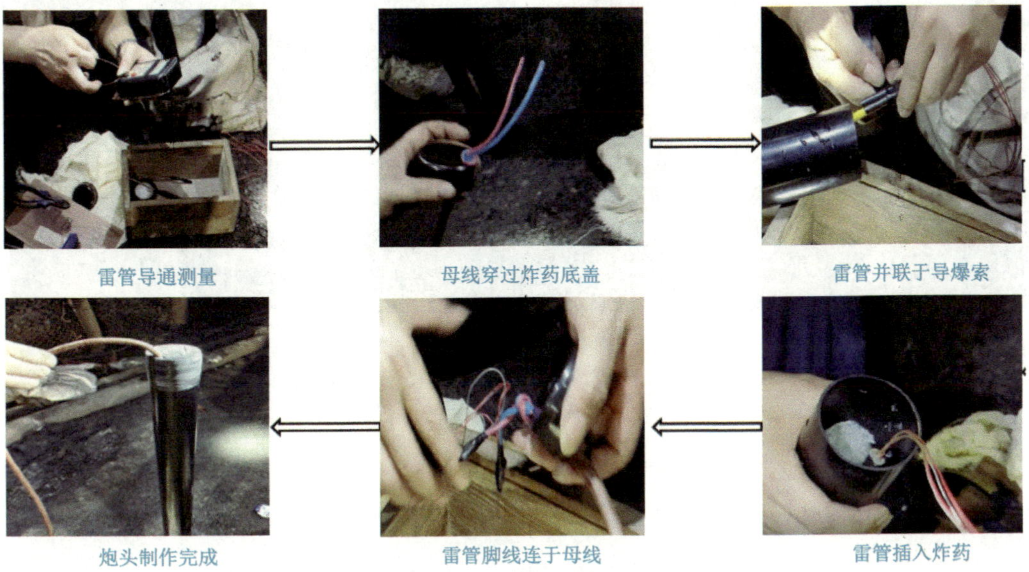

图 6-26 起爆药柱制作流程

待深孔装药工序完成后，采用“两堵一注”快速封孔工艺，选用专用注浆封孔装置配合快硬水泥浆液进行注浆封孔作业。顾桥煤矿 1311(1)工作面顺槽联巷内的深孔爆破注浆封孔专用装备及相关器材如图 6-27 所示。

(a) 管线连接　　(b) 搅拌器　　(c) 浆液调制

图 6-27 深孔爆破专用封孔装备及器材

为保证项目后续施工，首先对 $1^{\#}$ 孔(试验孔)进行装药及爆破作业[图 6-28(a)]。实践结果表明，$1^{\#}$ 孔顺利装药并成功起爆，爆破作业情况正常。试验孔($1^{\#}$ 孔)爆破成功后，顺序开展 $2^{\#}$—$8^{\#}$ 孔的装药工作，其中 $7^{\#}$ 孔因孔内壁有锚索未能顺利装药。

邻近炮孔正常起爆后，$7^{\#}$ 孔内有顺孔壁流出的浆液[图 6-28(b)]。初步判断为 $6^{\#}$、$8^{\#}$

孔爆破后孔间形成裂缝，导致封孔浆液流入 7# 孔，这也从侧面表明孔间爆破定向致裂效果良好。同时，为防止顶板沿切缝突然垮落对工作人员造成伤害，在工作面顺槽联巷内进行木垛支护，如图 6-28(c)所示。

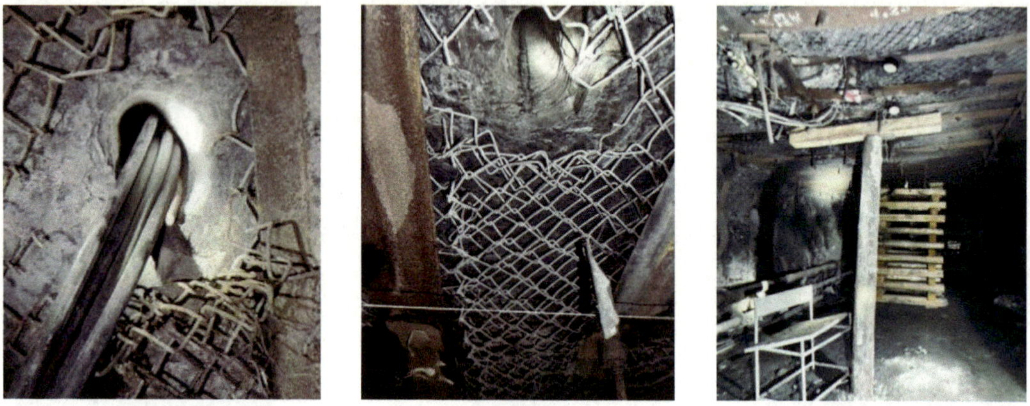

(a) 1#测试孔爆破结束　　(b) 7#未爆孔有浆液流出　　(c) 联巷木垛支护

图 6-28　顺槽联巷内的深孔爆破与巷道支护

顾桥煤矿 1311(1)工作面顺槽联巷内的炮孔整体起爆情况，如图 6-29 所示。其中，7#、11#、12# 及 55# 孔因孔内有锚索均未进行装药，42# 孔两次打孔均遇锚索未能成孔。

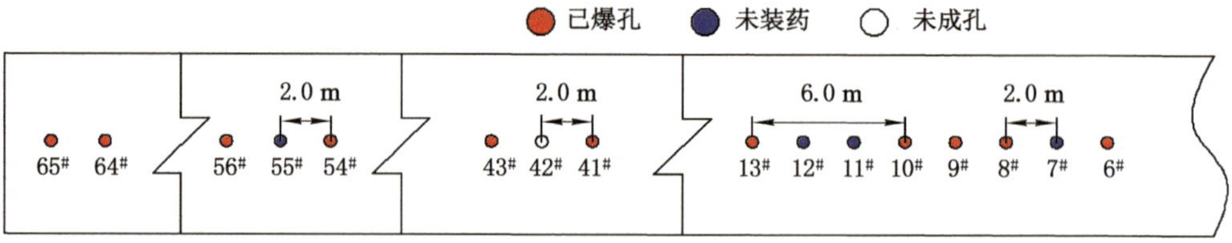

图 6-29　顺槽联巷内的炮孔整体起爆情况

炮孔装药连线起爆后，在爆破安全警戒线之外可听到沉闷的爆破声响，并伴有明显的震感。起爆后等待 30 min，进入顺槽联巷内进行验炮。采用钻孔窥视仪对爆破邻近孔进行观察，如图 6-30 所示。

由于 7#、11# 及 12# 孔内有锚索未进行装药，当邻近孔(6#、8#、10#、13# 孔)装药正常起爆后，发现 7# 孔及 11# 孔有水泥浆液流出，表明邻近孔爆破致裂效果良好，单孔爆破裂缝扩展长度达 2 m，与邻近未爆孔贯通。当探头深入钻孔 13～14 m 位置时，探头因被泥浆完全遮挡无法继续窥视。为此，选取 29# 孔(28# 孔已爆)进行钻孔窥视，如图 6-31 所示。

由图 6-31 可以看出，覆岩切顶爆破定向致裂效果显著。对应邻近已爆孔的装药段，观测发现孔内有两条明显长条裂缝，且沿炮孔连线方向延展，直观反映了覆岩平面切顶效果。此外，观测距离炮孔较远位置的 33# 孔孔壁围岩破坏情况可以看出，由于 33# 孔距已爆 28# 孔10 m，28# 孔起爆后，33# 孔内并无明显裂缝。

随后对 54# 孔(53# 孔已爆)、55# 及 56# 孔进行窥视。爆破前，邻近爆破孔的钻孔均无流水、漏浆现象；爆破后，54# 和 55# 孔均有顺孔壁流出的浆液及掉落的碎渣，窥视探头深入

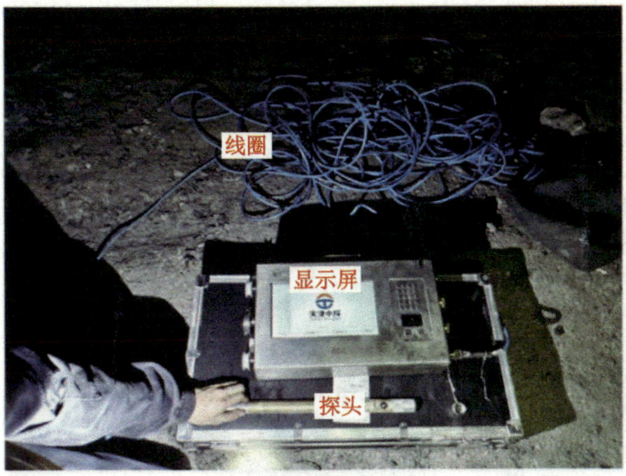

(a) 钻孔窥视仪实物

(b) 钻孔窥视井下操作

图 6-30 井下钻孔窥视作业

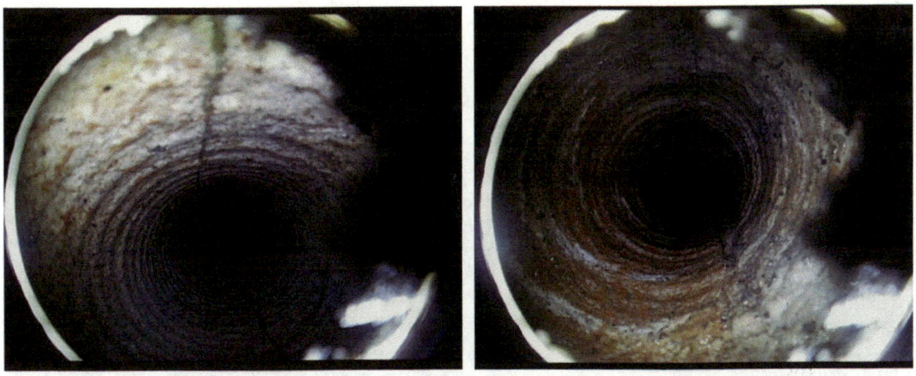

(a) 钻孔中间窥视结果(15~30 m)

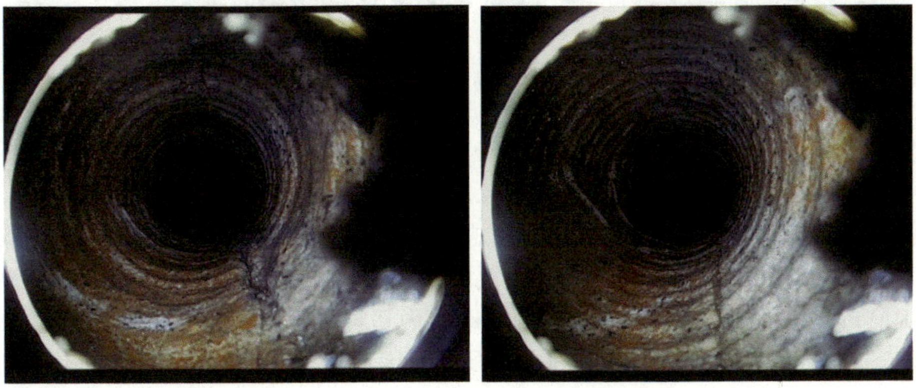

(b) 孔底近区窥视结果(30~40 m)

图 6-31 顺槽联巷内 29# 未爆钻孔窥视结果

钻孔 10 m 左右时探头被泥浆、碎石遮挡(图 6-32),无法继续窥视,取出探头后擦拭干净进行第二次窥视仍出现相同问题,该两孔(54#、55# 孔)的窥视工作失败。其原因是两孔距爆破孔为 2 m 和 4 m,处于炮孔致裂显著影响范围内,孔间裂缝贯通性良好,已爆孔内的封孔水泥浆在爆生气体的高压作用下沿贯通裂缝被挤入邻近孔内。

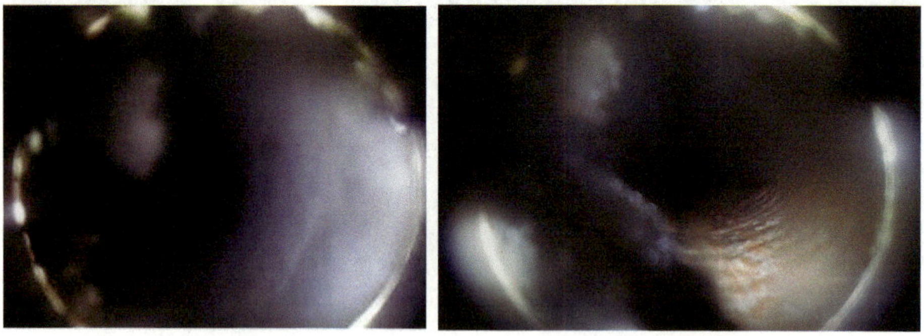

(a) 泥浆渗流影响　　(b) 孔壁碎石掉落

图 6-32　顺槽联巷内 54#、55# 孔的窥视结果

56# 孔距已爆的 53# 孔 6 m,理论上已超出单孔爆破致裂影响范围。但实际观测发现,56# 孔壁面局部区段有沿钻孔轴向发育的长条裂缝,如图 6-33 所示。

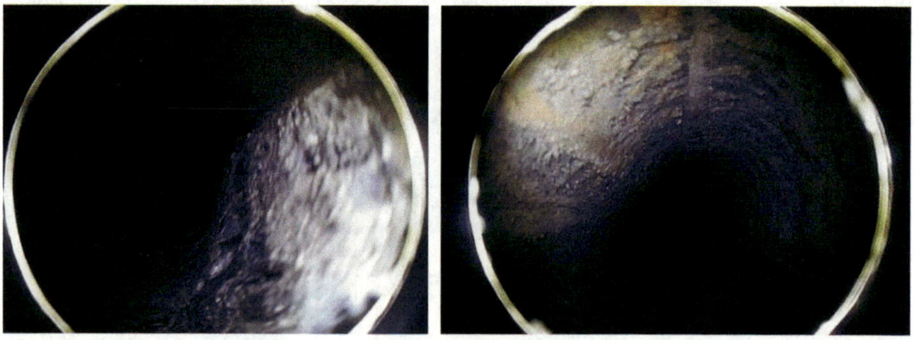

(a)　　(b)

图 6-33　顺槽联巷内 56# 孔的窥视结果

53# 孔爆破前后,56# 孔未见浆液顺孔壁流出现象,当探头深入钻孔内 20 m 以浅区段时,孔壁围岩相对完整,无明显裂隙发育现象;当探头深入钻孔内 20 m 以深区段时,发现孔壁围岩沿钻孔轴向发育有长条裂缝,发育形态较为规则,有别于天然裂缝。据此,推测 56# 孔内局部裂缝主要来源于采场矿压作用。此时顺槽联巷内已起爆 49 个炮孔,已爆炮孔连线长度为 106 m,相较整个顺槽联巷长度 135 m,巷内切顶工程量已完成 78.5%。在采场矿压综合作用下,巷道顶板优先沿炮孔连线方向断裂。因此,认为 56# 孔内发现的长条裂缝由矿压作用产生,而非已爆炮孔的爆破扰动破坏。

为掌握顾桥煤矿 1311(1)工作面顺槽联巷内爆破切顶后被保护大巷的矿压显现规律,分析覆岩爆破切顶对系统巷道的卸压效果,采取现场实测方法观测被保护大巷的围岩变形情况。主要观测巷道包括北二 11-2 煤层回风大巷、北二 11-2 盘区底板带式输送机巷、北二

11-2 盘区轨胶一联巷、北二 13-1 盘区底板回风大巷及北二 13-1 盘区底板轨道巷，如图 6-34 所示。现场实测内容主要为巷道表面位移，包括顶底板、两帮相对移近量，使用红外测距仪进行观测。

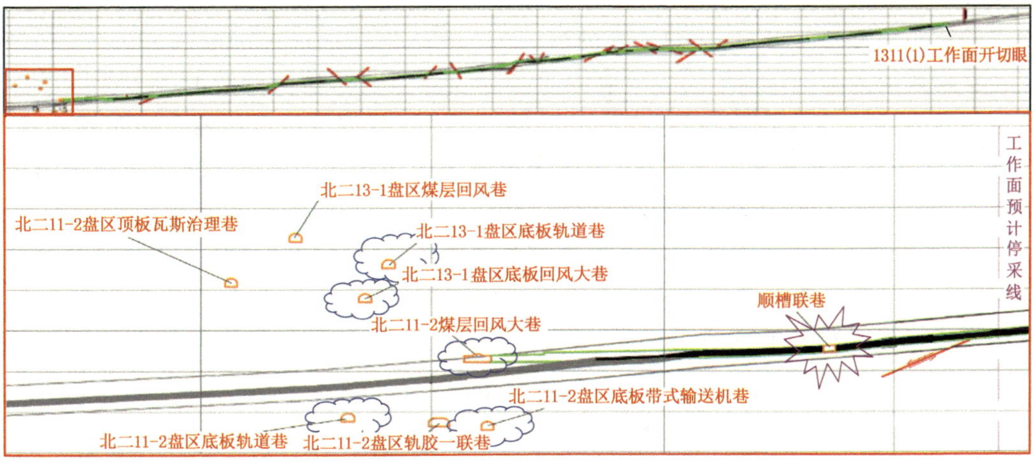

图 6-34 主要观测的巷道

重点观测对应 1311(1)工作面倾向长度的巷道区段，在被保护巷道内设置巷道表面位移及锚杆受力观测点。在观测巷道内每隔 30 m 设置一个观测站，作为对比，重点观测区段两端分别外延 100 m，各自增设 2 个观测站，间距 50 m。每条观测巷道内的测站布置方式相同。被保护系统大巷观测区域及巷内测站的布置方式，如图 6-35 所示。

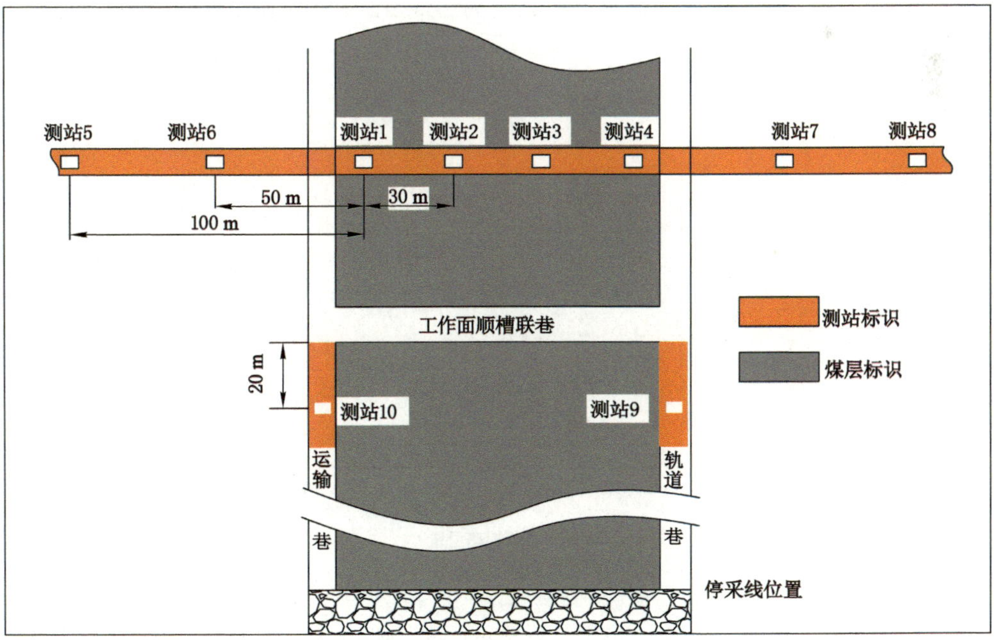

图 6-35 被保护系统大巷观测区域及测站布置方式

测量巷道顶底板相对移近量、两帮相对移近量的具体方法为：① 在巷道顶部、左帮、右帮自制锚固基点作为测量基点 A、C、D；② 在底板打钻孔（深 0.5 m），自制锚固基点作为测量基点 B；③ 基点安设好后，喷红色喷漆标记，便于红外测距仪观测；④ 在锚固基点尾部引出定位线。具体测量方法为：分别在 C、D 之间与 A、B 之间绷紧线绳，以两绳交点为中心，利用红外测距仪分别测出 OC、OD、OA 的值。

为获得系统大巷围岩变形受力演化特征，共布置表面位移监测测站 42 组、测点 168 个，安装锚杆应力计 20 个、顶板离层仪 42 个。为便于分析，根据系统大巷的空间布置方式，选择距离 1311(1)工作面停采线位置相对较近的北二 11-2 煤层回风大巷和北二 11-2 盘区底板带式输送机巷为代表，实测巷道围岩变形规律。

北二 11-2 煤层回风大巷距工作面停采线相对较近（约 190 m），掘设于煤层中，采用架棚复合锚杆索支护方式。顺槽联巷内采取切顶措施后，受工作面采动影响，11-2 煤层回风大巷围岩变形规律如图 6-36 所示。

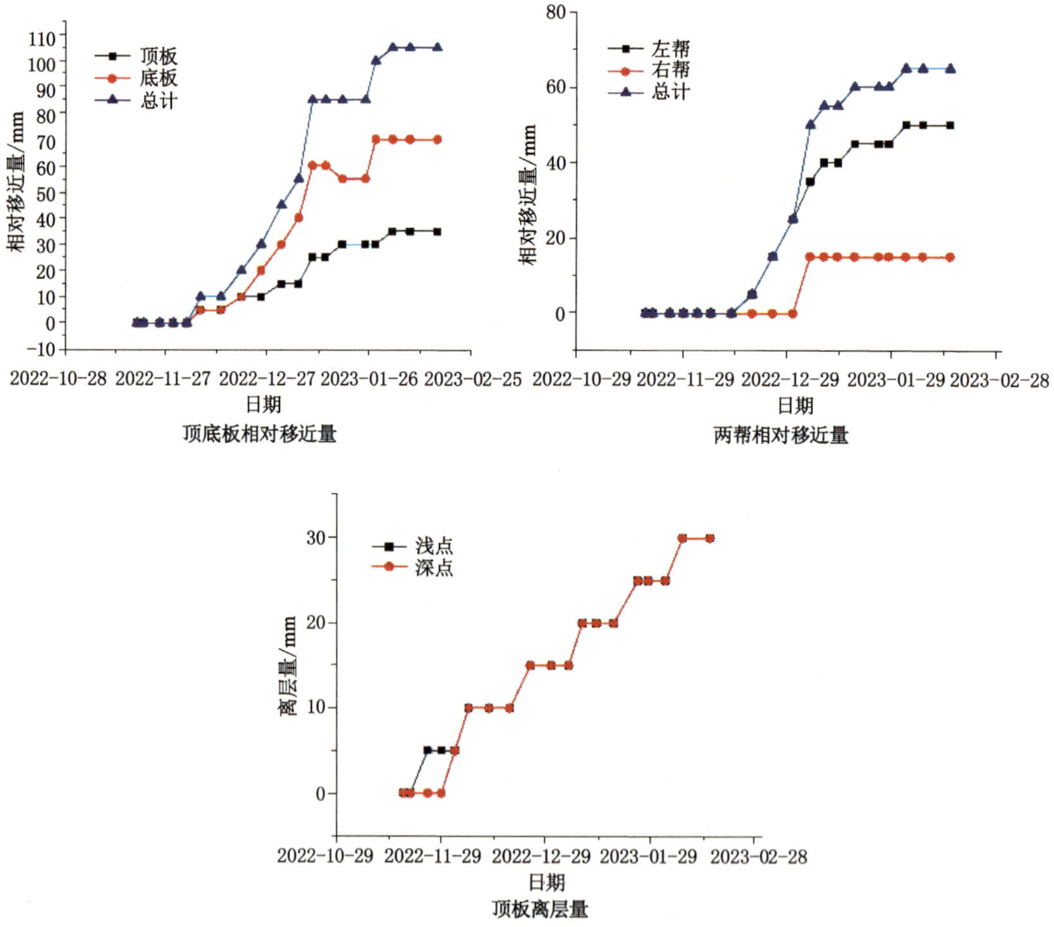

(a) 1#测点

图 6-36　北二 11-2 煤层回风大巷变形规律

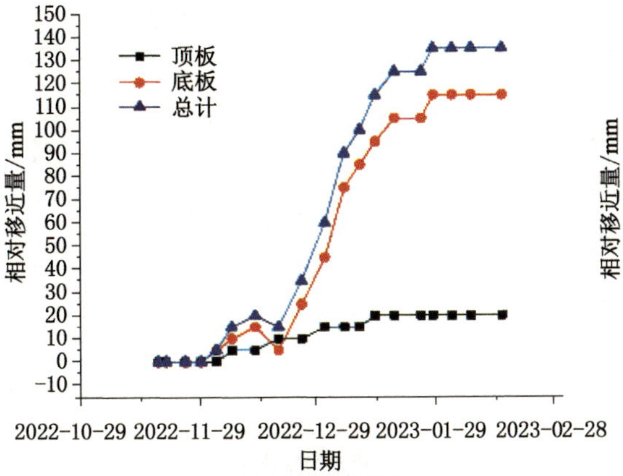

顶底板相对移近量

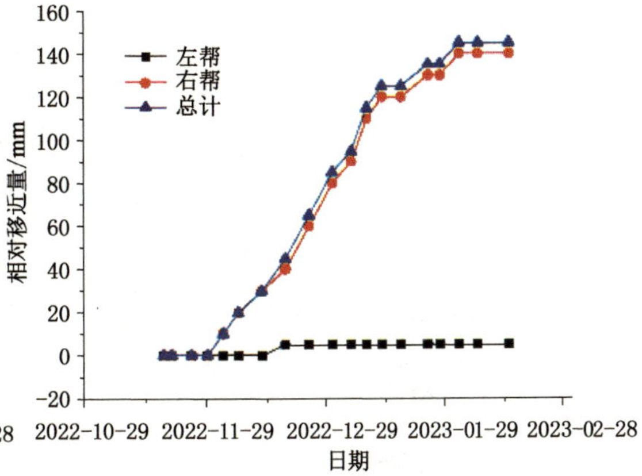

两帮相对移近量

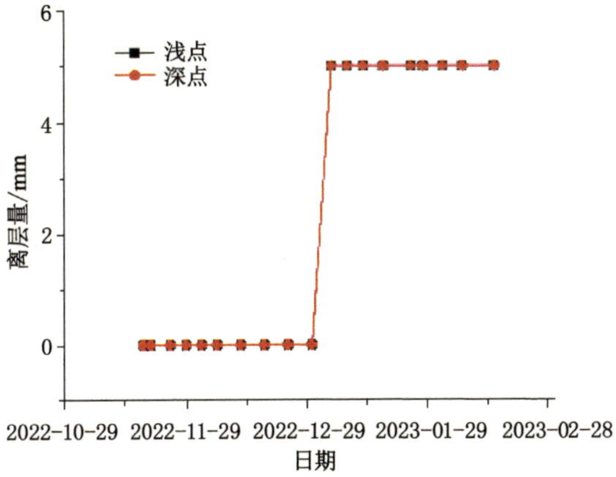

顶板离层量

(b) 2#测点

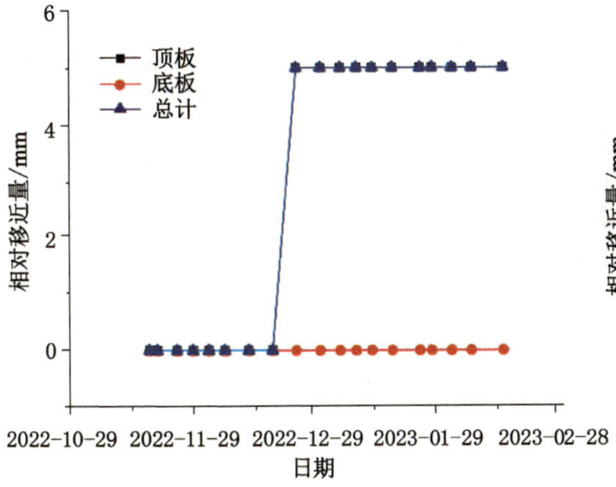

顶底板相对移近量

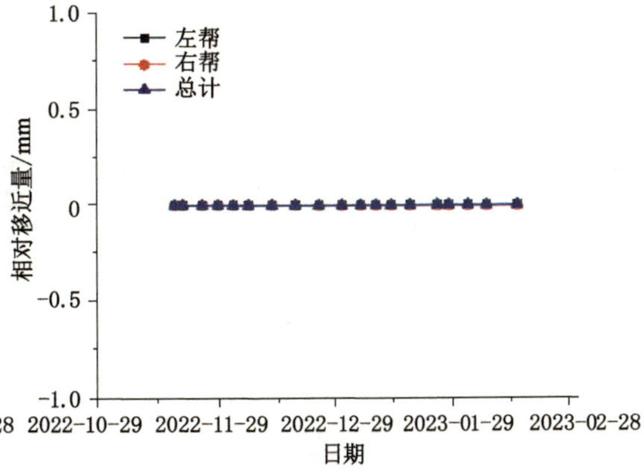

两帮相对移近量

(c) 3#测点

图 6-36(续)

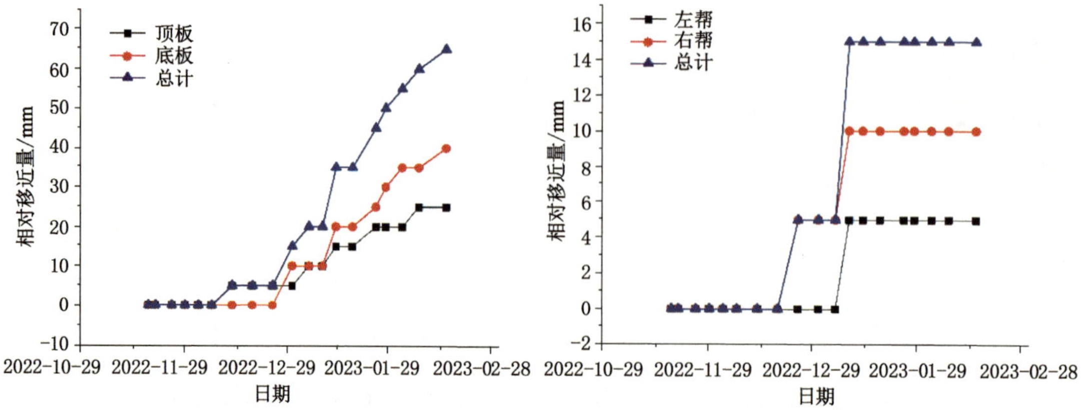

顶底板相对移近量　　两帮相对移近量

(d) 4#测点

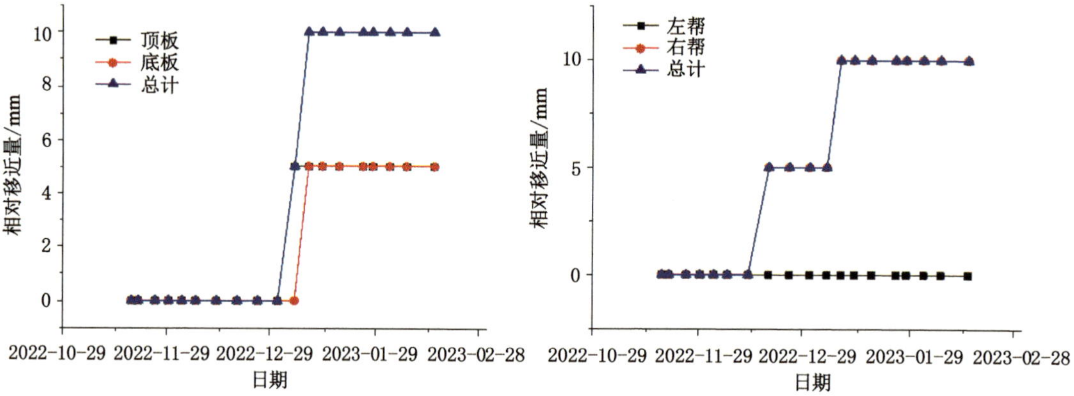

顶底板相对移近量　　两帮相对移近量

(e) 5#测点

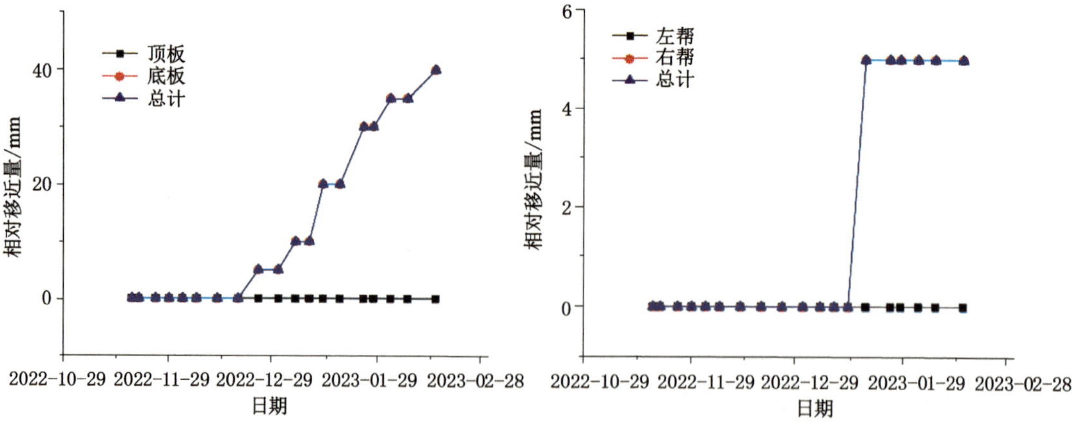

顶底板相对移近量　　两帮相对移近量

(f) 6#测点

图 6-36(续)

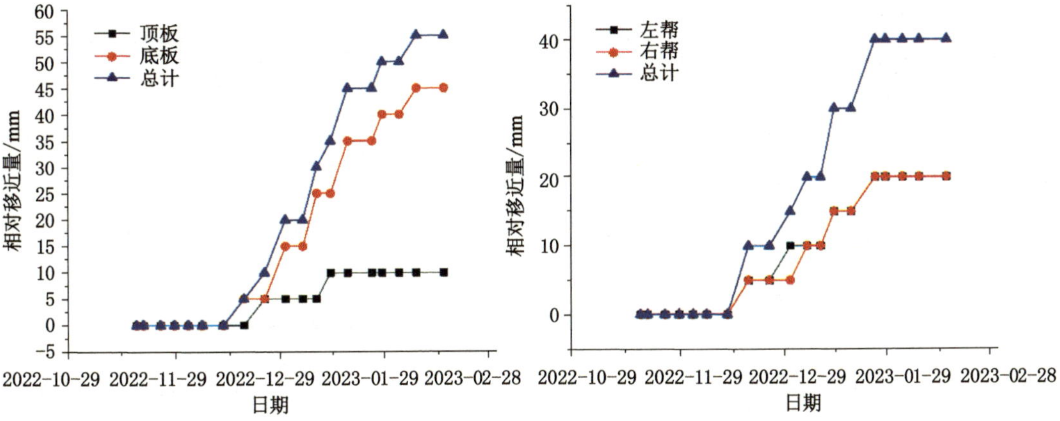

顶底板相对移近量　　两帮相对移近量

(g) 7#测点

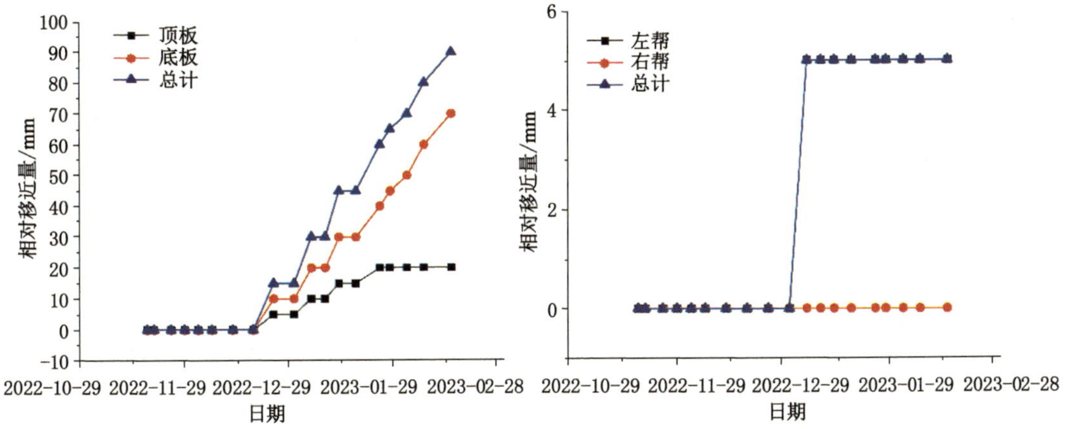

顶底板相对移近量　　两帮相对移近量

(h) 8#测点

图 6-36(续)

需要说明的是,系统大巷内每一测点对应位置均布置了顶板离层仪,但实际观测数据有限,多数顶板离层仪数据无变化。北二 11-2 煤层回风大巷围岩观测表明,随着工作面的推进,煤壁越靠近大巷,巷道围岩累计变形量越大;大巷顶底板相对移近量最大,且以底板变形为主,但最大变形量不超过 140 mm;5#—8#测点对应工作面非采动影响段,巷道围岩变形量相对较小,最大变形量不超过 100 mm,平均在 60 mm 以下。

北二 11-2 盘区底板带式输送机巷位于煤层底板约 20 m 处,距工作面停采线水平距离约为180 m,相较其他系统巷道,该巷道距离停采工作面空间位置最近。参照北二 11-2 煤层回风大巷测点布置方式,在 1311(1)工作面对应的北二 11-2 盘区底板带式输送机巷内布置相应测点。实测分析得到的巷道围岩变形规律如图 6-37 所示。

对比北二 11-2 煤层回风大巷围岩变形规律,北二 11-2 盘区底板带式输送机巷围岩变形曲线变化不大,但围岩相对变形量普遍较小,巷道顶底板及两帮围岩相对移近量不超过 50 mm,仍以底板变形为主。其原因在于,北二 11-2 盘区底板带式输送机巷位于煤层底板

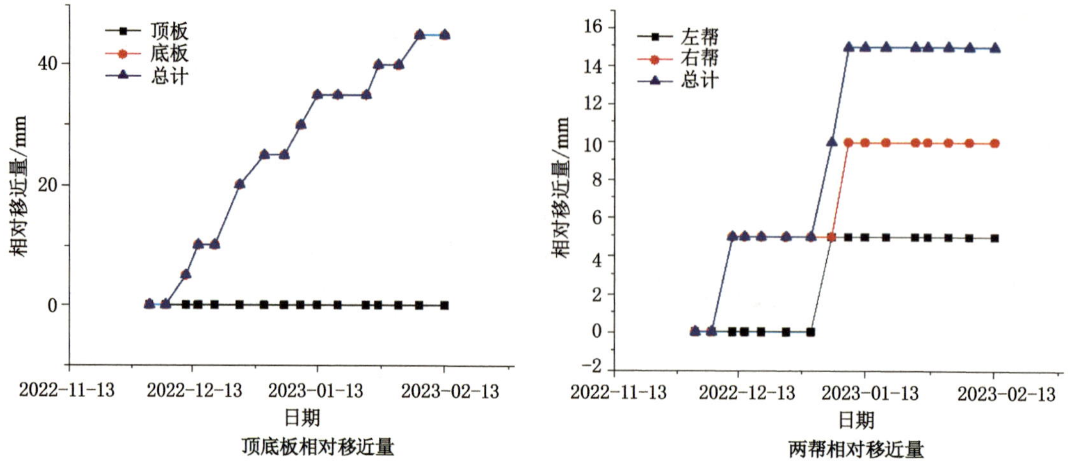

（a） 1#测点

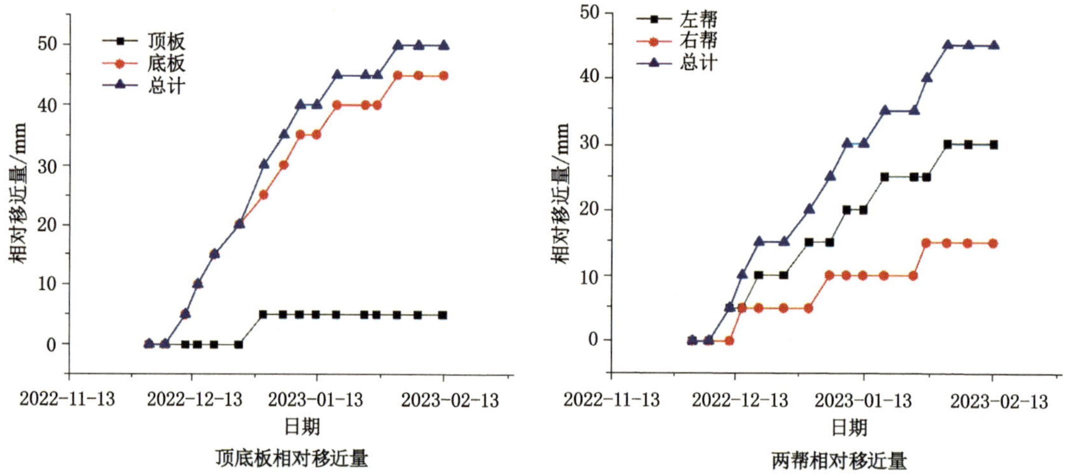

（b） 2#测点

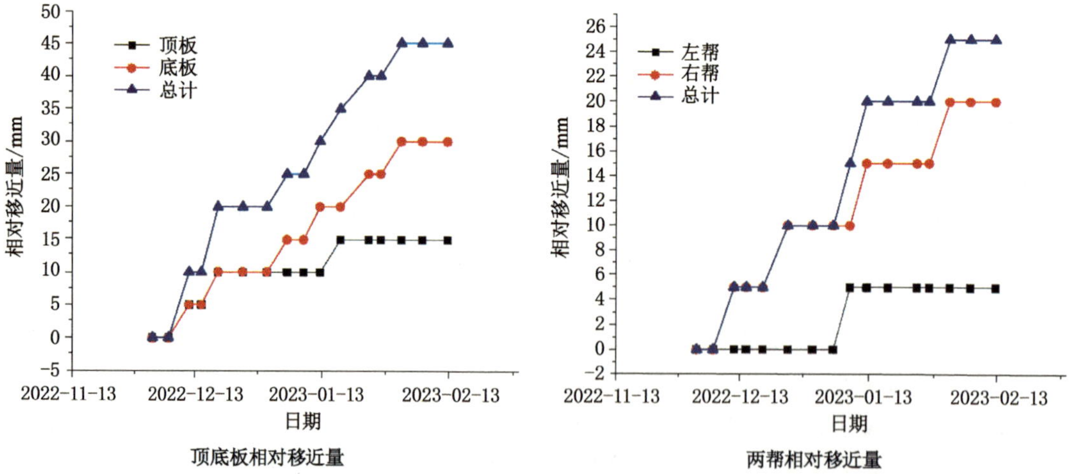

（c） 3#测点

图 6-37　北二 11-2 盘区底板带式输送机巷变形规律

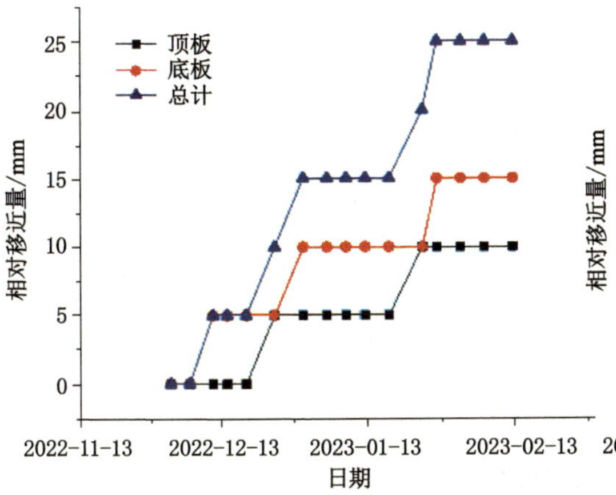

顶底板相对移近量

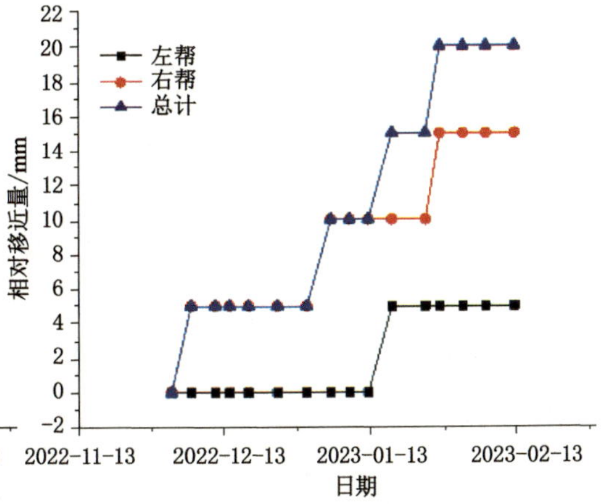

两帮相对移近量

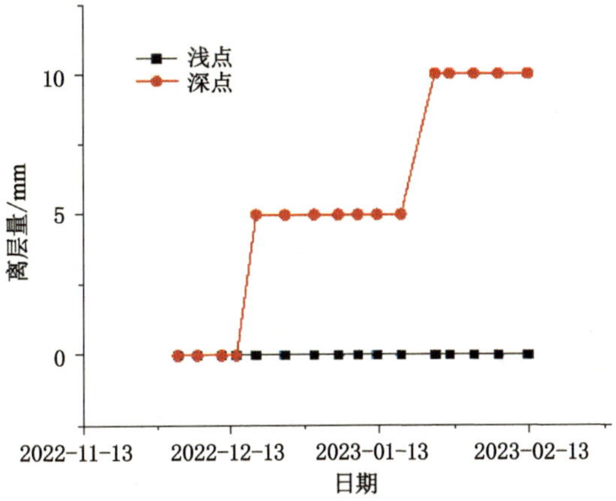

顶板离层量

(d) 4#测点

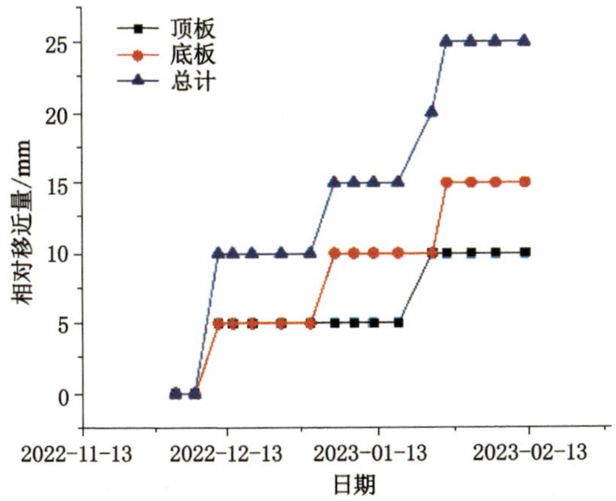

顶底板相对移近量

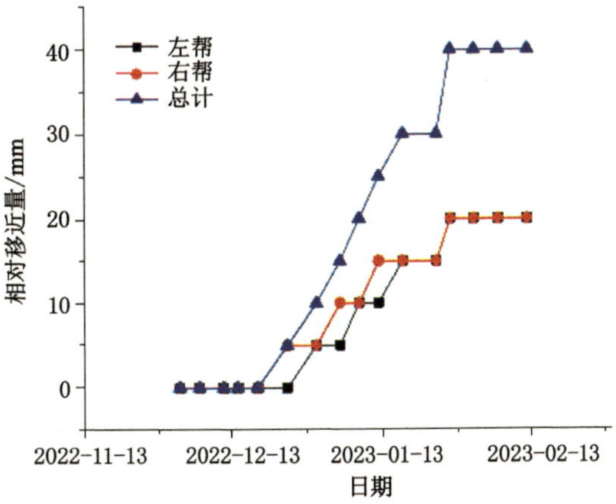

两帮相对移近量

图 6-37(续)

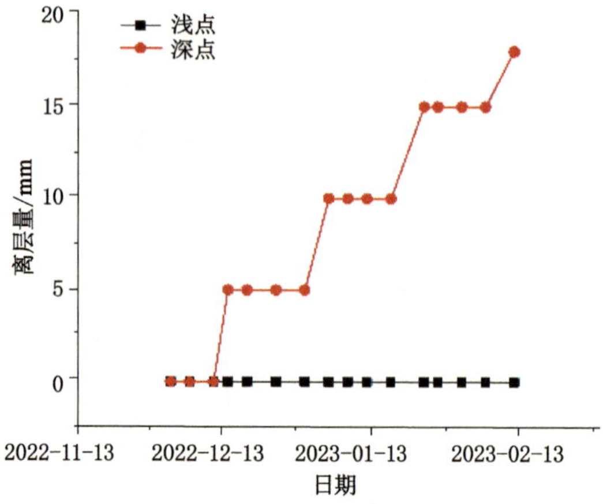

顶板离层量

(e) 5# 测点

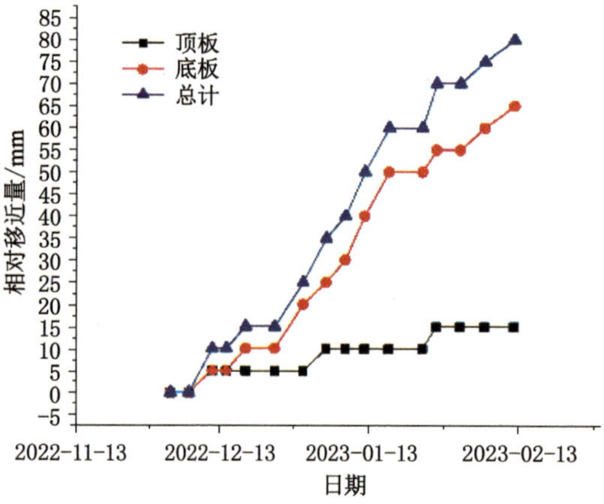

顶底板相对移近量

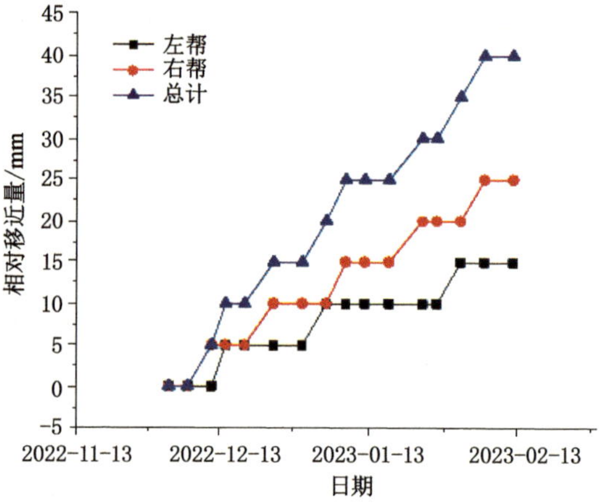

两帮相对移近量

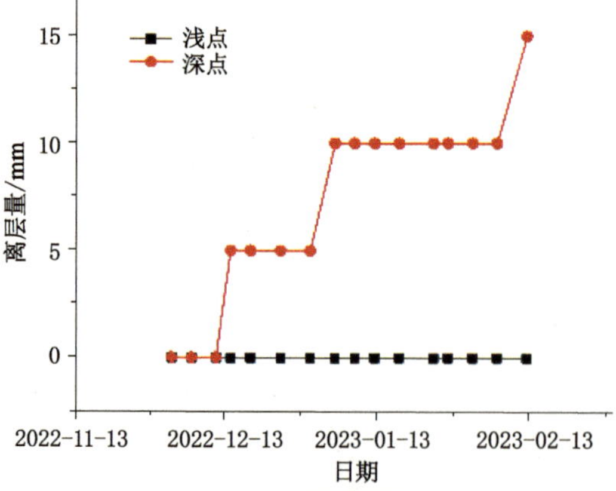

顶板离层量

(f) 6# 测点

图 6-37(续)

约 20 m 处，距工作面预计停采线水平距离约为 180 m，受工作面采动影响较小，加之顺槽联巷内的切顶应力阻断，显著改善了巷道围岩应力环境。

前述分析给出了系统大巷围岩变形与观测日期之间的关系曲线，为更加明确巷道围岩变形与工作面推采之间的关系，表 6-1 列出了不同观测日期对应的大巷距工作面煤壁距离。

表 6-1 观测日期与工作面推进度关系

观测日期	大巷距煤壁距离/m	观测日期	大巷距煤壁距离/m	观测日期	大巷距煤壁距离/m	观测日期	大巷距煤壁距离/m
2022-10-31	595.8	2022-11-15	480.5	2022-11-30	431.7	2022-12-15	315.2
2022-11-01	587.0	2022-11-16	477.3	2022-12-01	423.7	2022-12-16	304.8
2022-11-02	577.4	2022-11-17	473.3	2022-12-02	413.7	2022-12-17	295.6
2022-11-03	569.0	2022-11-18	469.3	2022-12-03	404.5	2022-12-18	286.8
2022-11-04	561.8	2022-11-19	465.3	2022-12-04	394.9	2022-12-19	277.2
2022-11-05	552.1	2022-11-20	461.7	2022-12-05	386.9	2022-12-20	268.4
2022-11-06	543.3	2022-11-21	459.7	2022-12-06	376.5	2022-12-21	260.4
2022-11-07	534.9	2022-11-22	456.5	2022-12-07	367.7	2022-12-22	254.8
2022-11-08	528.1	2022-11-23	453.3	2022-12-08	358.1	2022-12-23	249.8
2022-11-09	518.1	2022-11-24	451.3	2022-12-09	348.5	2022-12-24	242.6
2022-11-10	509.7	2022-11-25	448.1	2022-12-10	342.1	2022-12-25	233.8
2022-11-11	500.5	2022-11-26	444.5	2022-12-11	342.1	2022-12-26	222.6
2022-11-12	492.9	2022-11-27	442.1	2022-12-12	342.1	2022-12-27	214.6
2022-11-13	489.3	2022-11-28	439.7	2022-12-13	332.8	2022-12-28	205.8
2022-11-14	485.7	2022-11-29	439.3	2022-12-14	324.0	2022-12-29	203.4

通过对比前述北二 11-2 煤层回风大巷和北二 11-2 盘区底板带式输送机巷的围岩相对移近量可以发现，尽管采取了工作面应力阻隔措施，但工作面采动对北二 11-2 煤层回风大巷的影响程度仍较大。为此，继续在北二 11-2 煤层回风大巷内补充开展围岩受力观测工作。实测结果表明，相较巷道围岩变形，巷道围岩受力变化并不明显。

6.3 临涣煤矿液爆压裂技术实践

6.3.1 硬岩巷道液爆压裂测试

为了进一步评价液体炸药的爆破破岩效果并完善整套爆破工艺，在淮北临涣煤矿十三采区四阶段硬岩巷道进行现场机械装药及爆破试验。共设计 1#、2# 两个试验孔，对钻孔的成孔情况进行检查，显示孔壁光滑且无明显裂纹，使用 ϕ50 mm 炮棍进行透孔，钻孔长度均达到 15 m，透孔时无明显阻力，成孔质量较高。开孔位置距底板 1.6 m，孔间距为 1 m，炮孔直径为 94 mm，仰角为 4°，孔深为 15 m，装药长度为 10 m，封孔长度为 5 m。

液体炸药的优越性在于其具有良好的流动性，可采用泵注式、气压式等高效装药方法。因此，应筛选合适的压力源，以实现稳定、高效的连续注药。目前，符合液体炸药连续注药需求且满足矿井安全使用规定的压力源包括气动隔膜泵、防爆蠕动泵以及高压气体直接压入三种。

（1）气动隔膜泵

气动隔膜泵是以带压气体作为动力源的压力泵，在泵的两个对称工作腔中各装有一块隔膜，由中心连杆连接。带压气体从泵的进气口进入配气阀，通过配气机构引入其中一腔，推动腔内隔膜运动，另一腔中气体排出。到达行程终点后，配气机构自动将带压气体引入另一工作腔，推动隔膜朝相反方向运动，从而使两个隔膜连续同步地往复运动。带压气体进入配气阀后，推动膜片向右运动，使液体炸药由入口流入，推动球阀进入室，球阀则因吸入而闭锁；室中的炸药则被挤压，推开球阀由出口流出，同时使球阀闭锁，防止倒流。如此循环往复，实现液体炸药不断从入口处吸入，由出口处排出。气动隔膜泵实物及工作原理，如图 6-38 所示。

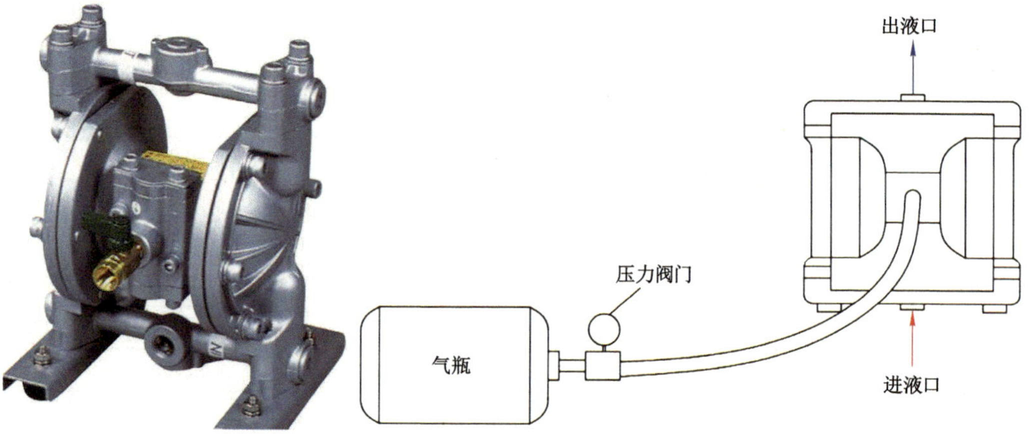

图 6-38　气动隔膜泵实物与工作原理

气动隔膜泵不仅能在易燃易爆环境中安全使用，还具有体积小、便于移动、机器不会过热影响流体性质等优点。市场上常见的气动隔膜泵参数，见表 6-2。

表 6-2　气动隔膜泵参数

型号	最大流量/(m^3/h)	最大扬程/m	出口压力/MPa	最大吸程/m	最大允许通过颗粒粒径/mm
QBY5-100F	30	60	0.6	5	10
QBY5-65P	16	60	0.6	5	8
QBY5-50AZ	12	60	0.6	5	8

（2）防爆蠕动泵

防爆蠕动泵机械原理较为简单，通过电机带动滚轮交替挤压和释放泵管来泵送流体。随着挤压位置的移动，软管的进口端形成负压，使管内的液体流动并从软管出口端流出。防爆蠕动泵实物与工作原理，如图 6-39 所示。

防爆蠕动泵具有对输送流体无污染、稳定性强、流量可调节和维护简单等优点。但其输出压力较小，通常为 0.1～0.2 MPa，一般不超过 0.3 MPa。如需更高压力，可定制高压力泵以满足液体炸药泵注要求。

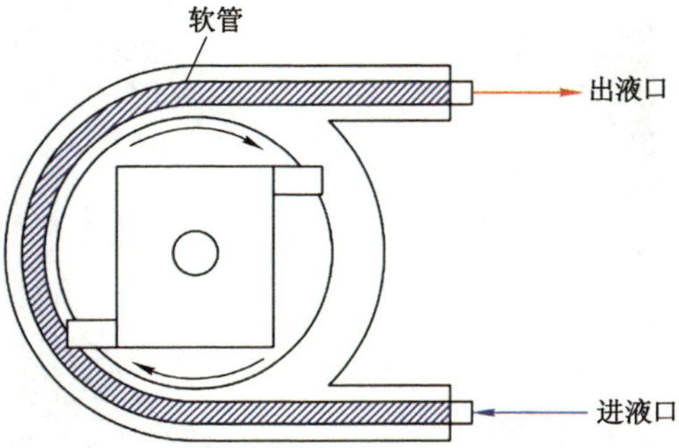

图 6-39　防爆蠕动泵实物与工作原理

(3) 高压气体直接压入

采用高压气体直接压入的方式将液体炸药注入钻孔，预先将液体炸药装入容器中，将容器密封后，连接高压气瓶，通过减压阀控制气体压力，将容器内的液体炸药直接压入钻孔，如图 6-40 所示。

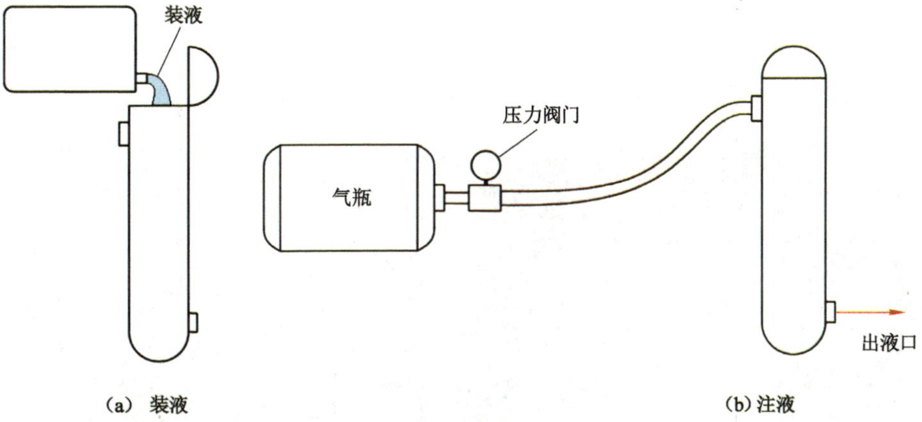

图 6-40　高压气体泵注原理

对比三种压力源，气动隔膜泵在泵送黏性流体时具有体积小、便于移动、机器不会过热影响流体性质等优点，且为煤矿常用设备，因此选择气动隔膜泵作为液体炸药泵注测试的压力源。

新型液体炸药在生产运输后保存约 5 d，开桶检查液体炸药情况，发现药液表面存在一层乳白色的泡沫分层。使用搅拌棒对药液搅拌 3～5 min，液面上的泡沫分层完全消失，均匀分布于药液内部，如图 6-41 所示。

煤矿液体炸药基于煤矿水胶炸药改性研发，炸药主体化学成分不变，通过调整胶凝剂含量控制炸药物理流动形态。炸药运输过程中，与常规煤矿炸药运输方式一致，由炸药厂家直接送至矿方运至井下。

出于安全考虑，注药管直径不得超过液体炸药的起爆临界直径 16 mm。综合考虑排气

(a)　　　　(b)

图 6-41　液体炸药状态与现场搅拌

效率与孔内充分预留空间(后续封孔需要),确定排气管直径为 10 mm,管路材料选择防静电性能良好的聚丙烯材料。

按孔深对管路进行裁剪,注药管穿过封孔段,设计长度为 6 m;排气管需装至孔底,设计长度为 16 m。分别在裁剪好的注药管与排气管末端绑缚炮头,将电子雷管插入细药卷并用防水胶带固定在管路上。使用炮棍将管路送至指定位置,在布管过程中将雷管脚线与专用电缆线连接并延伸至孔口,连接处需涂抹液体绝缘涂料并使用防水胶带固定,如图 6-42 所示。

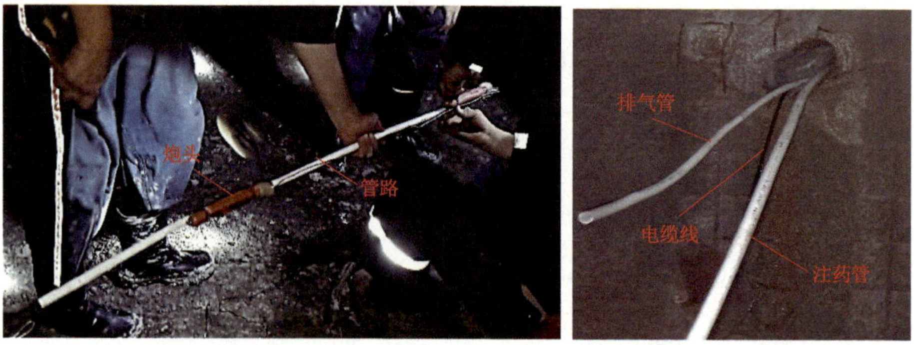

(a)　　　　(b)

图 6-42　炮头制作

试验采用水泥药卷进行封孔。每卷水泥药卷长约为 200 mm,直径为 65 mm,2～3 卷水泥药卷为一组。封孔前将药卷浸水 60 s 左右,采用炮棍直接将药卷送入孔内预定位置,抽出安装管后继续装填第二组封孔药卷,直至封孔完毕,如图 6-43 所示。

封孔长度为 5 m,需注意防止注药管出口被埋入封孔段而影响后续注药工作。孔口预留 200～500 mm 的空间,用于回塞多余管路与电缆线。

泵注装药结构如图 6-44 所示。在装药工作开始前,将气动隔膜泵接入气源,将吸液管插入清水中进行试泵工作。观察出液口,若出液持续、顺畅,则排干气动隔膜泵内积水并关闭气源,等待下一步注药。待水泥药卷膨胀后(封孔完成后 10～15 min),将气动隔膜泵连

(a)　　(b)　　(c)

图 6-43　水泥药卷封孔

接注药管开始泵注液体炸药，检查排气管返液情况，如图 6-45 所示。若出现返液现象，则用铁丝封死注药管与排气管并塞入孔口预留空间，孔口使用炮泥密封。

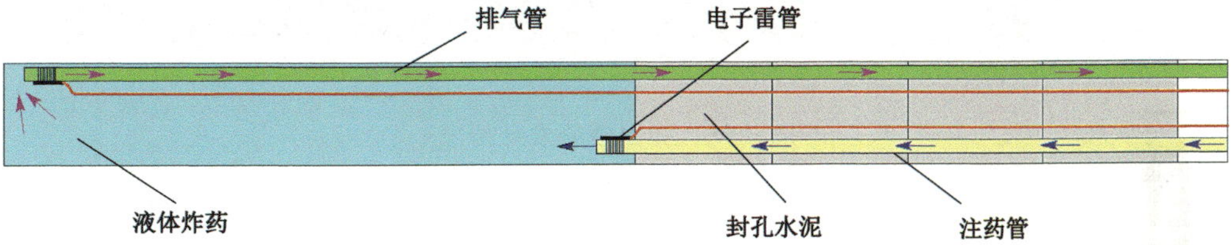

图 6-44　泵注装药结构

图 6-45　机械装药

相关人员撤离至 200 m 外的安全位置后，爆破工连线起爆。待爆破完成 20 min 后，进行验炮。两炮孔均发生了冲孔现象，在孔口位置可以明显观察到孔内有密集的宏观裂缝发育，巷道断面产生了以炮孔为中心、向四周辐射扩展的数条宽裂缝，如图 6-46 所示。

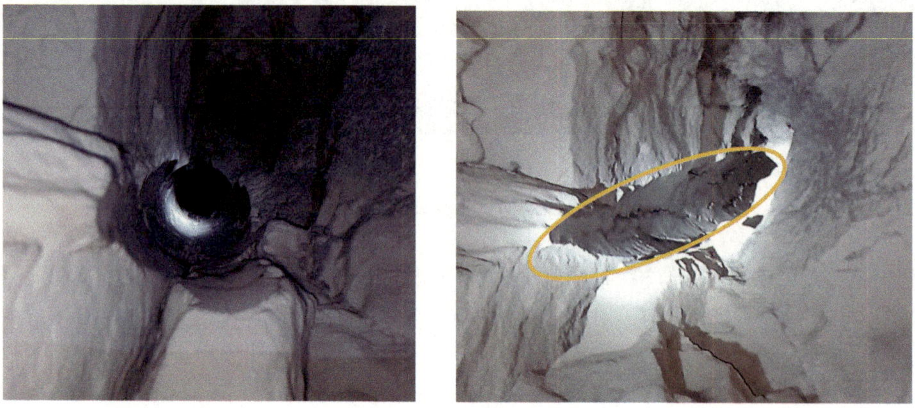

(a)　　(b)

图 6-46　孔内裂缝发育情况

6.3.2　深孔爆破辅助掘进效果

综掘面硬岩深孔爆破的目的是致裂岩体，形成卸压松动圈，为综掘机截割爆破预裂区以外的岩石提供应力释放空间，发挥类似“掏槽眼”的功能。巷道断面炮孔布置数量以 3～5 个为宜，过多则无法突显深孔爆破应用价值，过少则不利于综掘机截割应力空间的释放。同时，为便于钻机钻进，巷道炮孔宜布置在断面中央偏下位置，共设置两排炮孔：第一排 2 个炮孔，距底板 2.2 m；第二排 3 个炮孔，距底板 1.2 m。硬岩巷道断面第一茬炮孔布置方式如图 6-47 所示。

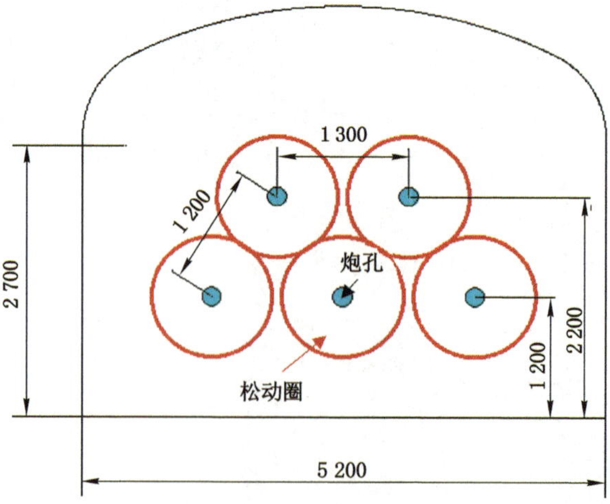

图 6-47　第一茬炮孔布置方式

为解决封孔段未受爆破预裂作用影响问题，两次爆破循环之间采取“压茬”爆破作业方式。第一茬炮孔深度设计为 30 m，封孔长度为 10 m。待初次爆破完毕，综掘机截割推进 20 m 后，开始第二茬爆破循环钻眼工作。为避免第一茬残眼干扰，第二茬炮孔布置方式有所调整，如图 6-48 所示。同样，设置两排炮孔：第一排 3 个炮孔，距底板 2.2 m；第二排 2 个炮孔，距底板 1.2 m。

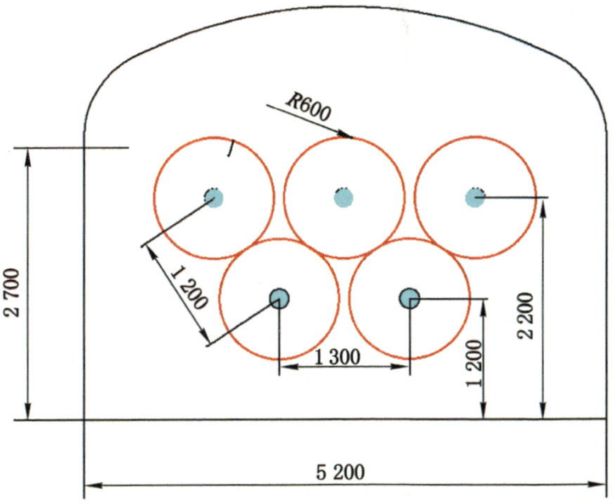

图 6-48 第二茬炮孔布置方式

两次爆破循环之间的炮孔压茬，如图 6-49 所示。沿巷道掘进方向，相邻炮孔的空间压茬关系如下：黑线表示第一茬炮孔，阴影区域为封孔段；初次爆破后，待掘进到 A 点位置时即开始进行第二茬炮孔布置，红线表示第二茬炮孔，红色阴影区域为第二次封孔段。

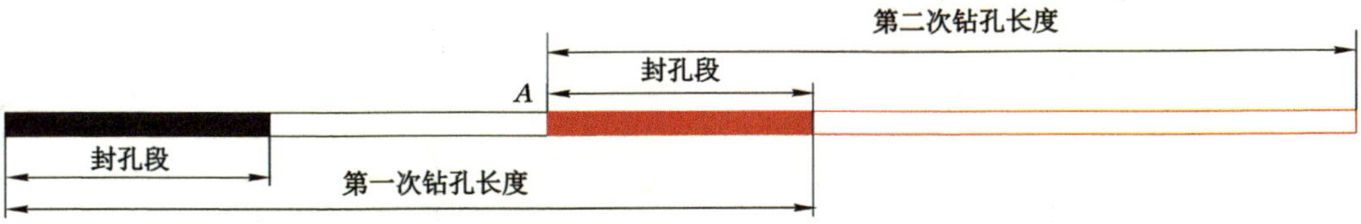

图 6-49 炮孔压茬作业

需要说明的是，为便于打钻作业过程中的排粉，炮孔仰角至少保持在 1°左右。深孔爆破要实现大规模体积压裂效果，必须采用大直径、大装药量方式，以充分发挥炸药爆炸瞬间高爆能。深孔装药情况下，封孔长度至少为钻孔长度的 1/3，考虑深孔爆破孔径及装药量大，采用囊袋注浆封孔器以提高封孔质量。

巷道断面一次起爆循环条件下，不同炮孔间采用微差起爆方式，不同炮孔的起爆顺序如图 6-50 所示。

掘进工作面深孔爆破旨在通过一次长钻孔爆破为综掘机多个截割循环提供空间补偿。深孔爆破采用大孔径、大装药量方式实现深孔体积压裂效果，为综掘机的顺利截割提供围岩卸压破裂补偿空间，提高滚筒截割效率，从而实现硬岩巷道的快速掘进。硬岩深孔爆破工艺如图 6-51 所示。

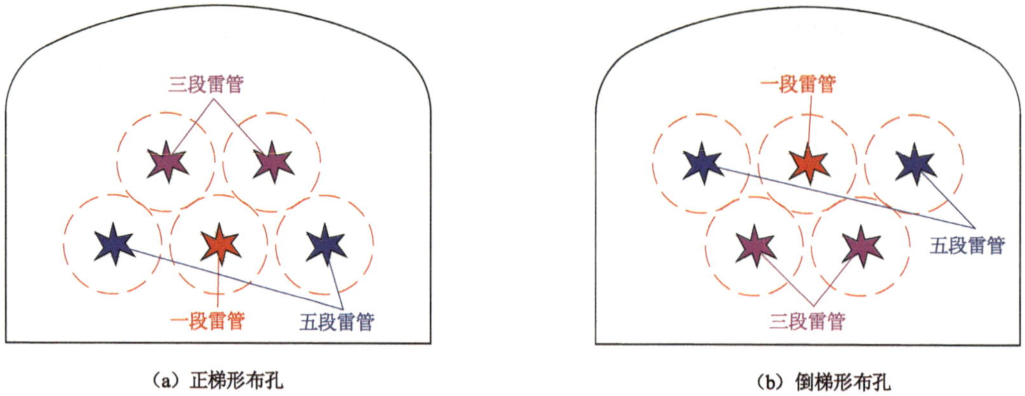

图 6-50　炮孔微差起爆顺序

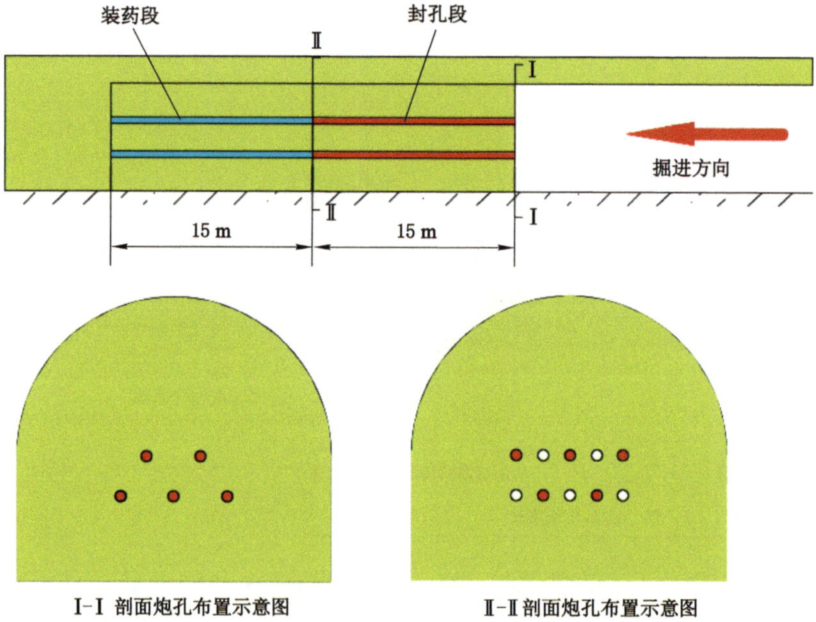

图 6-51　硬岩深孔爆破工艺

硬岩深孔爆破工艺主要包括打钻、装药、封孔、起爆等工序，不同于常规浅孔爆破工艺条件。

由于硬岩深孔爆破打钻涉及长钻孔，钻机腾挪及打钻耗时相对较长。工程实践表明，在深孔打钻(30 m 钻孔)条件下，3～5 个炮孔的工程量需耗时 1 个圆班。为保障综掘机后续快速截割并补偿打钻损失时间，扣除封孔长度影响，硬岩深孔爆破辅助综掘的炮孔长度至少保持在 30 m 以上，这对超长钻孔钻设质量提出了更高要求。

硬岩深孔爆破无自由面，且煤矿许用炸药威力有限。为克服钻孔深部应力夹持影响，采用液体水胶炸药实施深孔爆破预裂，提高深孔爆破体积压裂效果，为综掘机滚筒破岩提供足够的卸压空间。爆破瞬间，炮孔相互导向、互为自由面，围岩充分预裂破碎，孔壁围岩向钻孔空间预裂松动，为爆破影响区之外的硬岩破裂提供补偿空间。深孔爆破结束后，岩巷综掘机沿预裂区边缘层层截割硬岩，依靠深孔爆破区提供的破裂补偿空间，实现快速截割和破岩。综掘机沿深孔爆破区做圆弧运动，层层剥离深孔爆破区围岩，最终形成巷道设计断面。

深孔爆破封孔长度较大，常规电雷管起爆方式需将电雷管深埋封孔段内，一旦出现电雷管拒爆现象将难以处理，且直接影响综掘机的后续截割。在此条件下不能采用一般的煤矿电雷管起爆方式。据此，提出了煤矿导爆索全长起爆方式，在杜绝深孔爆破拒爆现象的同时增强孔内炸药起爆效能，提高炸药爆炸能量利用率。

硬岩掘进面深孔爆破旨在通过压茬爆破为综掘机的后续快速截割提供卸压空间。其工艺特点是实现深孔爆破与综掘、支护工序间的有机组合，三个作业工序同等重要，必须协同作业，整体提高硬岩巷道机掘效率。与常规矿井深孔爆破工艺不同，掘进面深孔爆破钻孔耗时长，需由综掘机的后续快速截割补偿。

临涣煤矿 9138 工作面底板抽采巷掘进中遭遇硬岩，综掘机截齿损耗严重，掘进效率降低，严重影响了矿井正常采掘接替。采用硬岩深孔爆破辅助掘进技术，超前弱化掘进面岩石强度，一次深孔爆破可为多个机械掘进循环创造条件，避免爆破及机掘工艺之间的干扰，提高硬岩掘进效率，解决采掘衔接紧张问题。爆破前后的巷道掘进日进尺对比见表 6-3。

表 6-3 爆破前后日进尺对比

日期	12 月 22 日	12 月 23 日	12 月 24 日	12 月 25 日	12 月 26 日	12 月 27 日	12 月 28 日
进尺/m	2.4	2.5	2.5	2.3	2.6	2.5	0
日期	12 月 29 日	12 月 30 日	12 月 31 日	1 月 1 日	1 月 2 日	1 月 3 日	1 月 4 日
进尺/m	0	0	0	2.7	2.6	2.7	2.6
日期	1 月 5 日	1 月 6 日	1 月 7 日	1 月 8 日	1 月 9 日	1 月 10 日	1 月 11 日
进尺/m	2.5	2.6	2.7	2.7	2.6	2.8	3.3
日期	1 月 12 日	1 月 13 日	1 月 14 日	1 月 15 日	1 月 16 日	1 月 17 日	1 月 8 日
进尺/m	3.7	3.6	3.6	3.4	3.6	3.0	2.8

12 月 22 日—12 月 27 日为爆破前掘进阶段，平均日进尺为 2.47 m；12 月 28 日—12 月 31 日为深孔爆破工艺实施阶段，无进尺；1 月 1 日—1 月 9 日为炮孔封孔段掘进阶段，平均日进尺为 2.63 m；1 月 10 日—1 月 16 日为炮孔装药段掘进阶段，平均日进尺为 3.43 m。可以看出，爆破后硬岩掘进效率提升了 38.9%。

新型封孔材料满足掘进面高效封孔要求，配合液体炸药使用，装药爆破段孔壁围岩充分破碎，炮孔内粉碎区明显，孔壁周边裂隙发育，深孔爆破预裂效果较好，为综掘机后续快速截割提供了岩石破裂补偿空间，显著提高了综掘效率，实现了硬岩巷道的快速掘进。装药前段炮孔周围岩石产生数条宏观裂缝，表明深孔爆破对断面硬岩的结构完整性影响显著；当掘进揭露装药段时，炮孔周围岩石在爆炸应力波作用下已经趋于破碎，掘进机截割岩石更加容易，掘进效率更高。

参考文献

[1] 陈程,杨仁树,高祥涛,等.有/无填充介质对裂纹动态断裂特性影响的实验研究[J].科学技术与工程,2018,18(26):160-164.

[2] 陈华彬,马自强,艾生军,等.射孔高能气体压裂技术研究及应用[J].钻采工艺,2020,43(3):67-69.

[3] 陈上元,何满潮,工洪建,等.深井沿空切顶巷道围岩协同控制及应力演化规律[J].采矿与安全工程学报,2019,36(4):660-669.

[4] 崔国宏,吴宇,尹嘉帝,等.相邻工作面采动影响下小煤柱巷道围岩应力时空演化特征研究[J].煤炭技术,2023,42(7):76-81.

[5] 戴俊.岩石动力学特性与爆破理论[M].2版.北京:冶金工业出版社,2013.

[6] 丁伟兴,姬月萍,吴腾芳,等.液体炸药的发展及现状[J].爆破器材,2010,39(1):32-36.

[7] 杜贝举.坚硬顶板特厚煤层临空巷道强矿压机理及控制研究[D].徐州:中国矿业大学,2022.

[8] 高鑫浩,王明玉.水力压裂-深孔预裂爆破复合增透技术研究[J].煤炭科学技术,2020,48(7):318-324.

[9] 顾卫卫,刘凯文,王志刚,等.工作面坚硬难垮顶板控制技术研究与应用[J].煤炭技术,2023,42(11):18-22.

[10] 郭德勇,赵杰超,吕鹏飞,等.煤层深孔聚能爆破有效致裂范围探讨[J].工程科学学报,2019,41(5):582-590.

[11] 韩晓飞.二次爆破动静载作用下坚硬岩石裂缝扩展演化特征研究[D].徐州:中国矿业大学,2023.

[12] 何富连,张广超.深部高水平构造应力巷道围岩稳定性分析及控制[J].中国矿业大学学报,2015,44(3):466-476.

[13] 何满潮,陈上元,郭志飚,等.切顶卸压沿空留巷围岩结构控制及其工程应用[J].中国矿业大学学报,2017,46(5):959-969.

[14] 何满潮,高玉兵,盖秋凯,等.无煤柱自成巷力学原理及其工法[J].煤炭科学技术,2023,51(1):19-30.

[15] 何满潮,盖秋凯,高玉兵,等.坚硬顶板无煤柱自成巷碎胀平衡机理与调控研究[J].中国矿业大学学报,2023,52(5):831-844.

[16] 胡涛,侯公羽,李子祥,等.深孔爆破切顶对沿空留巷围岩稳定性影响的研究[J].矿业科学学报,2019,4(4):299-307.

[17] 贾后省,王林,彭博,等.弱黏结复合顶板沿空留巷分级“控顶-卸压”机理与应用[J].中国矿业大学学报,2023,52(6):1191-1202.

[18] 蒋廷学，王海涛，卞晓冰，等. 水平井体积压裂技术研究与应用[J]. 岩性油气藏，2018，30(3)：1-11.

[19] 康红普，牛多龙，张镇，等. 深部沿空留巷围岩变形特征与支护技术[J]. 岩石力学与工程学报，2010，29(10)：1977-1987.

[20] 康红普，颜立新，郭相平，等. 回采工作面多巷布置留巷围岩变形特征与支护技术[J]. 岩石力学与工程学报，2012，31(10)：2022-2036.

[21] 康红普，张晓，王东攀，等. 无煤柱开采围岩控制技术及应用[J]. 煤炭学报，2022，47(1)：16-44.

[22] 匡铁军. 特厚煤层覆岩结构及远近场顶板控制技术研究[D]. 徐州：中国矿业大学，2021.

[23] 李德聪，陈力，林英松，等. 低渗透油田层内爆炸增产技术研究进展[J]. 中国工程科学，2010，12(9)：52-57.

[24] 李培，谢平，张文超，等. 切顶留巷深孔预裂爆破炮孔间距数值模拟分析[J]. 煤矿爆破，2023，41(4)：1-4.

[25] 李文龙. 煤矿用液体炸药配方设计及爆炸性能测试分析[D]. 徐州：中国矿业大学，2020.

[26] 林健，郭凯，孙志勇，等. 强烈动压巷道水力压裂切顶卸压压裂时机研究[J]. 煤炭学报，2021，46(增1)：140-148.

[27] 林英松，刘兆年，秦涛. 层内爆炸后储层裂缝分析方法研究[J]. 断块油气田，2006，13(1)：44-46.

[28] 刘怀东，刘长友，刘江伟. 跨采底板大巷围岩应力演化特征及压裂卸压控制研究[J]. 采矿与安全工程学报，2023，40(3)：488-497.

[29] 刘家通. 低渗透油气藏开采用液体炸药的研究[D]. 南京：南京理工大学，2015.

[30] 刘立才. 低渗油层层内爆炸动态裂缝力学模型研究[D]. 西安：西安石油大学，2013.

[31] 刘南. 基于切顶卸压护巷技术的系统巷道保护煤柱宽度优化[D]. 淮南：安徽理工大学，2021.

[32] 刘长印，孙志宇，张汝生，等. 水平井层内爆炸裂缝体模拟研究[J]. 油气井测试，2014，23(6)：4-8.

[33] 马新根，何满潮，李先章，等. 切顶卸压自动成巷覆岩变形机理及控制对策研究[J]. 中国矿业大学学报，2019，48(3)：474-483.

[34] 穆斯海里什维里. 数学弹性理论的几个基本问题[M]. 赵惠元，范天佑，王成，译. 北京：科学出版社，2018.

[35] 钱鸣高，许家林，王家臣，等. 矿山压力与岩层控制[M]. 3 版. 徐州：中国矿业大学出版社，2021.

[36] 时启鹏，郑洪运，王永宝，等. 沿空留巷双向聚能爆破炮孔间距参数研究[J]. 煤矿安全，2022，53(1)：219-225.

[37] 苏超，弓培林，康红普，等. 深井临空高应力巷道切顶卸压机理研究[J]. 采矿与安全工程学报，2020，37(6)：1104-1113.

[38] 孙港，王军祥，孟祥竹，等. 基于近场动力学理论的岩石双孔爆破动态断裂行为数值模拟[J]. 隧道与地下工程灾害防治，2023，5(2)：42-58.

[39] 王开，康天合，李海涛，等. 坚硬顶板控制放顶方式及合理悬顶长度的研究[J]. 岩石力学与工程学报，2009，28(11)：2320-2327.
[40] 吴晋军. 低渗油层层内深度爆炸技术作用机理及工艺试验研究[J]. 西安石油大学学报(自然科学版)，2011，26(1)：48-50.
[41] 吴晋军，刘敬，徐东升，等. 水平井液态药爆炸压裂工艺试验应用研究[J]. 钻采工艺，2018，41(1)：38-41.
[42] 武精科，阚甲广，谢生荣，等. 深井高应力软岩沿空留巷围岩破坏机制及控制[J]. 岩土力学，2017，38(3)：793-800.
[43] 邢闯闯，王俊，宁建国，等. 动载扰动下深井护巷煤柱失稳破坏机理[J]. 煤炭科学技术，2023，51(3)：29-36.
[44] 徐晓鼎. 岩层爆破切顶采动应力阻断机理及演化规律研究[D]. 徐州：中国矿业大学，2019.
[45] 许家林，朱卫兵，王晓振. 基于关键层位置的导水裂隙带高度预计方法[J]. 煤炭学报，2012，37(5)：762-769.
[46] 许晋斌. 坚硬顶板水力压裂超前切顶护巷技术应用研究[J]. 煤炭技术，2023，42(7)：50-56.
[47] 杨建华，孙文彬，姚池，等. 高地应力岩体多孔爆破破岩机制[J]. 爆炸与冲击，2020，40(7)：1-10.
[48] 杨敬轩. 安全高效能坚硬煤岩承压式爆破控制机理及试验分析[D]. 徐州：中国矿业大学，2015.
[49] 杨敬轩，刘长友，于斌. 围岩孔裂隙充水承压爆破过程分析[J]. 中国矿业大学学报，2017，46(5)：1024-1032.
[50] 杨敬轩，于斌，匡铁军，等. 基于煤岩深孔爆破问题的液体炸药研发与技术[J]. 煤炭学报，2021，46(6)：1874-1887.
[51] 杨敬轩，张瑞，卢硕，等. 工作面顶板超前预裂应力阻隔护巷机理[J]. 中国矿业大学学报，2024，53(2)：264-276.
[52] 游定方，林琅，刘治碧. 液体炸药的发展及应用[J]. 化工技术与开发，2011，40(1)：37-39.
[53] 于斌，刘长友，杨敬轩，等. 坚硬厚层顶板的破断失稳及其控制研究[J]. 中国矿业大学学报，2013，42(3)：342-348.
[54] 于斌，杨敬轩，刘长友，等. 大空间采场覆岩结构特征及其矿压作用机理[J]. 煤炭学报，2019，44(11)：3295-3307.
[55] 于斌，邰阳，匡铁军，等. 大空间采场远近场坚硬顶板井上下控制理论及技术体系[J]. 煤炭学报，2023，48(5)：1875-1893.
[56] 张农，韩昌良，阚甲广，等. 沿空留巷围岩控制理论与实践[J]. 煤炭学报，2014，39(8)：1635-1641.
[57] 张艳丽，伍永平，罗生虎，等. 覆岩宏观支撑结构演化过程与特征[J]. 中国矿业大学学报，2020，49(2)：280-288.
[58] 赵国栋. 矿井深部强动压巷道综合控制技术[J]. 煤炭科学技术，2018，46(增刊 2)：

98-102.
[59] 赵志红,郭建春.层内爆炸压裂技术原理及分析[J].石油天然气学报(江汉石油学院学报),2008,30(2):297-299.
[60] 赵志红,郭建春,王辰龙.层内爆炸压裂岩石破碎颗粒尺寸预测与影响因素分析[J].石油钻采工艺,2011,33(3):58-61.
[61] 赵志鹏,闫瑞兵,丛俊余.坚硬顶板超前深孔预裂爆破类型及效果评价分析[J].煤炭科学技术,2023,51(3):68-76.
[62] 朱维耀,岳明,刘昀枫,等.中国致密油藏开发理论研究进展[J].工程科学学报,2019,41(9):1103-1114.
[63] JING H W, WU J Y, YIN Q, et al. Deformation and failure characteristics of anchorage structure of surrounding rock in deep roadway[J]. International journal of mining science and technology,2020,30(5):593-604.
[64] LIU C Y, YANG J X, YU B. Rock-breaking mechanism and experimental analysis of confined blasting of borehole surrounding rock[J]. International journal of mining science and technology,2017,27(5):795-801.
[65] LIU J P. Liquid explosives[M]. Berlin:Springer Berlin Heidelberg,2015.
[66] TARVER C M, URTIEW P A. Theory and modeling of liquid explosive detonation [J]. Journal of energetic materials,2010,28(4):299-317.
[67] WANG Q, HE M C, LI S C, et al. Comparative study of model tests on automatically formed roadway and gob-side entry driving in deep coal mines[J]. International journal of mining science and technology,2021,31(4):591-601.
[68] WU J J, LIU L C. Feasibility study on technology named liquid explosive applied in volume fracturing transformation of shale gas reservoir[J]. Advanced materials research, 2012,538/539/540/541:2281-2284.
[69] XIE S R, GAO M M, CHEN D D, et al. Stability influence factors analysis and construction of a deep beam anchorage structure in roadway roof[J]. International journal of mining science and technology,2018,28(3):445-451.